CARTA ENCÍCLICA *LAUDATO SI'*
UM DIÁLOGO COM A CIÊNCIA SOCIOAMBIENTAL

Editora Appris Ltda.
1.ª Edição - Copyright© 2024 do autor
Direitos de Edição Reservados à Editora Appris Ltda.

Nenhuma parte desta obra poderá ser utilizada indevidamente, sem estar de acordo com a Lei nº 9.610/98. Se incorreções forem encontradas, serão de exclusiva responsabilidade de seus organizadores. Foi realizado o Depósito Legal na Fundação Biblioteca Nacional, de acordo com as Leis nos 10.994, de 14/12/2004, e 12.192, de 14/01/2010.

O presente trabalho foi realizado com apoio da Coordenação de Aperfeiçoamento de Pessoal de Nível Superior – Brasil (Capes) – Código de Financiamento 88887.150159/2017-00.

Catalogação na Fonte
Elaborado por: Dayanne Leal Souza
Bibliotecária CRB 9/2162

S681c 2024	Siqueira, Antonio de Oliveira
	   Carta encíclica Laudato si': um diálogo com a ciência socioambiental / Antonio de Oliveira Siqueira. – 1. ed. – Curitiba: Appris, 2024.
	   309 p. ; 23 cm. – (Coleção Ciências Sociais).
	
	   Inclui referências.
	   ISBN 978-65-250-7109-1
	
	   1. Igreja católica. 2. ONU. 3. Religião. 4. Meio ambiente. 5. Laudato si.
	   I. Siqueira, Antonio de Oliveira. II. Título. III. Série.
	
	   CDD – 215

Livro de acordo com a normalização técnica da ABNT

Appris
editora

Editora e Livraria Appris Ltda.
Av. Manoel Ribas, 2265 – Mercês
Curitiba/PR – CEP: 80810-002
Tel. (41) 3156 - 4731
www.editoraappris.com.br

Printed in Brazil
Impresso no Brasil

Antonio de Oliveira Siqueira

CARTA ENCÍCLICA *LAUDATO SI'*
UM DIÁLOGO COM A CIÊNCIA SOCIOAMBIENTAL

Appris
editora

Curitiba, PR
2024

FICHA TÉCNICA

EDITORIAL
Augusto Coelho
Sara C. de Andrade Coelho

COMITÊ EDITORIAL
Ana El Achkar (Universo/RJ)
Andréa Barbosa Gouveia (UFPR)
Antonio Evangelista de Souza Netto (PUC-SP)
Belinda Cunha (UFPB)
Délton Winter de Carvalho (FMP)
Edson da Silva (UFVJM)
Eliete Correia dos Santos (UEPB)
Erineu Foerste (Ufes)
Fabiano Santos (UERJ-IESP)
Francinete Fernandes de Sousa (UEPB)
Francisco Carlos Duarte (PUCPR)
Francisco de Assis (Fiam-Faam-SP-Brasil)
Gláucia Figueiredo (UNIPAMPA/ UDELAR)
Jacques de Lima Ferreira (UNOESC)
Jean Carlos Gonçalves (UFPR)
José Wálter Nunes (UnB)
Junia de Vilhena (PUC-RIO)

Lucas Mesquita (UNILA)
Márcia Gonçalves (Unitau)
Maria Aparecida Barbosa (USP)
Maria Margarida de Andrade (Umack)
Marilda A. Behrens (PUCPR)
Marília Andrade Torales Campos (UFPR)
Marli Caetano
Patrícia L. Torres (PUCPR)
Paula Costa Mosca Macedo (UNIFESP)
Ramon Blanco (UNILA)
Roberta Ecleide Kelly (NEPE)
Roque Ismael da Costa Güllich (UFFS)
Sergio Gomes (UFRJ)
Tiago Gagliano Pinto Alberto (PUCPR)
Toni Reis (UP)
Valdomiro de Oliveira (UFPR)

SUPERVISORA EDITORIAL
Renata C. Lopes

PRODUÇÃO EDITORIAL
Adrielli de Almeida

REVISÃO
Ana Carolina de Carvalho Lacerda

DIAGRAMAÇÃO
Andrezza Libel

CAPA
Lívia Weyl

REVISÃO DE PROVA
Bianca Pechiski

COMITÊ CIENTÍFICO DA COLEÇÃO CIÊNCIAS SOCIAIS

DIREÇÃO CIENTÍFICA
Fabiano Santos (UERJ-IESP)

CONSULTORES
Alícia Ferreira Gonçalves (UFPB)
Artur Perrusi (UFPB)
Carlos Xavier de Azevedo Netto (UFPB)
Charles Pessanha (UFRJ)
Flávio Munhoz Sofiati (UFG)
Elisandro Pires Frigo (UFPR-Palotina)
Gabriel Augusto Miranda Setti (UnB)
Helcimara de Souza Telles (UFMG)
Iraneide Soares da Silva (UFC-UFPI)
João Feres Junior (Uerj)

Jordão Horta Nunes (UFG)
José Henrique Artigas de Godoy (UFPB)
Josilene Pinheiro Mariz (UFCG)
Leticia Andrade (UEMS)
Luiz Gonzaga Teixeira (USP)
Marcelo Almeida Peloggio (UFC)
Maurício Novaes Souza (IF Sudeste-MG)
Michelle Sato Frigo (UFPR-Palotina)
Revalino Freitas (UFG)
Simone Wolff (UEL)

*À minha amada Cristina e aos que estão no Céu
e me ensinaram o verdadeiro significado da palavra saudade.*

AGRADECIMENTOS

Agradeço à sempre atenciosa e gentil Andreia Bisuli de Souza e aos sempre brilhantes e dedicados professores: Prof. Dr. Ênio José da Costa Brito, Prof. Dr. Marcelo Perini, Prof.ª Dr.ª Maria José Fontelas Rosado Nunes, Prof. Dr. Wagner Lopes Sanchez e Prof. Dr. João Décio Passos, que me lançaram luzes importantes e suficientes para compreender melhor a religião e me desprender de preconceitos.

Agradeço ao compromisso com a Ciência da Religião demonstrado pelos coordenadores do curso, Prof. Dr. Frank Usarski e Prof. Dr. Edin Sued Abumanssur.

Agradeço aos ilustres participantes da banca: Prof. Dr. Eduardo Rodrigues da Cruz, Prof. Dr. João Décio Passos, Prof. Dr. Fernando Altemeyer Junior, Prof. Dr. Alex Villas Boas, Prof. Dr. Paulo de Assunção, Prof.ª Dr.ª Maria Cecília Domezi e Prof. Dr. Wagner Lopes Sanchez.

Agradeço o acolhimento, o alto nível de compromisso e a amabilidade de meu notável orientador Prof. Dr. Eduardo Rodrigues da Cruz.

Agradeço ao meu amigo e de quem recebi a luz e a semente para dar os primeiros passos nesse trabalho, Alex Villas Boas.

Agradeço ao meu grande amigo, apoiador e exemplo, Paulo de Assunção.

Agradeço à minha amada esposa e companheira de todas as horas, boas e ruins, que é o grande incentivo e sentido de minha vida, Maria Cristina Soares Esteves.

Fé e razão não são inimigas na luta pela vida, antes mesmo a fé, outrora rejeitada pela razão, vem agora devotar-lhe confiança, acreditando na capacidade humana de se pôr a serviço da vida de modo inteligente.

(Alex Villas Boas)

APRESENTAÇÃO

O livro *Carta Encíclica Laudato Si': Um diálogo com a ciência socioambiental* de Antonio de Oliveira Siqueira é uma preciosa contribuição à questão ecológica, pois o autor além de possuir uma consistente formação técnica sobre as questões socioambientais, é também alguém comprometido com a realidade contemporânea, e procura assim, correlacionar as dimensões culturais e o impacto que tem o cruzamento de uma agenda religiosa com uma agenda política no que diz respeito ao compromisso com a agenda ecológica. Inevitavelmente, a *Laudato Si'* e a Agenda 2030 fomentam uma espiritualidade política na continuação da agenda dos Direitos Humanos que foram tão caros para a comunidade eclesial e a sociedade contemporânea.

Neste sentido a Agenda 2030 pode ser pensada como ecoemergência da agenda dos Direitos Humanos a partir dos desafios ambientais que surgem com o processo histórico da Revolução Industrial, mesmo processo em que a dignidade humana precisou ser defendida face aos abusos dos novos modos de produção e as transformações tecnológicas do século XVIII, e que se intensificaram nos séculos seguintes. A questão ambiental pode ser considerada o mais novo episódio dessa série de eventos que tem início nessa aventura humana que inaugura o que chamamos Modernidade, e como o Cristianismo e a própria comunidade internacional tem lidado com os desafios dessa nova era, em que o despertar para a consciência do cuidado com a dignidade humana se alarga para o cuidado da comum dignidade entre os moradores e a Casa Comum. A obra de Siqueira oferece um importante contributo para pensar tal noção de comum.

O capítulo 1 é dedicado precisamente a essa ecoemergência que brota da consciência de garantir a dignidade humana, mostrando como tanto a Organização das Nações Unidas (ONU) quanto a Igreja Católica contemporânea despertam para questão socioambiental, com pontos de divergência sim, mas com diversas convergências entre as duas instituições. Siqueira observa que a ONU adota uma abordagem mais científica e técnica em seu discurso, enquanto a Igreja Católica, seguindo a tradição das Encíclicas Sociais, enfatiza a dimensão moral, porém acrescenta o aspecto espiritual, e consequentemente como do cuidado de si se desdobra para o cuidado da Casa Comum. A *Laudato Si'* por sua vez coroa esta convergência de perspectivas, em que mobiliza tanto um apelo ético, quando uma análise científica em uma comum espiritualidade ecológica como dever universal.

O capítulo 2 resgata como a questão socioambiental é um traço biográfico do então Cardeal Bergoglio, e como no contexto latino-americano e a sensibilidade teológica pela opção pelos pobres, se consolida na relação entre o Grito da Terra com o Grito dos Pobres, pois estes sempre acabam por sofrer de modo mais dramático as consequências da alteração climática. Um ponto forte na conversão ecológica do Cardeal de Buenos Aires foi seguramente a V Conferência Geral do Episcopado Latino-Americano e do Caribe (CELAM), que ocorre na cidade brasileira de Aparecida em 2007, em que o conceito de promoção de uma ecologia integral se consolida como tarefa missionária da Igreja Latino-Americana, e mais tarde da Igreja Universal.

O capítulo 3 se detém a uma análise extensiva da *Laudato Si'*, com destaque para a percepção da recepção da Encíclica em diferentes grupos e setores da sociedade, muito além do espaço eclesial. Também analisa não somente os elogios, mas também as críticas, e até mesmo as rejeições. No âmbito acadêmico, a encíclica é elogiada como inovadora, uma autêntica expressão de um exercício de uma Igreja que sai de sua autorreferencialidade e fortalece o diálogo entre ciência e religião no Século XXI, bem como sua dimensão ética e profética na crítica à exploração produtivista do planeta. Outro campo de grande recepção é o ecumenismo e o diálogo inter-religioso mobilizando outras lideranças mundiais e locais ao compromisso de uma conversão ecológica. Os elementos apresentados por Siqueira ajudam a elucidar a natureza dos debates em torno da recepção da *Laudato Si'* e, consequentemente da Agenda 2030, sobretudo com a contribuição dos capítulos seguintes.

Nomeadamente, no capítulo 4 há um mergulho nas referências teóricas explícitas e implícitas da *Laudato Si'*, o que permite evidenciar e qualificar o debate contra aqueles que querem acusá-la de falta de fundamento. Elenca-se o verdadeiro poliedro de visões convergentes na composição da encíclica: ciências ambientais, ciências sociais e econômicas, filosofias e teologias, bem como a sabedoria das tradições espirituais, com grande ênfase na tradição franciscana e na tradição de discernimento espiritual em função de ação decisiva de transformação do mundo, bastante arraigada na tradição jesuíta. Por outro lado, o trabalho de Siqueira não se furta de análise séria das críticas à principal encíclica papal franciscana no Capítulo 5. Ainda no movimento de análise de recepção do documento pontifício o livro indica diversos elementos de recusa da Encíclica, seja por motivos religiosos, seja por motivos políticos que endereçam na proposta da *Laudato si'* uma perspectiva muito progressista, seja por atores e autores que a julgam pouco avançada. Do ponto de vista da crítica filosófica e social, pode-se verificar uma espécie de crítica da viabilidade prática no que diz respeito ao estágio de capitalismo tardio, por parte de alguns cientistas sociais ou mesmo uma crítica demasiada ao paradigma tecnocrático. Tais elementos são interessantes para também perceber a complexa realidade eclesial do século XXI, e suas polarizações ainda reminiscentes de um período de Guerra Fria. Interessante tarefa é analisar como as razões de recusa religiosas podem estar alinhas à interesses políticos e econômicos, que não raro procuram se camuflar sob a égide de defesa da Tradição.

Por fim, o capítulo 6 é bastante útil como sintoma de uma impotência do discurso ético, ou pelo menos de uma frágil eficácia face a morosidade política como resistência às transições, através da análise da Exortação Apostólica *Laudate Deum*. O tom de impaciência do Bispo de Roma à respeito da lentidão nas tomadas de decisões que envolvem atores globais em direção à ações que alterem o desequilíbrio planetário, podem ser vistos no trabalho de Siqueira, como um convite à serenidade

Dito de outro modo, apesar da *Laudato Si'* ser um marco temporal, há que se reconhecer que sua implementação e efetivo impacto estão em dependência de uma série de fatores e interesses políticos e econômicos, que exigem uma profunda mudança de mentalidade cultural, uma verdadeira conversão ecológica de uma época, e uma consistente pressão social aos atores políticos. Nesse sentido, a conversão ecológica também passa pelo discernimento de caminhos de superação da crise social e moral tributária da pretensão de autossuficiência de certos discursos oriundos ainda do século XX. Por outro lado, não reconhecer tais tensões políticas e toda a dramaticidade que isso envolve, incorre em um grave risco de reprodução de um discurso ecológico romântico e pouco eficaz. Considerado tal contexto, o capítulo ajuda a perceber a *Laudate Deum* com seu tom de urgência, porém com foco em soluções práticas, o que implica em dizer também ações políticas, e consequentemente uma análise mais rigorosa das Conferências Climáticas (COP's) e responsabilização de corporações e governos lenientes.

De modo conclusivo, a contribuição da obra passa por este aspecto amplo de análise progressiva do que vem a ser a complexidade da ecologia integral, insistindo no papel da espiritualidade e da noção de interdependência da dignidade comum de todas as formas de vida que habitam a mesma Casa, e com isso evidencia o papel profético da Comunidade Eclesial no conjunto de atores que compõe uma agenda global. O livro de Antônio Siqueira colabora com uma abordagem poliédrica desde o modo como cada capítulo contribui para o entendimento da *Laudato Si'*, nomeadamente o desenvolvimento histórico e teológico (capítulos 1 e 2) da questão ecológica na cultura que culmina na emergência da principal encíclica de Francisco (capítulo 3), enriquecida pela análise de suas fontes (capítulo 4), bem como o apontamento de seus limites ou resistências à proposta de conversão ecológica nela contida (capítulo 5), e encerra apontando para o desafio da urgência, e resiliência coletiva face aos obstáculos, sobretudo de ordem política e econômica, questões que corroboram para uma maior maturidade do discurso e da ação.

Tais elementos fazem da obra de António Siqueira uma fecunda e segura contribuição para a conversão ecológica, sobretudo na iminência dos preparativos da celebração da primeira década da *Laudato Si'* (2025), como a segunda metade da *década de ação* (2025 – 2030), em função da efetivação dos Objetivos dos Desenvolvimentos Sustentáveis propostos pela Agenda 2030.

Lisboa, 25 de setembro de 2024.

Alex Villas Boas
Universidade Católica Portuguesa
Pontifícia Universidade Católica do Paraná

PREFÁCIO

A encíclica *Laudato Si'*, em termos de temporalidade, representou um καιρός, momento oportuno na caminhada da Igreja e da humanidade neste início de milênio. De fato, desde que foi lançada, em 2015, dois movimentos se fizeram notar: de um lado, uma intensificação das mudanças climáticas, sinal de desequilíbrio ecológico, e de outro, paralelamente, assistimos a uma maior polarização entre os que negam as causas humanas de tais mudanças e os que que falam da urgência de se fazer algo a respeito.

Mais preocupante, os negacionistas muitas vezes os são por motivos religiosos, como aqueles grupos de cristãos que sugerem que o desequilíbrio ecológico seria um sinal do fim dos tempos, e só teríamos assim que aguardar o desenlace final. A oportunidade da encíclica (e do documento mais recente, a Exortação Apostólica *Laudate Deum*), é assim refletida em várias direções: os governos nacionais e as entidades internacionais de formulação e implementação de políticas ambientais, os grupos econômicos que visam ao lucro fácil às expensas do meio ambiente, valendo-se de tecnologias impróprias (o que o Papa chama de "paradigma tecnocrático"), as pessoas de boa vontade, todos os cristãos e, por fim, os católicos, para que tenham um norte seguro na adequada interpretação dos sinais dos tempos.

O período que vai de 2015 a 2023, conforme aponta o Papa em seu último documento, registra a tibieza e a insegurança dos múltiplos autores envolvidos. Falta uma base comum a todos, sobre a qual edificar políticas e ações consistentes. Essa base, de fato, pode ser encontrada nas descrições científicas mais seguras das mudanças ambientais, e numa reta vivência religiosa.

É aqui que este livro de Antonio Siqueira (anteriormente uma tese defendida na PUC-SP, que tive a satisfação de orientar) encontra sua maior relevância. Indica primeiro que os documentos pontifícios fazem uso extensivo do que há de melhor na literatura científica atual, e, depois, que dão mostra de uma continuidade com preocupações do magistério pontifício anterior. Além disso, o autor mostra como os posicionamentos de Francisco se dão em continuidade com os do período como o arcebispo José Bergoglio, de Buenos Aires.

O autor enfrenta audazmente esta tarefa de tamanha envergadura, primeiro fazendo um cotejamento de discursos socioambientais da ONU e da Igreja entre 1945 e 2015, incluindo não só o magistério pontifício como também o latino-americano. Em seguida, lembra-nos de que o pensamento do Papa é consistente com sua trajetória pretérita enquanto Cardeal Bergoglio e suas preocupações na América Latina. Como não podia deixar de ser, o centro de seu trabalho é uma cuidadosa análise da própria Encíclica *Laudato Si'*, assim como de suas recepções por vários atores. Como alguém bem familiarizado com as ciências ambientais, nosso autor também dá conta das fontes e referências socioambientais da *Laudato Si'*, sejam as contidas no documento, sejam as mais indiretas, apontadas por analistas. E falando nestes, o trabalho do autor também nos traz muitas reflexões posteriores sobre a Encíclica, inclusive com críticas pertinentes.

Sendo assim, o leitor encontrará nas páginas que se seguem um guia mais seguro e aprofundado para a leitura tanto da *Laudato Si'* quanto da *Laudato Deum*. Espero que com isso o leitor possa partilhar com o autor e com o Papa o senso de urgência com as grandes questões ambientais com que nos defrontamos, e possa não só conhecer melhor o que está em jogo como também desenvolver uma espiritualidade adequada e defender nos fóruns apropriados a "ecologia integral" exposta com tanto vigor pelo Papa Francisco.

Maio de 2024

Eduardo R. Cruz
PUC/SP

LISTA DE ABREVIATURAS

AGAPAN	Associação Gaúcha de Proteção ao Ambiente Natural
CELAM	Conferência Episcopal Latino Americana
CF	Campanha da Fraternidade
CNBB	Conferência Nacional dos Bispos do Brasil
CNRS	*Centre National de la Recherche Scientifique* (Centro Nacional de Pesquisa Científica)
COP	Conferência das Partes
CQNUMC	Convenção-Quadro das Nações Unidas sobre Mudança Climática
DAp	Documento de Aparecida
DDT	Diclorodifeniltricloroetano
DSI	Doutrina Social da Igreja
ECO-92	Conferência das Nações Unidas sobre o Meio Ambiente e o Desenvolvimento
EG	Exortação Apostólica *Evangelii Gaudium*
EPA	*Environmental Protection Agency* (Agência de Proteção Ambiental Americana)
FAO	Organização das Nações Unidas para a Alimentação e a Agricultura
GEE	Gases de Efeito Estufa
GS	Constituição Pastoral *Gaudium et Spes*
IPCC	Painel Intergovernamental sobre Mudanças Climáticas
LS	Carta Encíclica *Laudato Si'*
LULUCF	*Land use, land-use change and forestry* (O uso da terra, a mudança no uso da terra e a silvicultura)
MDL	Mecanismo de Desenvolvimento Limpo

NU	*United Nations* (Nações Unidas)
OC	Observatório do Clima
ODM	Objetivos de Desenvolvimento do Milênio
ODS	Objetivos de Desenvolvimento Sustentável
ONG	Organização Não Governamental
ONU	Organização das Nações Unidas
P+L	Produção Mais Limpa
PNUMA	Programa da Organizações das Nações Unidas sobre o Meio Ambiente
PUC-SP	Pontifícia Universidade Católica de São Paulo

SUMÁRIO

INTRODUÇÃO...21

1

DISCURSOS SOCIOAMBIENTAIS DA ONU E IGREJA ENTRE 1945 E 2015 25

1.1 UM MOMENTO DE PREOCUPAÇÕES 30

1.2 PRIMEIROS MOVIMENTOS SOCIOAMBIENTAIS DA ONU.................... 32

    1.2.1 Declaração do Rio de Janeiro sobre o meio ambiente e o desenvolvimento ...37

    1.2.2 Declaração sobre os princípios florestais................................. 37

    1.2.3 Convenção-Quadro sobre Mudança Climática e Conferência das Partes 38

    1.2.4 Convenção sobre a biodiversidade 39

    1.2.5 Agenda 21.. 39

1.3 MOVIMENTOS SOCIOAMBIENTAIS DA ONU PÓS ECO-92 40

    1.3.1 Os ODS e o combate à fome... 51

    1.3.2 Considerações sobre a ONU 53

1.4 A IGREJA CATÓLICA E O TEMA SOCIOAMBIENTAL 54

    1.4.1 Papa Leão XIII (1878-1903) 55

    1.4.2 Papa Pio X (1903-1914) 56

    1.4.3 Papa Pio XI (1922-1939)... 56

    1.4.4 Papa Pio XII (1939-1958).. 57

    1.4.5 João XXIII (1958-1963)... 58

    1.4.6 Concílio Ecumênico Vaticano II (1962-1965) 60

    1.4.7 Papa Paulo VI (1963-1978) 61

    1.4.8 Papa João Paulo II (1978-2005) 66

    1.4.9 Papa Bento XVI (2005-2013) 73

    1.4.10 Aspectos gerais... 79

    1.4.11 O tema socioambiental nas CELAM e no Brasil (CNBB) 83

        1.4.11.1 Conferência Episcopal Latino Americana (CELAM)........................ 84

        1.4.11.2 CNBB... 95

        1.4.11.3 Sínodo para a Amazônia 98

1.5 UM ESTUDO COMPARATIVO POR TIPOLOGIAS 99

1.6 RESULTADO COMPARATIVO ENTRE OS DISCURSOS DA ONU E IGREJA......101

    1.6.1 Linha do tempo dos documentos da Igreja e da ONU..................... 105

2
O CARDEAL BERGOGLIO E SUAS PREOCUPAÇÕES NA AMÉRICA LATINA .. 107

2.1 AS HOMILIAS DO CARDEAL BERGOGLIO.................................110

2.1.1 Os discursos socioambientais 110

2.1.2 Migração 115

3
A CARTA ENCÍCLICA *LAUDATO SI'* E SUAS RECEPÇÕES 123

3.1 A CARTA ENCÍCLICA *LAUDATO SI'* – CONSIDERAÇÕES PRELIMINARES..... 126

3.1.1 Primeiro capítulo da *Laudato Si'* – O que está acontecendo com nossa casa .. 129

3.1.2 Segundo capítulo da *Laudato Si'* – O Evangelho da Criação 137

3.1.3 Terceiro capítulo da *Laudato Si'* – A raiz humana da crise ecológica....... 140

3.1.4 Quarto capítulo da *Laudato Si'* – Uma ecologia integral.................. 142

3.1.5 Quinto capítulo da *Laudato Si'* – Algumas linhas de orientação e ação.....147

3.1.6 Sexto capítulo da *Laudato Si'* – Educação e espiritualidade ecológicas....151

3.1.7 Considerações sobre o conteúdo da *Laudato Si'* 153

3.2 AS RECEPÇÕES DA CARTA ENCÍCLICA *LAUDATO SI'* 157

4
AS FONTES E REFERÊNCIAS SOCIOAMBIENTAIS DA *LAUDATO SI'* 175

4.1 AS NOTAS DE RODAPÉ DA LS 175

4.2 DEMAIS FONTES E REFERÊNCIAS 177

5
REFLEXÕES POSTERIORES SOBRE A CARTA ENCÍCLICA *LAUDATO SI'* . 193

5.1 AS AVALIAÇÕES CRÍTICAS 195

6
LAUDATE DEUM - UM NOVO CAPÍTULO DA *LAUDATO SI'* 231

CONCLUSÃO 235

POSFÁCIO 245

REFERÊNCIAS 249

APÊNDICE A
LINHA DO TEMPO DOS DOCUMENTOS DA IGREJA E DA ONU 281

INTRODUÇÃO

Este livro pode ser considerado um estudo bibliográfico no que se refere aos seus objetivos, uma vez que produziu uma pesquisa sobre o diálogo que a Carta Encíclica *Laudato Si'* (LS) promove com a ciência socioambiental, que possibilitou a avaliação de sua importância e validade para a sociedade como um todo, e não apenas para os católicos.

Quanto aos meios, a pesquisa pode ser entendida como bibliográfica e documental. Os procedimentos metodológicos utilizados para o desenvolvimento da pesquisa foram baseados em minucioso levantamento bibliográfico, na análise de um conjunto importante de documentos e da discussão por meio de revisão bibliográfica.

Levando-se em conta que se trata de uma pesquisa analítica e comparativa da Carta Encíclica *Laudato Si'*, foi considerado como objeto da pesquisa o próprio documento do Papa Francisco e, de modo mais geral, seu pensamento e posicionamento sobre as questões socioambientais, incluindo-se também uma avaliação comparativa entre os discursos da Igreja Católica e da Organização das Nações Unidas (ONU). Vale observar ainda que os textos recolhidos em língua estrangeira tiveram tradução livre de minha parte.

A relevância e a originalidade deste estudo se dão por um conjunto robusto de fontes para pesquisas posteriores sobre o tema e demais questões abordadas de modo direto ou indireto, e sobre como o tema foi tratado pela ONU desde sua fundação. Além disso, foi possível apresentar o pensamento da Igreja ao longo do tempo e de modo organizado, contrariando o argumento de que o Papa Paulo VI seria o precursor da questão socioambiental no Vaticano; e, a partir das perspectivas da ONU e da Igreja, estabeleci comparações que evidenciaram que, mais do que divergentes, os discursos são complementares, respeitando-se o papel de cada uma das instituições envolvidas. Outro aspecto importante é a inexistência de qualquer salvo-conduto por parte da Igreja para a exploração selvagem, pelo contrário, possui um discurso que vem de longe com críticas à essa ação desequilibrada por parte dos seres humanos.

Entendo também que a *Laudato Si'* não foi um mero acidente de percurso, nem da Igreja e menos ainda do Papa Francisco, considerando todos os seus predecessores e a história de Jorge Bergoglio. Há de se colocar um destaque especial para a Conferência Episcopal Latino Americana em Aparecida e seu documento final, que forneceram argumentos importantes e suficientes para evidenciar o posicionamento de que a LS já estava em gestação, arriscando dizer, inclusive, que o papado de Francisco começou nessa ocasião, considerando seu papel e desempenho na relatoria e todas as censuras aplicadas no texto final (o Documento de Aparecida - DAp), as quais foram colocadas em marcha a partir de sua eleição, em 2013.

Após o entendimento das circunstâncias que antecederam a publicação da LS e a pesquisa sobre os passos de Jorge Bergoglio, será apresentada e explicada detalhadamente a Encíclica, para que o objeto da pesquisa receba o tratamento devido sobre sua elaboração, composição e conceitos principais, incluindo argumentos importantes de partes interessadas, além de um bom grupo de apreciações das mais diferentes perspectivas.

Conhecido o conteúdo do objeto de estudo, a LS, serão oferecidos argumentos que indicaram a utilização de bases científicas pelo Papa para a composição de muitos dos principais conceitos tratados na Encíclica, evidenciando ainda mais o diálogo entre ciência e religião.

Apesar de haver fundamentos científicos na base da Carta de Francisco, foi necessária uma pesquisa para conhecer as reflexões críticas de especialistas e acadêmicos. Essa pesquisa forneceu informações sobre a LS apontando para mais acertos que erros conceituais, em detrimento de se tratar de um documento da Igreja, o que evidenciou ainda mais as bases científicas da LS.

O objetivo geral é apresentar as bases científicas utilizadas na elaboração da pesquisa em questão, além de possibilitar uma compreensão do seu caráter inovador como "Igreja em saída" (EG, 20), evidenciando a real possibilidade de diálogo entre religião e ciência, entre fé e razão. Assim, ficou demonstrada a hipótese de que há condições de cooperação entre ambas, principalmente em temas tão importantes e estreitamente relacionados à existência do ser humano e sua qualidade de vida.

O objetivo foi alcançado especialmente por meio das pesquisas, análises e comparações dos discursos da Igreja e da ONU; da avaliação da preexistência de preocupações relacionadas ao conteúdo da Carta Encíclica *Laudato Si'* por parte do Cardeal Jorge Mario Bergoglio; da apresentação e compreensão da Carta Encíclica *Laudato Si'*, além da análise de uma importante quantidade das primeiras reações após a sua publicação; da pesquisa de avaliação das fontes e referências científicas da Carta

Encíclica disponíveis em textos representativos; e da pesquisa sobre os temas tratados na Carta por especialistas e acadêmicos, com vista no estabelecimento de uma avaliação crítica do documento.

De acordo com o que está apresentado ao fim da obra, foi possível responder também que, apesar da diferença de tempo de resposta às questões ambientais e das características mais reativas que proativas da ONU e da Igreja, entende-se que o discurso da Igreja Católica esteja muito em sintonia com o preconizado pela ONU e que são complementares, mesmo que por vezes os caminhos percorridos sejam aparentemente diferentes.

Apresentando e estudando a LS, incluindo as recepções e o seu acolhimento, foi possível constatar que as avaliações foram mais positivas que negativas, especialmente por ser mais uma forma, ou mais um instrumento para impulsionar o cuidado com o meio ambiente e com os menos favorecidos. Foi possível ainda perceber, pelas fontes utilizadas para a elaboração da Carta, sua fundamentação científica, sempre amparada pelas Academias Pontifícias, melhorando o diálogo ciência-religião e com forte caráter social. Há, ainda, uma relação importante e complementar entre as questões apontadas (sustentabilidade-espiritualidade, ciência-religião), desde que não haja intromissão dos campos de estudo, de modo que ambas podem coexistir e se apoiarem na construção da ciência e nas relações na sociedade.

Quanto à estrutura, além da conclusão e do Apêndice A o desenvolvimento conta com seis capítulos, ou melhor:

O capítulo 1 tem como título: "Os discursos socioambientais da ONU e Igreja Católica entre 1945 e 2015". A partir da pesquisa e avaliação dos discursos socioambientais produzidos entre 1945 e 2015, tanto pela Organização das Nações Unidas quanto pela Igreja Católica, faço uma comparação que possibilita a percepção das questões socioambientais, o tempo de reação ante os problemas socioambientais e a qualidade das respostas à sociedade, com vistas à proteção da natureza e da vida, de cada uma das instituições em questão. Apesar da delimitação escolhida (1945-2015), utilizei documentos anteriores e posteriores para melhor entendimento sobre o tema em questão.

No segundo capítulo, "O Cardeal Bergoglio e suas preocupações na América Latina", houve a identificação do pensamento de Jorge Mario Bergoglio no período que antecedeu seu pontificado, ratificando a linearidade de seu pensamento que redundou na elaboração da Carta Encíclica *Laudato Si'*. Para atingir o resultado, avaliei todos os discursos oficiais publicados pelo *Arzobispado de Buenos Aires* durante o período de cerca de 15 anos em que o Cardeal Bergoglio foi o Arcebispo de Buenos Aires, de 22 de fevereiro de 1998 até 13 de março de 2013.

O terceiro capítulo foi intitulado "A Carta Encíclica *Laudato Si'* e as suas recepções". Nele, apresento a estrutura e o conteúdo da *Laudato Si';* além disso, avalio uma série de textos acadêmicos que abordaram o documento, de maneira que foi possível uma melhor compreensão da Carta e do que representou esse documento papal e sua validade para efeito científico, pragmático, social e até do ponto de vista ecumênico, entre outras. Quanto à acolhida, a verificação deu-se pela visão da comunicação, da Teologia, do pensamento dos evangélicos, das Ciências Sociais, da Filosofia, sob a ótica do Direito e inclusive pelo olhar marxista.

No capítulo 4, "As fontes e referências socioambientais da Encíclica *Laudato Si'*", a ideia central foi a validação dos mais variados conceitos e bases de pensamentos desenvolvidos pelo Papa Francisco ao longo do documento, por meio das indicações explícitas e implícitas de cientistas e demais personagens que participaram das equipes de trabalho ou que estudaram a Encíclica e sua elaboração.

Quanto ao quinto capítulo, "Reflexões posteriores sobre a Carta Encíclica *Laudato Si'*", a avaliação crítica da LS ocorreu por meio de um conjunto importante de cientistas, autores, acadêmicos etc., momento em que foi possível perceber que a maior parte das avaliações críticas estão de acordo com o conteúdo apresentado na Encíclica; exceto algumas críticas, as quais até fogem um pouco do eixo das discussões.

No capítulo seis, apresento o conteúdo da exortação apostólica *Laudate Deum,* que carrega consigo a função de especificar e completar a encíclica *Laudato Si',* na qual o Papa Francisco apresenta sua crítica à falta de atitudes concretas no sentido de mitigar e frear os efeitos da crise climática.

Para a finalização, apresento as conclusões parciais e os comentários sobre cada capítulo, as respostas aos problemas apresentados, o retorno para as hipóteses estabelecidas, as considerações finais e o encaminhamento para estudos e pesquisas complementares.

Por fim, como indicado no primeiro capítulo, criei uma linha do tempo, que consta no Apêndice A, contendo os eventos e documentos produzidos pela ONU e pela Igreja, cuja finalidade é fornecer subsídios para a comparação e compreensão de como essas entidades se manifestaram ao longo do tempo com relação ao tema de nosso interesse.

1

DISCURSOS SOCIOAMBIENTAIS DA ONU E IGREJA ENTRE 1945 E 2015

A Revolução Industrial indicou um processo de grandes transformações que teve início na Inglaterra em meados do século XVIII. Os efeitos da substituição do trabalho manual pela manufatura por pessoas manobrando aparelhos complexos trouxeram uma nova carga para a vida em sociedade. A introdução de máquinas fabris multiplicou o rendimento do trabalho, aumentou a produção global e, a partir daí, surgiram mudanças importantes. Para Eric J. Hobsbawn, o período em questão apresenta três transformações fundamentais, além de um quarto aspecto não levantado pelo autor e que poderia ser melhor apresentado em outra ocasião, que foi o avanço das fronteiras agrícolas: a) a explosão demográfica, que estimulou muito a economia, embora devêssemos considerá-la como uma consequência, mais do que causa da revolução econômica, pois sem essa revolução, um crescimento populacional tão rápido não poderia ser mantido durante mais do que um período limitado; b) a mudança nas comunicações, não tanto pelo sistema ferroviário e pontes, mas especialmente pelas estradas e canais fluviais, produzindo melhor fluxo dos correios, carruagens e mercadorias; c) e, em decorrência dessas duas mudanças, a terceira se estabeleceu, que foi o aumento do comércio e da emigração, visto que 22 milhões de europeus emigraram entre 1850 e 1888 e o volume de comércio internacional saiu de 600 milhões de libras em 1840 e chegou a 3,4 bilhões de libras em 1889 (Hobsbawm, 1982, p. 187-191).

Diante do fato de que os seres humanos estão organizados pelo capital, adicionando a condição de que a atividade econômica tem na indústria seu grande sustentáculo e entendendo a ocorrência do crescimento da urbanização, fica evidente que as pessoas e o ambiente passam a sofrer várias novas pressões, provocando assim um ritmo inédito e completamente diferente dos vivenciados anteriormente, de modo que as mudanças sociais, culturais e econômicas foram drasticamente aceleradas. Tudo isso, inclusive, de maneira sistêmica, em que uma mudança exigia o desenvolvimento de outra, em uma espécie de corrida de revezamento que parecia não ter fim e que continua a existir nos dias em que vivemos. Em decorrência desses fenômenos, surgiram também novas formas de energia, como a eletricidade, os combustíveis derivados do petróleo ou outros combustíveis fósseis, pressionando a velha Europa agrária a se tornar uma região com cidades populosas e industrializadas. Uma situação que exigiu cada vez mais a contribuição e colaboração da natureza; não apenas pela necessidade de energia, mas também pela utilização de matérias-primas em um ritmo, intensidade e quantidade muito maiores do que acontecia antes dessa nova fase do desenvolvimento da sociedade.

Assim, foi se ratificando cada vez mais o papel do ser humano como grande agente dessas pressões e modificações do meio ambiente natural, que, segundo o argumento de Arlindo Philippi Junior, Marcelo Roméro e Gilda Bruna (2004, p. 3-5), essas alterações ocorrem há 12 mil anos, mas em ritmo cada mais acelerado, uma vez que o tempo vai avançando e se manifesta de maneira especial no ambiente urbano pelo nível desenvolvido de adaptabilidade – o que Samuel M. Branco (2004, p. 18) vai chamar de "atividade imaginativa" –, mas sempre dependente de recursos naturais, de modo direto ou indireto. E, para se compreender e medir o grau de impacto ambiental produzido pelo ser humano na ocupação do espaço, percebe-se como indispensável uma avaliação por meio de três variáveis: a) a diversidade de recursos extraídos da natureza; b) a velocidade de sua extração, se permite ou não sua reposição em tempo adequado; c) a maneira de disposição e tratamento dos resíduos sólidos, das emissões atmosféricas e efluentes.

Ainda sobre o processo de urbanização acelerado, é conveniente esclarecer que, apesar de algumas vezes se mencionar o conceito de ecossistema urbano, tal ideia para Samuel M. Branco (2004, p. 105-106) não é correta, visto que um ecossistema é composto de produtores/consumidores/decompositores e a cidade corresponde apenas à etapa consumidora do sistema, preponderando o recebimento de contribuição externa para a manutenção da vida, uma condição de transporte de matéria e energia em única via que produz acréscimo de entropia no sistema urbano, produzindo impactos significativos ao meio ambiente natural.

Vale ainda a complementação apresentada por Liliane Pestana, quando indica que, além da Revolução Industrial e seus efeitos colaterais, o colonialismo predatório foi outro grande fator motivador para os impactos negativos ao meio ambiente, visto o "valor puramente utilitário e mecanicista que foi conferido à natureza" (Pestana, 2009, p. 47), considerada como objeto e mercadoria a ser consumida. Pelas palavras de Giampietro Dal Toso (2015b): foi por meio desse modelo de produção que descobrimos "como ferir o ambiente".

É certo que por conta dessas contradições e condições adversas surgiram movimentos de defesa ambiental com as mais diferentes feições e com o propósito de combater esses problemas e esse processo de desenvolvimento insustentável para o planeta, para o ambiente e para as pessoas. A partir da segunda metade do século XIX emergem organizações ativas na defesa ambiental, envolvendo indivíduos dos mais diferentes segmentos da sociedade. A primeira surgiu em 1865, no Reino Unido, a *Open Spaces Preservation Society*, promovendo campanhas pela preservação de espaços verdes (Pelicioni, 2004, p. 433). Uma segunda foi criada nos Estados Unidos em 1892, o *Sierra Club*, com função inicial de proteger o Parque Nacional de Yosemite (Barbieri, 2004, p. 47) e que hoje conta com 3,8 milhões de associados, segundo consta na sua página eletrônica. Tendo em vista que os processos protetivos governamentais e não governamentais eram ainda incipientes, o cenário negativo continuava em aceleração. Por conseguinte, os fatores indicados como pressionadores e modificadores do meio ambiente continuaram a produzir efeitos danosos sem grandes preocupações para os impactos socioambientais.

Ainda outras ações começaram a surgir a partir da década de 1920, mesmo que de maneira fragmentada e espaçada. Vale o apontamento de que o início de um novo período da história ambiental ocorreu a partir da realização do I Congresso Internacional para a Proteção da Natureza, no ano de 1923, em Paris. Nesse encontro, houve uma abordagem bem completa acerca dos problemas ambientais, incluindo a luta por criar uma instituição internacional permanente para a proteção da natureza (Acot, 1990, p. 162-167).

Mais tarde, na década de 1940, nos Estados Unidos, havia ainda pouco reconhecimento sobre os cuidados com o meio ambiente global como indicador do bem-estar dos indivíduos. Apesar disso, em 1948 foram publicados dois livros basilares, *Road to survival*, de William Vogt, e *Our plundered planet*, de Fairfield Osborn, que fizeram as pessoas pensarem sobre a situação global e influenciaram os pensamentos de muitos (Raven, 2016, p. 251).

O primeiro livro faz uma espécie de resumo da condição do mundo ecológico daquele momento, ataca o capitalismo e descreve a história dos Estados Unidos a caminho do abismo. Esse livro possui uma quantidade importante de dados científicos, o que era incomum para tratar do tema ambiental à época. Outro aspecto importante de seu conteúdo é que há uma forte defesa para o controle populacional como a única maneira de evitar desastres ambientais, visto que a população humana não poderia exceder a capacidade de carga do planeta sem desastre. Quanto ao segundo livro, *Our plundered planet*, trata da destruição ambiental pela humanidade, com foco para o solo. Critica a administração incoerente do planeta pela humanidade e tem como característica uma narrativa apocalíptica, na qual os seres humanos são vistos como destruidores da natureza. Tanto esse livro como o anterior defendem a mesma ideia do controle populacional para preservação ambiental, os quais servirão de inspiração para a obra de Paul R. Ehrlich, que citarei logo a seguir.

Posterior à Segunda Guerra Mundial acontecerá o surgimento relevante das denominadas Organizações Não Governamentais (ONGs) (Barbieri, 2004, p. 47). Em 1945, foi constituída a Organização das Nações Unidas (ONU), ou Nações Unidas, uma organização intergovernamental criada para promover a cooperação internacional e com importante papel nas questões socioambientais. Para muitos estudiosos, como João A. A. Amorim (2015, p. 116), "a ONU protagoniza a condução tanto da formação e consolidação do sistema internacional de proteção da pessoa humana, quanto a proteção internacional do meio ambiente".

Os impactos ambientais cresciam e sinais de tensão se tornaram cada vez mais evidentes, aumentando a preocupação comum com o ambiente. Dois livros se tornaram marcos nesse processo de conscientização: *This is the American earth*, de Ansel Adams e Nancy Newhall, publicado em 1960, e *Silent spring*, publicado em 1962, de Rachel L. Carson. Além dessas, pode-se considerar como particularmente importante a obra *The population bomb*, de Paul Ehrlich, de 1968, que enfatizou o impacto geral do crescimento populacional descontrolado em todos os outros aspectos do ambiente global. Nessa mesma década, em 1962-1963, a taxa de crescimento da população humana havia atingido seu nível mais alto, 2,20%, a população global estava em 3,1 bilhões. Desde então, a população mundial mais que dobrou, atingindo cerca de 7,4 bilhões, com uma taxa de crescimento atual de 1,30%, e os sinais de impacto sobre a população são evidentes em todo o mundo (Raven, 2016, p. 251).

Rachel L. Carson (1907–1964) se debruçou em seu livro *Silent Spring* – traduzido para o português como *Primavera silenciosa* – sobre o conceito equivocado de que podemos controlar a natureza. Essa americana, formada em Zoologia e Biologia, desencadeou a discussão sobre os limites do progresso tecnológico, incitando o despertar da consciência pública ambiental, sendo reconhecida como um dos principais impulsionadores do movimento ambiental global. No primeiro capítulo, "Uma fábula para o amanhã", a autora descreve de maneira poética um lugar onde as árvores não davam folhas, os animais morriam, os rios contaminados não tinham peixes e, sobretudo, os pássaros que cantavam na primavera haviam sumido. Ancorados em fatos, são apresentados os impactos negativos no meio ambiente do uso abusivo dos agrotóxicos organoclorados. A obra também carrega consigo a semente da ética ambiental, lançando luz sobre um debate que continua atual. Para se ter uma ideia de seu conteúdo, no último parágrafo do livro vê-se sua oposição à ideia de que o ser humano pode controlar a natureza: "O 'controle da natureza' é frase que exprime arrogância, nascida da era Neandertal da biologia e da filosofia, quando se supunha que a natureza existisse para a conveniência do ser humano" (Carson, 2010, p. 249). A autora associa esses danos decorrentes dos agrotóxicos aos produzidos pelas radiações nucleares, o que aumenta ainda mais o impacto de suas declarações, já que o mundo na década de 1960 estava assombrado com a potencial destruição da iminente guerra nuclear. Ela não viveu para ver que seu relato serviu de base para a definição política da criação de novas leis e órgãos ambientais, incluindo a *Environmental Protection Agency* (EPA), em 1970, o que levou à proibição do uso do diclorodifeniltricloroetano (DDT) em solo norte-americano.

Em 1968 foi fundado o Clube de Roma, tendo como líderes o industrial italiano Aurelio Peccei (1908-1984), o cientista escocês Alexander King (1909-2007) e mais 36 cientistas. Suas comissões estudaram o impacto global das interações dinâmicas entre a produção, a população, o dano ambiental, o consumo de alimentos e o uso dos recursos naturais. Seu principal trabalho foi a elaboração e a publicação em 1972 do documento *Limites do Crescimento (The limits to growth)*, que estabeleceu projeções de crescimento populacional, poluição e esgotamento dos recursos naturais por simulações matemáticas (Tinoco; Kraemer, 2004, p. 47).

No mesmo ano em que o Clube de Roma foi fundado, a ONU organizou a Conferência Intergovernamental de Especialistas sobre as bases Científicas para Uso e Conservação Racionais dos Recursos da Biosfera, ou Conferência da Biosfera, com a finalidade de avaliar e sugerir maneiras de corrigir os problemas ambientais globais, incluindo os efeitos da poluição atmosférica, a contaminação da água, o aumento das áreas de pastagem, os desmatamentos e a drenagem dos pântanos. Como resultado dessa conferência, a exemplo do que já havia servido de argumento de alguns autores já mencionados anteriormente, dentre eles Paul Ehrlich, considerou-se o crescimento populacional como um dos principais responsáveis pelos problemas ambientais, além do crescimento da urbanização e industrialização. Os delegados concluíram ainda que os problemas ambientais não possuíam fronteiras regionais ou nacionais, algo relevante para a época (Pelicioni, 2004, p. 442-443).

No início dos anos 1970, no Canadá, o Greenpeace nasceu com um programa ousado para combater a destruição ambiental. No Brasil, nessa mesma época, o Prof. José Lutzenberger propunha ideias contrárias à perspectiva dominante sobre o uso dos recursos naturais e desencadeava com isso o movimento ecológico brasileiro com a criação da Associação Gaúcha de Proteção ao Ambiente Natural (AGAPAN) (Tinoco; Kraemer, 2004, p. 47-49). Essa associação, mesmo não tendo uma visão sistêmica como a dos dias atuais, estava muito à frente de seu tempo, tendo em vista seu pioneirismo no Brasil. Desde sua fundação, desenvolveu uma série de importantes ações, dentre as quais: a ativa participação no processo de tombamento da mata atlântica do Rio Grande do Sul; a ostensiva campanha para impedir construções residenciais na orla do Rio Guaíba; a luta contra o uso indiscriminado de agrotóxicos; e a proteção das árvores de Porto Alegre. Outro autor importante e que merece ser mencionado é Ernst Friedrich Schumacher (1911-1977), que foi um influente pensador econômico do Reino Unido e teve suas ideias e conceitos difundidos em parte do mundo durante a década de 1970, em especial as suas críticas às economias ocidentais. Em 1977, publicou *A Guide for the perplexed*, uma crítica ao cientificismo materialista e à exploração da natureza e da organização do conhecimento (Schumacher, 2020).

Diante dessas questões apresentadas, penso que seja importante considerar que os mais variados avanços tecnológicos que a humanidade vem observando, principalmente após a Segunda Guerra Mundial, não aconteceram na mesma velocidade que as melhorias ou compensações necessárias ao meio ambiente, de tal sorte que a natureza não conseguiu receber de volta parte dos recursos que ela nos ofereceu.

1.1 UM MOMENTO DE PREOCUPAÇÕES

Este modelo de desenvolvimento humano e da sociedade inadequado e desproporcional foi considerado por Ladislau Dowbor como a "descapitalização do planeta", que pelo seu argumento significa que:

> [...] seria como se sobrevivêssemos vendendo os móveis, a prata da casa, e achássemos que com esse dinheiro a vida está boa, e que, portanto, estaríamos administrando bem a nossa casa. Estamos destruindo o solo, a água, a vida nos mares, a cobertura vegetal, as reservas de petróleo, a cobertura de ozônio, o próprio clima, mas o que contabilizamos é apenas a taxa de crescimento (Dowbor, 2008, p. 123).

Diante dessa condição, o autor visualiza como necessária a busca pelo controle dos rumos do desenvolvimento por parte dos cidadãos, considerando que o momento atual afeta especialmente os mais pobres, tendo em vista o modelo de desenvolvimento sem sustentabilidade, ou, por suas palavras:

> No conjunto, as ameaças que se avolumam nos planos social e ambiental nos abrem uma janela limitada de tempo para agir. [...] Quando as coisas apertarem mais, haverá os salvadores de sempre sob forma de regimes autoritários. O grande dilema é saber se conseguiremos recuperar o controle através da construção de processos democráticos na base da sociedade, ou se a ordem [...] virá de cima, com toda a barbárie que este tipo de solução representa. Candidatos não faltarão (Dowbor, 2008, p. 207).

Quando consideramos todas as conquistas importantes da modernidade, tais como o regime democrático e participativo; os conceitos de liberdade e de direitos humanos entre os povos; o aumento da expectativa de vida; a velocidade das comunicações etc.; entende-se que "vivemos em um mundo de opulência sem precedentes" e também "em um mundo de privação, destruição e opressão extraordinárias" (Sen, 2010, p. 9), pois não podemos deixar de considerar a condição de fome como um mal crônico que assola cerca de 1 bilhão de pessoas, a violação de direitos e liberdades políticas, os problemas ambientais etc. Amartya Sen entende que a privação de liberdade é causadora da pobreza, da fome coletiva, da subnutrição e deficiência de sustentabilidade. São muitos os males que assombram a opulência do mundo em que vivemos, que compartilham uma mesma natureza.

Na perspectiva de Andréa F. Pelicioni (2004, p. 441), o crescimento desordenado das cidades, a exclusão social, as formas de dominação, o modo de vida artificial, a dilapidação dos recursos não renováveis, a ameaça nuclear, os desastres ambientais e o esforço para o desenvolvimento tecnológico e industrial a qualquer preço foram os fatores que fomentaram essa maior preocupação socioambiental.

O que se pode perceber, portanto, é que as preocupações relacionadas ao meio ambiente natural sempre tiveram um caráter eminentemente corretivo, como resultado de uma pressão desproporcional que teve como estopim o processo de colonização e a Revolução Industrial. Isso ocorreu pela necessidade cada vez maior de matérias-primas, água e energia; pelo aumento exponencial da população e seu consequente aumento de consumo de bens, serviços e alimentos; e ainda pela geração de resíduos, emissões atmosféricas e efluentes, de modo proporcional ao aumento de produção, população, consumo e transporte. Com isso, conclui-se que há uma defasagem importante entre os impactos e sua correção ou mitigação, de modo que sempre houve uma desvantagem considerável. Ademais, as soluções tomadas não possibilitam a reparação e a recuperação, ou seja, o resultado sempre está negativo.

Considerando o que foi apresentado e compreendendo que as questões socioambientais são de grande importância para a manutenção da existência no planeta, da qualidade de vida e dignidade das pessoas, será apresentada a seguir uma pesquisa e comparação dos discursos e ações da ONU e da Igreja para ponderar o diálogo entre religião e ciência, demonstrando as condições de cooperação entre elas, principalmente em temas tão afeitos à existência humana e à qualidade de vida.

1.2 PRIMEIROS MOVIMENTOS SOCIOAMBIENTAIS DA ONU

A ONU foi criada em 26 de junho de 1945 e é considerada como a união das nações do mundo, cujos objetivos são: a) manter a paz mundial; b) desenvolver relações amistosas entre os povos; c) melhorar as condições de vida das pessoas; d) constituir um centro onde as nações se encontrem para estudar e buscar resolver os problemas dos quais dependem a compreensão mútua e a paz mundial (Ávila, 1991, p. 328).

Como parte de suas atribuições, as Nações Unidas desenvolvem ações para favorecer a segurança dos seres humanos. As ameaças elencadas pela ONU foram agrupadas por João Amorim (2015, p. 65) em sete categorias distintas e correlacionadas: segurança econômica, segurança alimentar, segurança ambiental, segurança pessoal, segurança comunitária e segurança política. No que tange especialmente à segurança ambiental, podem ser considerados riscos e ameaças à segurança do ser humano as questões relacionadas às alterações nas condições climáticas de habitabilidade de determinada localidade e à escassez de recursos imprescindíveis à vida, tais como água, solo fértil e alimento. Por sua vez, essas ameaças ambientais que os povos enfrentam são, em geral, uma combinação da degradação dos ecossistemas locais e do sistema ambiental global.

Os problemas ambientais são cada vez mais compreendidos como fatores relevantes em relação à vulnerabilidade humana, fato que piora as condições de vida e bem-estar dos indivíduos, criando instabilidade e potencialmente gerando ou aumentando conflitos. Mesmo as mudanças ambientais afetando a todos os seres humanos, há os que sofrem mais, pois são mais vulneráveis pelo seu baixo nível de desenvolvimento econômico e tecnológico, aliado ao fato de terem grande dependência das atividades agrícolas, da pesca ou da exploração de recursos florestais.

De acordo com a declaração do Papa Paulo VI na visita à sede das Nações Unidas, no aniversário de 20 anos de fundação, a ONU "representa o caminho obrigatório da civilização moderna e da paz mundial" (Paulo VI, 1965, 1), e "Estaríamos tentados a dizer que a vossa característica reflete de certa maneira na ordem temporal o que a nossa Igreja Católica quer ser na ordem espiritual: única e universal" (Paulo VI, 1965, 3).

Considerando a escalada de problemas decorrentes das questões apresentadas anteriormente e um conjunto de acidentes ambientais, pesquisas catastróficas, escassez de matérias-primas e uma série de outras pressões, ou ainda, pelas palavras de Guido F. S. Soares (2003, p. 41): pela "tomada de consciência no interior da ONU sobre as questões globais relativas à preservação ambiental", aconteceu em 1972 a I Conferência das Nações Unidas para o Meio Ambiente, na cidade de Estocolmo, capital da Suécia. Essa conferência ocorreu em atendimento a uma das recomendações da Conferência da Biosfera e por conta da solicitação feita pela delegação sueca presente na XXIII Assembleia Geral da ONU de 1969.

Antecedendo a Conferência de Estocolmo, uma série de fatos produziram seus efeitos, mesmo de modo indireto. O mundo assistiu ao antagonismo entre o modelo de desenvolvimento ocidental e o modelo socialista, enquanto nos Estados Unidos, na década de 1960, ocorriam protestos para os direitos civis. Na Europa ocidental, em 1968, se percebia uma geração mais resistente a um regime fechado, enquanto, no mesmo período, a União Soviética passava por importante transição.

Pela primeira vez, questões políticas, sociais e econômicas geradoras de impactos ambientais foram tratadas por um fórum intergovernamental, com perspectiva de produzir medidas de proteção, correção e controle

(Pelicioni, 2004, p. 445). Representou a ruptura com visões tradicionais sobre tais questões, cujo resultado foi: a aprovação da Declaração sobre o Meio Ambiente com o preâmbulo de 7 pontos e 26 princípios; um Plano de Ação para o meio ambiente com 109 recomendações; e uma Resolução sobre aspectos financeiros e organizacionais para a ONU, cujo destaque foi a criação do Programa da Organizações das Nações Unidas sobre o Meio Ambiente (PNUMA) (Curi, 2011, p. 25-26; Soares, 2005, p. 651).

O PNUMA tem como objetivo preencher uma lacuna entre a conscientização e a ação. Desde que foi criado, trabalha em conjunto com os demais membros do Sistema da ONU, promovendo relacionamentos entre cientistas e tomadores de decisões, engenheiros e financistas, industrialistas e ativistas ambientais, em favor do meio ambiente. Busca o balanceamento entre interesses nacionais e o bem global, produzindo a união dos países para um enfrentamento conjunto de problemas ambientais comuns. Outro resultado importante desse encontro foi estabelecer alicerces sólidos para a continuidade das discussões, visto que as nações ficaram sensibilizadas para os problemas decorrentes da postura até então adotada.

Porém, o resultado mais importante foi "colocar em pauta a relação entre meio ambiente e formas de desenvolvimento, de modo que, desde então, não é mais possível falar seriamente em desenvolvimento sem considerar o meio ambiente e vice-versa" (Barbieri, 2004, p. 29), onde há o conceito de desenvolvimento sustentável. O evento foi marcado pelo antagonismo entre conservação e desenvolvimento. Entre os países desenvolvidos – preocupados com a poluição e o esgotamento de recursos estratégicos –e os demais – que defendiam o direito de utilização de seus recursos naturais para crescerem e alcançarem padrões de bem-estar dos países ricos (Barbieri, 2004, p. 29; Amorim, 2015).

Uma forma de oposição foi a reação dos países africanos francófonos, que exclamaram em reuniões preparatórias: "se querem que sejamos limpos, paguem-nos o sabão!" (Soares, 2003, p. 43). Essa afirmação revela a forma como os países menos desenvolvidos se sentiam, pois se iniciava uma forte pressão conservacionista nesses países, que esboçavam iniciar ou crescer seu parque industrial com a crença na melhoria da qualidade de vida, diminuição da dependência dos países desenvolvidos e na melhoria das condições econômicas do país, mesmo produzindo degradação ambiental. Muitos temiam ficar estagnados e entendiam que era sua vez de progredir, a não ser que a manutenção de suas condições ambientais fosse patrocinada pelos mais ricos.

Mais tarde, em 1981, foi divulgada a Carta Africana dos Direitos Humanos e dos Direitos dos Povos, cuja importância reside no fato de ser a primeira convenção a "afirmar o direito dos povos à preservação do equilíbrio ecológico" (Pestana, 2009, p. 68). O preâmbulo desse documento inspira-se nos ideais de liberdade, igualdade, justiça e dignidade, como principais aspirações dos povos africanos. Reconhece como fontes a Carta das Nações Unidas, a Declaração Universal dos Direitos Humanos, as tradições históricas e os valores da civilização africana. Proclama a luta pela verdadeira independência e dignidade da África, incluindo conceitos relacionados à eliminação do colonialismo, neocolonialismo, *apartheid*, sionismo, bases militares estrangeiras e as várias formas de discriminação (Oliveira, 2011).

Dez anos após o encontro de Estocolmo, em 1982, a Assembleia Geral da ONU adotou a Resolução n. 37/7, proclamando a Carta Mundial da Natureza, que marcou um novo conceito nos padrões de proteção ambiental. Já não se deseja a proteção da natureza em benefício do ser humano, mas sim do meio ambiente por si mesmo, segundo Amorim (2015, p. 119). Para Pestana (2009, p. 68), essa Carta estabeleceu princípios dirigidos à humanidade por esta [a humanidade] ser parte da natureza e "a vida depende do funcionamento ininterrupto dos sistemas".

Em 1987, a Comissão Mundial sobre o Meio Ambiente, cuja presidente era a primeira-ministra da Noruega, Gro H. Brundtland, encerrou suas atividades com a entrega do relatório final à Assembleia Geral da Nações Unidas, denominado Relatório Brundtland ou *Nosso Futuro Comum*. Nesse documento, classificaram-se os problemas ambientais em três grupos: problemas ligados à poluição ambiental; os ligados à diminuição dos recursos naturais; e problemas sociais relacionados à questão ambiental (Amorim, 2015, p. 119). Esse relatório foi elaborado a partir do estudo da problemática ambiental mundial, cujos resultados evidenciaram a necessidade da erradicação da pobreza, por ser tanto causa como efeito dos problemas ambientais. A erradicação se daria por meio da aplicação do conceito do desenvolvimento sustentável, já apresentado anteriormente e que será tratado mais adiante.

Apesar da evolução da consciência ambiental com a Conferência de Estocolmo, ocorreram a partir de 1945 uma série de eventos catastróficos com grande repercussão internacional, cujos níveis de destruição foram se intensificando ao longo do tempo; destacam-se: Hiroshima e Nagasaki (1945), Baia de Minamata (1954), Love Canal (1955): Seveso (1976),

Cosmos 924 (1978), Amoco Cadiz (1978), Three Miles Island (1979), Bhopal (1984), Tchernobyl (1986), Sandoz (1986), Goiânia - Césio 137 (1987) e Exxon Valdez (1989) (Soares, 2003, p. 48; Bonfiglioli, 2016, p. 65).

Como reação à escalada de acidentes e problemas ambientais, intensificou-se a busca por soluções normativas globais, além de transformar a forma de se perceber o progresso, o desenvolvimento tecnológico, e o potencial de felicidade, igualdade e fraternidade deles advindo.

Vinte anos depois de Estocolmo, a cidade do Rio de Janeiro recebeu, entre outros, cientistas e chefes de Estado para a Segunda Conferência das Nações Unidas para o Meio Ambiente e Desenvolvimento (ECO-92). Não obstante as muitas divergências, o resultado tangível desse evento foram cinco importantes documentos, mas que estão mais detalhados adiante, entre os itens 1.2.1 e 1.2.5: a Declaração do Rio de Janeiro sobre o Meio Ambiente e o Desenvolvimento; a Declaração sobre os princípios florestais; a Convenção sobre as Mudanças Climáticas; a Convenção sobre a Biodiversidade; e a Agenda 21.

Um dos principais conceitos resultantes da ECO-92 foi a definição do conceito de sustentabilidade ou desenvolvimento sustentável, combinando a proteção do meio ambiente com o desenvolvimento dos povos, ou seja: "a capacidade de o ser humano interagir com o mundo, preservando o meio ambiente para não comprometer os recursos naturais das gerações futuras" (Curi, 2011, p. 31).

De maneira prática, ao realizarmos qualquer tarefa, é preciso dar manutenção ao trinômio: econômico-ecológico-social. Ou seja, se o que se busca é o bem comum e a sustentabilidade, deve-se procurar manter sempre a combinação de três condições integradas e indissociáveis, ainda que se tenha mais foco em um ou em outro: Economicamente viável; Ecologicamente correto; Socialmente justo.

Para Soares (2003, p. 57), além dos cinco documentos citados e do conceito de desenvolvimento sustentável, adotam-se os compromissos dos Estados, na forma de um acordo informal entre seus representantes, de prosseguirem com as negociações futuras, partindo das normas já acordadas e considerando essas como definitivas, conceito definido como *gentlemen's agreement* (acordo de cavalheiros).

Uma das principais críticas a esse evento decorre da falta de resoluções com valor jurídico, com prazos e metas a cumprir. As linhas de ações praticamente não foram implementadas e nesse sentido pouco se avançou. Assim, é possível entender que a Rio-92 não apresentou uma solução política para os problemas apontados. Os movimentos ambientais e os cientistas envolvidos não constituíam uma força social e política com capacidade suficiente para fazer frente ao conjunto de interesses na manutenção de uma economia baseada na utilização de combustíveis fósseis.

1.2.1 Declaração do Rio de Janeiro sobre o meio ambiente e o desenvolvimento

De acordo com as negociações que antecederam a escolha da cidade do Rio de Janeiro como sede da ECO-1992, a Declaração do Rio de Janeiro foi nomeada como Carta da Terra (Soares, 2003, p. 62). Trata-se do documento que contém instruções para a mudança de comportamento da sociedade visando à promoção de harmonia com o meio ambiente. Essa Declaração apoia a proteção ambiental combinada ao desenvolvimento sustentável (Curi, 2011, p. 32). Ela reconhece os mais importantes princípios normativos internacionais do meio ambiente, consagra a filosofia de proteção dos interesses das presentes e futuras gerações e, de "maneira bastante revolucionária", consagra o direito ao progresso em todos os níveis da sociedade, o que pode ser percebido quando a Declaração expressa a luta contra a pobreza, a formulação de uma política demográfica racional e o reconhecimento formal da responsabilidade dos países industrializados pela degradação global, por serem os principais causadores dos danos ambientais históricos (Soares, 2003, p. 63).

Esse documento defende uma consciência planetária que leva em consideração o destino comum para seres humanos e demais seres vivos. Assim, toda a humanidade precisa construir uma sociedade sustentável, assumindo responsabilidades com seus semelhantes, com os seres vivos e com as gerações futuras (Murad, 2013, p. 448). Outra novidade da Declaração foi o Princípio 22, que conferiu aos Estados membros da ONU a incumbência de apoiar a identidade, a cultura e os interesses das populações indígenas locais, possibilitando a participação nos processos legislativos e decisórios relacionados ao meio ambiente.

1.2.2 Declaração sobre os princípios florestais

Cercada de uma série de cautelas relacionadas às questões de soberania, a Declaração sobre os Princípios Florestais foi lançada em uma época marcada pela importante discussão internacional sobre a utilização de madeira pela indústria, tendo como conteúdo 15 longos princípios orientadores de projetos de manejo florestal e para evitar o esgotamento de recursos naturais (Curi, 2011, p. 32-33). Essa declaração estabelece que as florestas do mundo devem ser protegidas devido à sua relevância ecológica. Embora esse documento consagre alguns postulados estabelecidos em escala mundial, não propõe normas obrigatórias, visto não ser um tratado ou convenção internacional (Soares, 2003, p. 66).

Trata-se do primeiro documento mundial e consensual elaborado sobre a questão, concebendo a aplicação dos maiores esforços para recuperar o planeta mediante o reflorestamento e a conservação das florestas. Apesar disso, os Estados têm o direito de desenvolver e usufruir de suas florestas conforme suas necessidades socioeconômicas, cabendo ainda a garantia aos países em desenvolvimento de recursos financeiros para a promoção de programas de conservação florestal.

1.2.3 Convenção-Quadro sobre Mudança Climática e Conferência das Partes

A Convenção-Quadro das Nações Unidas sobre Mudança Climática (CQNUMC) é um tratado internacional resultante da ECO-92, que estabelece as obrigações básicas das 196 Partes (Estados) e da União Europeia para combater as mudanças climáticas. Tem por objetivo a estabilização das concentrações de gases de efeito estufa na atmosfera em níveis adequados e em um prazo suficiente que permita aos ecossistemas adaptarem-se naturalmente à mudança do clima, assegurando que a produção de alimentos não seja ameaçada e permitindo ao desenvolvimento econômico prosseguir de maneira sustentável.

Segundo a avaliação de Denise Curi (2011, p. 33-34), por conta das muitas ameaças relacionadas ao tema, os países não rejeitaram essa Convenção naquela oportunidade, assumindo o compromisso de controlar as emissões dos gases causadores do efeito estufa. Adicionalmente, as nações garantiram que enviariam seus esforços para a conscientização da população por meio de programas de proteção ambiental; e, com a finalidade de monitoramento dos resultados, decidiram realizar reuniões periódicas, denominadas Conferência das Partes.

A Conferência das Partes (COP) é o órgão soberano de tomada de decisão da CQNUMC. As Partes se reúnem todos os anos para analisar o progresso na implementação da Convenção, e para propor, avaliar e aprovar outros instrumentos que apoiem sua continuidade.

A primeira COP foi realizada em Berlim, na Alemanha, em 1995 e, além dessa, foram realizadas 25 conferências, ocorrendo anualmente, sendo que a última aconteceu em Madri, na Espanha, em dezembro de 2019 e contou com a participação de cerca 200 países. A Presidência da COP alterna as regiões da ONU: África, Ásia, Europa Central e Oriental, Europa Ocidental e América Latina e Caribe.

Essas conferências encontraram grandes dificuldades para alcançar resultados adequados por conta da resistência de países dependentes economicamente dos combustíveis fósseis, papel especial dos Estados Unidos, responsável por cerca de 25,00% do dióxido de carbono lançado anualmente na atmosfera do planeta.

1.2.4 Convenção sobre a biodiversidade

Muito embora não o diga expressamente em sua denominação, adota a mesma técnica da Convenção-Quadro sobre Mudança Climática, ou melhor, "a existência de uma conferência das partes, como poderes superiores de complementação de suas normas, conferidos pelos Estados- -partes" (Soares, 2003, p. 60). A Convenção sobre a Biodiversidade foi proposta com objetivo de harmonizar as divergências entre o acesso à pesquisa científica por parte dos países desenvolvidos em áreas dos demais países, para uma partilha equilibrada e justa dos ganhos envol- vidos com os resultados dessa exploração (Curi, 2011, p. 35). Além disso, também analisa a questão e os aspectos relacionados à conservação da biodiversidade como interesse comum da humanidade e a utilização sustentada dos componentes (Pestana, 2009, p. 69). Para Guido Soares (2003, p. 60-61), essa convenção teve o grande propósito na preservação das mais variadas formas de vida, inclusive de microrganismos no seu habitat natural, uma vez que a ciência tem comprovado que, de 1,4 milhão de espécies identificadas até aquele momento, cerca de 50 desaparecem a cada dia, o que produz consequências desastrosas em toda a cadeia alimentar, de maneira direta ou indireta.

1.2.5 Agenda 21

Uma das principais contribuições desse período de relação com o meio ambiente foi a Agenda 21, que apresenta recomendações específicas para os diferentes níveis de atuação, do internacional ao organizacional sobre desertificação, erradicação da pobreza, água doce, oceanos, atmosfera, poluição e demais questões socioambientais presentes nos mais diversos relatórios, protocolos e outros documentos elaborados pela ONU, entre outras entidades (Barbieri, 2004, p. 31).

A Agenda 21, para Denise Curi (2011, p. 36), foi uma forma de sistematização das obrigações ambientais para os países signatários, produzindo parâmetros para a atuação dos governos e da sociedade civil, sugerindo soluções para os problemas ecológicos. Apesar da importância que especialistas conferem a esse documento, para Guido Soares (2003, p. 67) a Agenda 21 é "um documento normativo de normatividade reduzida, sem a efetividade de uma declaração e muito menos de um tratado ou convenção internacional". É possível entender que se trata de "uma lista de prioridades, às quais os Estados se comprometeram a dar execução" (Soares, 2003, p. 67).

1.3 MOVIMENTOS SOCIOAMBIENTAIS DA ONU PÓS ECO-92

Os aspectos socioambientais foram aumentando sua relevância à medida que o tempo foi avançando e em especial pela deterioração da qualidade de vida nos aglomerados urbanos, especialmente por: ondas de violência associada à marginalização social; os sinais advindos dos fenômenos climáticos e meteorológicos; e pelos relevantes acidentes ambientais, que sensibilizaram a opinião pública para o debate e busca de alternativas para extinção ou mitigação dos problemas.

Em paralelo, alterou-se a dinâmica de funcionamento das empresas por conta das pressões exercidas pelos governos, mercados, consumidores e visibilidade na mídia, pedindo por uma mudança de seus comportamentos, para que estivessem mais alinhados com conceitos de gestão com qualidade, afeitos à sustentabilidade e promotores da responsabilidade social.

Reafirmando essa tendência, foi possível perceber que uma série de movimentos foram tomando corpo, em especial após a ECO-92. Essa trajetória pode ser contata principalmente pelas reuniões periódicas para tratar das mudanças climáticas, as já citadas Conferências das Partes (COP). No momento em que as nações adotaram a CQNUMC, esperavam que seriam adotadas ações mais agressivas com o passar do tempo para combater o aquecimento global. A CQNUMC permitiu a adoção de compromissos adicionais em resposta aos avanços científicos e às disposições políticas, por conta do estabelecimento de um processo sistemático de revisão, discussão e troca de informações permanente.

Sua primeira edição, a COP1, aconteceu em Berlim entre os dias 28 de março e 7 de abril de 1995, quando se iniciou o processo de negociação de metas e prazos para a redução de emissões de gases de efeito estufa pelos países desenvolvidos, ou seja, eram os primeiros passos para o Protocolo de Quioto. No ano seguinte, em Genebra, entre 9 e 19 de julho, foi realizado o segundo encontro, o COP2. Em sua declaração, a Declaração de Genebra, decidiu-se pela criação de obrigações legais de metas de redução.

Em 1997, em Quioto (Japão), contando com representantes de 159 nações, foi então realizada a COP3, que culminou com a adoção por consenso do Protocolo de Quioto, que ficou como um dos marcos mais importantes desde a criação da Convenção no combate à mudança climática e "rompeu com uma tradição de divergências" (Curi, 2011, p. 36). Por força desse protocolo, os países desenvolvidos precisariam assegurar a redução da emissão dos Gases de Efeito Estufa (GEE) em 5,00%, no mínimo, tomando como base os níveis de emissão de 1990 e dentro do período compreendido entre 2008 e 2012. Esse compromisso teria sua aplicação apenas para os países desenvolvidos e precisaria da adesão de 55 países e que contabilizassem pelo menos 55,00% das emissões totais de dióxido de carbono (Barbieri, 2004, p. 35).

A COP4 foi realizada de 2 a 13 de novembro de 1998 em Buenos Aires. Nessa reunião o foco estava na implementação e ratificação do Protocolo de Quioto. O Plano de Ação de Buenos Aires trouxe um programa de metas para a abordagem de alguns itens do Protocolo em separado: análise de impactos da mudança do clima e alternativas de compensação, atividades implementadas conjuntamente, mecanismos financiadores e transferência de tecnologia.

Um ano depois, de 25 de outubro a 5 de novembro de 1999, a COP5 foi sediada pela cidade alemã de Bonn. O destaque desse encontro foi a execução do Plano de Ação de Buenos Aires e as discussões sobre LULUCF – sigla em inglês para Uso da Terra, Mudança no Uso da Terra e Florestas (*Land Use, Land-Use Change and Forestry*) – atividades que promovem a remoção de gás carbônico da atmosfera, ou seja, florestamento e reflorestamento. Esse encontro também tratou da execução de atividades implementadas conjuntamente em caráter experimental e do auxílio para capacitação de países em desenvolvimento.

Um novo marco na história socioambiental acontece após a COP5, no ano 2000. São apresentados os Objetivos de Desenvolvimento do Milênio (ODM), que foram os oito objetivos internacionais de desenvolvimento para o ano de 2015, que foram colocados após a Cúpula do Milênio da ONU do ano 2000, após a adoção da Declaração do Milênio das Nações Unidas. Tratava-se de uma plataforma de pontos mínimos para o desenvolvimento sustentável do planeta, "um desenvolvimento com inclusão social, em que todos possam comer, mandar seus filhos à escola, onde não haja discriminação de gênero nem de cor, com direito à saúde e a um meio ambiente saudável e equilibrado", segundo Ayala e Nadai (2006, p. 3).

O peculiar, neste caso, foi que os participantes desse encontro chegaram a um acordo comum sobre os problemas mais graves vividos por boa parcela dos povos e firmaram um pacto. À época, reuniram-se 147 chefes de Estado, 191 países membros da ONU e 22 organizações internacionais, que assumiram o compromisso para atingirem os ODM até 2015, quais sejam: 1) Erradicar a pobreza extrema e a fome; 2) Alcançar o ensino primário universal; 3) Promover a igualdade de gênero e empoderar as mulheres; 4) Reduzir a mortalidade infantil; 5) Melhorar a saúde materna; 6) Combater o HIV/Aids, a malária e outras doenças; 7) Garantir a sustentabilidade ambiental; 8) Desenvolver uma parceria global para o desenvolvimento.

Os ODM são concretos e mensuráveis, pois possuem 18 metas com indicadores, de modo que poderiam ser acompanhados. Os avanços puderam ser comparados e avaliados em escalas nacional, regional e global e os resultados foram cobrados de seus representantes, como forma de alcançar os compromissos assumidos em 2000. Apesar de se tratar de uma medida para contribuir com todo o planeta e, portanto, aplicável em todas as partes do mundo, ainda assim os ODM passaram por adaptações locais para atender condições específicas de cada região de interesse. E é nesse espírito que o Brasil adotou e manteve as metas dos ODM 3, 4, 7 e 8, que significam 12, sendo que para a demais (ODM 1, 2, 5 e 6) houve adaptações (Ayala; Nadai, 2006, p. 10-11).

Entre 13 e 24 de novembro de 2000, em continuidade com a programação das Conferências das Partes, aconteceu na cidade de Haia a primeira parte da COP6. Esse encontro foi a manifestação da dificuldade de consenso acerca das questões de mitigação dos impactos ambientais.

A falta de acordo nas discussões sobre sumidouros, os LULUCF, o Mecanismo de Desenvolvimento Limpo (MDL), o mercado de carbono e o financiamento de países em desenvolvimento levaram à suspensão das negociações. Foi necessária uma segunda parte dessa COP, que ocorreu em Bonn entre 16 e 27 julho de 2001. Nesse encontro, ainda como COP6, foi aprovado o uso de sumidouros para cumprir metas de emissão, foram discutidos os limites de emissão para países em desenvolvimento e a assistência financeira dos países desenvolvidos.

Na continuação das COP, a sétima foi realizada em Marraquexe, no período de 29 de outubro a 9 de novembro de 2001, momento que teve como destaque a definição dos mecanismos de flexibilização, a decisão de limitar o uso de créditos de carbono gerados de projetos florestais do MDL e o estabelecimento de fundos de ajuda a países em desenvolvimento para iniciativas de adaptação às mudanças climáticas.

Em 2002, de 23 de outubro a 1 de novembro, a COP8 foi realizada em Nova Déli, e aconteceu no mesmo ano da Cúpula Mundial sobre Desenvolvimento Sustentável, ou Rio+10. Esse encontro marcou a adesão da iniciativa privada e de ONGs ao Protocolo de Quioto e se iniciaram as discussões sobre uso de fontes renováveis na matriz energética das Partes. Na COP9, entre 1 e 12 de dezembro de 2003, em Milão, a principal discussão foi pela regulamentação de sumidouros de carbono no âmbito do MDL, estabelecendo regras para a obtenção de créditos de carbono.

As conferências seguintes ocorreram respectivamente em Buenos Aires e em Montreal, sendo a primeira no início de dezembro de 2004 e a outra entre o fim de novembro e início de dezembro de 2005. Na COP10 foram aprovadas as regras para a implementação do Protocolo de Quioto, definiu-se os Projetos Florestais de Pequena Escala e foram divulgados os inventários de emissão de GEE por alguns países em desenvolvimento, entre eles o Brasil. Na COP11, por sua vez, a discussão teve como alvo o segundo período do Protocolo de Quioto e, pela primeira vez, a questão das emissões resultantes do desmatamento tropical e das mudanças no uso da terra são aceitas oficialmente nas discussões no âmbito da Convenção das Partes.

A COP12 aconteceu em Nairóbi no período de 6 a 17 de novembro de 2006, ela teve como principal compromisso a revisão dos fatores favoráveis e contrários ao Protocolo de Quioto, com o esforço das 189 nações participantes de realizarem internamente processos de revisão, momento em que regras são estipuladas para o financiamento de projetos de adaptação em países pobres. Foi nesse encontro que o governo brasileiro propôs oficialmente a criação de um mecanismo para a redução de emissões de GEE originadas de desmatamentos em países em desenvolvimento.

A cidade de Bali recebeu a COP13 entre os dias 3 e 15 de dezembro de 2007. Nessa reunião foram estabelecidos compromissos para a redução de emissões causadas por desmatamento das florestas tropicais para o acordo, em substituição ao Protocolo de Quioto. Além disso, foi aprovada a implementação do Fundo de Adaptação, para que países mais vulneráveis às mudanças do clima tivessem condições para enfrentar seus impactos. Apesar de serem incluídas no texto final algumas diretrizes para financiamento e fornecimento de tecnologias limpas para países em desenvolvimento, não foram indicados o volume e as fontes de recursos para essas diretrizes, nem para o combate ao desmatamento nos países em desenvolvimento. Mais tarde, em 2008, a cidade de Poznan, na Polônia, recebeu a COP14, quando então os participantes discutiram um possível acordo climático global, e vislumbrou-se uma mudança oficial de postura dos países em desenvolvimento.

A COP15 foi emblemática, pois foi a primeira depois da ECO-92 que conseguiu reunir 159 dirigentes globais e que contou com a maior mobilização da sociedade civil até então. "Nunca uma COP foi precedida por tantas manifestações e ações em favor de um acordo sobre mudança climática em sintonia com as principais recomendações da melhor ciência do clima disponível" (Abranches, 2010, p. 121). Mas, apesar de um clima bastante favorável, "o desfecho foi confuso e melancólico". Assim, foi desperdiçada uma ampla janela de oportunidade para um bom acordo, "terminando em ambiguidade e impasses subterrâneos", especialmente pela participação dos chefes de estado, em detrimento do bom trabalho realizado anteriormente pelos funcionários na preparação de evento (Abranches, 2010, p. 121).

Na COP16, entre 29 de novembro a 11 de dezembro de 2010 em Cancún, foram fechados alguns acordos: a criação do Fundo Verde do Clima, para administrar o dinheiro com o qual os países desenvolvidos se comprometeram a contribuir para deter as mudanças climáticas; e a manutenção da meta fixada na COP15 de limitar a um máximo de 2°C a elevação da temperatura média em relação aos níveis pré-industriais. Entretanto, os participantes preferiram deixar para o próximo encontro a decisão sobre o futuro do Protocolo de Quioto, visto que esse documento expiraria em 2012, obrigando os 37 países mais ricos a reduzirem as emissões de GEE.

Considerando os resultados e as condições da última reunião realizada em Cancún, a COP17 reuniu no final de 2011 representantes de 190 países em Durban, que se comprometeram com ações para conter a elevação da temperatura global, definindo metas até 2015, que devem ser colocadas em prática a partir de 2020. O projeto para a substituição do Protocolo de Quioto foi adotado ao término de negociações que quase fracassaram, e prevê um roteiro para um acordo em 2015, englobando grandes países emissores de GEE, como os Estados Unidos e a China.

Entre tantos encontros realizados pelas Partes, a ONU realizou a Conferência das Nações Unidas sobre Desenvolvimento Sustentável, a Rio+20, efetivada em junho de 2012 no Rio de Janeiro. Foi nesse encontro que todos os governos concordaram com a substituição dos ODM a partir de 2015, por meio do estabelecimento de metas para desenvolvimento sustentável, que se deu com a edição da Resolução 70/1. Essa substituição foi adotada na Assembleia Geral da ONU em 25 de setembro de 2015, quando foi definida a nova estratégia para o desenvolvimento sustentável, reformulando os ODM, e formulando uma nova Agenda de Desenvolvimento, nomeada de Agenda 2030 para o Desenvolvimento Sustentável.

Foram criados os Objetivos de Desenvolvimento Sustentável (ODS), um conjunto de metas para redução da pobreza, promoção social e proteção ao meio ambiente para serem alcançadas até o ano de 2030, e servirão de orientação para os países na obtenção de resultados específicos, como o acesso universal **à** energia sustentável e à água limpa. Para repetir o sucesso dos ODM, os ODS precisariam perceber as diferentes necessidades e questões existentes em diferentes países e culturas, absorver sugestões e escutar as manifestações favoráveis às metas, porém, sempre tendo em vista o lado pragmático de cada proposta e o atendimento a cada nível de necessidade.

Para Ricardo Miguel de C. Resende (2018), os ODS constituem um esforço importante para inserir e produzir o desenvolvimento sustentável para as agendas políticas ao redor do planeta, buscando dar resposta aos diversos problemas existentes, cuja resolução é há muito desejada. "Este assunto não deve ser encarado de uma forma leviana, uma vez que os valores por detrás do conceito de Desenvolvimento Sustentável estão mais do que nunca sob um escrutínio rigoroso" e falhar no cumprimento dos ODS pode representar "uma oportunidade de relançar críticos do desenvolvimento sustentável" (Resende, 2018, p. 51).

O documento final da Rio+20, cujo título é "O Futuro que queremos", também estabeleceu que os ODS fossem integrados à agenda de desenvolvimento da ONU pós-2015. Dessa forma, em setembro de 2015, 193 países acordaram os seguintes ODS: 1) Erradicação da pobreza; 2) Fome zero e agricultura sustentável; 3) Saúde e bem-estar; 4) Educação de qualidade; 5) Igualdade de gênero; 6) Água limpa e saneamento; 7) Energia limpa e acessível; 8) Trabalho decente e crescimento econômico; 9) Inovação e infraestrutura; 10) Redução das desigualdades; 11) Cidades e comunidades sustentáveis; 12) Consumo e produção responsáveis; 13) Ação contra a mudança global do clima; 14) Vida na água; 15) Vida terrestre; 16) Paz, justiça e instituições eficazes; e 17) Parcerias e meios de implementação (ONU, 2015).

Ainda em 2012 foi realizada a COP18 em Doha, no Catar, a primeira COP realizada no Oriente Médio. Essa conferência tinha objetivo de estabelecer o segundo período do Protocolo de Quioto, visto que quando esse protocolo foi elaborado, ficou estabelecido que o prazo para concluir os objetivos determinados era até o fim de 2012. Até existiam outros focos, como a proteção de terras e florestas nos países em desenvolvimento, entre outros; porém, a prioridade eram as emissões atmosféricas, considerando que "58 das 96 páginas do Manual de Referência do Protocolo de Quioto se referem a emissões padrões" (Disorbo, 2017, p. 39).

Mesmo antes da realização da COP de Doha, a ONU esperava estabelecer um novo e mais forte acordo para substituir o Protocolo de Quioto. Esperava que houvesse um intervalo de tempo entre o novo acordo climático e o fim do primeiro período de compromisso do Protocolo de Quioto, em que, a menos que houvesse um novo acordo, nenhuma nova ação ambiental seria tomada, e por isso a emenda de Doha foi importante. O objetivo desse segundo período de inscrição era incentivar ação ambiental ambiciosa durante a transição de acordos.

Nessa oportunidade, o representante do Catar apresentou um texto de compromisso para intensificar os esforços para mitigação dos impactos ambientais na tentativa de salvar o encontro, visto a falta de ação e consenso entre os participantes. Entre os pontos acordados está a prorrogação do Protocolo de Quioto, o mantendo ativo como o único plano com obrigações legais para enfrentamento do aquecimento global. No fim dessa COP, uma série de questões relevantes ficaram longe de serem resolvidas, a exemplo dos detalhes da segunda fase do Protocolo de Quioto e a assistência financeira aos países em desenvolvimento para lidar com o aquecimento global. Impasses que continuaram e foram alvo de críticas de delegados antes e durante a realização da COP19, que aconteceu no mês de novembro de 2013, em Varsóvia. Dessa forma, o que aconteceu na prática foi a preparação para a Conferência de Paris, o próximo encontro das Partes, para não ser repetido o fiasco da COP15 em gerar um documento legal de redução de emissões mais eficiente do que o Protocolo de Quioto.

A COP20, que ocorreu na cidade de Lima, em 2014, foi a segunda conferência realizada sob o papado de Francisco, que já havia se manifestado em várias oportunidades sobre os problemas ambientais antes mesmo do lançamento da *Laudato Si'*. Apesar do apoio às questões ambientais, tanto Bento XVI quanto Francisco, ou outro líder de outra religião, nunca foram mencionados durante a realização das reuniões da COP. Esse encontro acabou cumprindo seu papel de maneira parcial, pois entregou a todos um roteiro e um plano de ação para o acordo seguinte em Paris. Uma percepção bastante importante durante o evento foi que os grandes poluidores do mundo estão mudando seus discursos e posturas, aceitando cada vez mais a perspectiva de que o fator humano, isto é, antropogênico, é uma causa importante para a alteração do clima do planeta Terra. Um pensamento que se expandiu consideravelmente desde 2009, na COP15 (Reis *et al.*, 2015, p. 15).

Quase sete meses após a publicação da Encíclica *Laudato Si'*, realizou-se a COP21. Esse acordo assinado em Paris no fim de 2015 foi criando forma após um longo período de esforços entre os grupos de trabalho da CQNUMC. Um "acordo que realmente ultrapassou as barreiras diplomáticas ao contemplar em seu corpo as contribuições nacionais de cada parte" (Almeida, 2017, p. 19), evidenciando um avanço político importante quanto ao trato dos problemas climáticos do planeta.

Em resumo, os principais pontos do Acordo de Paris foram: a colaboração entre os países para limitar as temperaturas do aquecimento global abaixo de 2 °C; as contribuições nacionalmente determinadas de cada país; o financiamento de US$ 100 bilhões por ano, advindo de países ricos; a ausência de determinação de uma porcentagem de corte de emissão de gases de efeito estufa necessária; a ausência da determinação de quando as emissões precisam parar de subir; e o prazo de revisão a cada cinco anos (Almeida, 2017, p. 20).

Dando sequência aos eventos, os três que antecederam ao encontro de Madri ocorreram em Marraquexe, Bonn e Katowice, respectivamente, COP22 em 2016, COP23 em 2017 e COP24 em 2018, e produziram alguns poucos efeitos, que podem ser descritos da seguinte forma: a primeira termina cumprindo seu objetivo de entregar uma agenda de trabalho para os próximos anos, e marcando 2018 como a data de finalização do "manual de instruções" do Acordo de Paris; a segunda conseguiu aprovar alguns elementos para a construção do livro de regras para a implementação do Acordo de Paris sobre mudanças climáticas; e no terceiro encontro determinou-se pelo detalhamento dos esforços em curso para redução das emissões dos GEE.

Após essas três conferências, deu-se a COP25 em Madri. Como tarefa da COP21 para esse evento, a última parte do Acordo de Paris para ser resolvida, que era o Artigo 6; um trecho bem extenso, se comparado aos demais artigos, relacionado às regras para um mercado de carbono e outras formas de cooperação internacional, visto que no encontro anterior não se alcançou qualquer acordo sobre esse tópico. Dentre os principais pontos, podem ser destacados dois grupos de objetivos. O primeiro relacionado a um mecanismo de contribuição para a mitigação de emissões de GEE, apoiando o desenvolvimento sustentável, cujos objetivos são:

> a) Promover a mitigação de emissões de gases de efeito estufa, fomentando ao mesmo tempo o desenvolvimento sustentável;
> b) Incentivar e facilitar a participação na mitigação de emissões de gases de efeito estufa de entidades públicas e privadas autorizadas por uma Parte;
> c) Contribuir para a redução dos níveis de emissões na Parte anfitriã, que se beneficiará das atividades de mitigação pelas quais se atingirão resultados de reduções de emissões que poderão também ser utilizadas por outra Parte para cumprir sua contribuição nacionalmente determinada; e
> d) Alcançar a mitigação geral das emissões globais (CQNUMC, 2015, p. 4).

O outro grupo de objetivos dá-se com o reconhecimento da importância de se ter abordagens não relacionadas ao mercado, que contribuam para o desenvolvimento sustentável e a erradicação da pobreza de modo organizado e eficaz, inclusive por meio de mitigação, adaptação, financiamento, transferência de tecnologia e capacitação, cujas abordagens possuem os seguintes objetivos:

> a) Promover ambição em mitigação e adaptação;
> b) Reforçar a participação dos setores público e privado na implementação de contribuições nacionalmente determinadas; e
> c) Propiciar oportunidades de coordenação entre instrumentos e arranjos institucionais relevantes (CQNUMC, 2015, p. 4-5).

Várias decisões politicamente difíceis precisavam ser tomadas para esse artigo, dentre elas, a ideia de que as emissões negativas poderiam ser negociadas sob o Protocolo de Quioto para compensar as emissões dos países desenvolvidos. Uma série desses projetos de emissões negativas poderiam ter acontecido sem o incentivo do Protocolo de Quioto, de modo que esse mecanismo foi descrito como "ar quente". Como as negociações falharam, o tema foi postergado para tratamento na COP26, em 2020, na cidade de Glasgow.

Algumas das principais notícias que circularam durante o evento, segundo McGrath (2019), foram: o crescimento da temperatura média em 0,8 °C nos últimos 100 anos, sendo que quase 0,6 °C desse total ocorreu nas últimas três décadas; os 20 anos mais quentes já registrados que ocorreram nos últimos 22 anos, especialmente entre 2015 e 2018; o aumento do nível médio do mar em 3,6 mm por ano entre 2005 e 2015, em razão da expansão térmica da água do mar; o derretimento recorde da camada de gelo na Groenlândia nos últimos anos, que pode fazer com que o mar suba seu nível em 6 metros; a perda de massa da camada de gelo oeste da Antártida, revelada por dados de satélite; e um estudo recente que indicou que o lado leste da região, que não tem apresentado qualquer tendência de aquecimento ou resfriamento, pode ter começado a perder massa nos últimos anos.

Depois de seis anos de impasse, a COP26 aprovou as regras de funcionamento do mercado regulado de carbono, que está ligado ao Acordo de Paris. Essa iniciativa foi muito bem recebida com um avanço rumo ao aumento de investimentos em projetos de descarbonização para os próximos anos.

Apesar desse resultado de grande importância, alguns especialistas foram críticos, considerando que o pacto assinado ao final do encontro ficou aquém da meta de controlar o aumento da temperatura média mundial em 1,5ºC em relação aos níveis pré-industriais.

Pela primeira vez, uma COP incluiu no acordo final um apelo para a redução do uso de carvão e de subsídios a combustíveis fósseis. Estabeleceu a busca de revisão dessa diretriz para um compromisso mais ambicioso até o final de 2021, considerando que até então essas revisões eram realizadas a cada cinco anos.

Os países desenvolvidos reconheceram o não cumprimento da meta estabelecida em Copenhague, em 2009, de alcançar US\$ 100 bilhões anuais em financiamento a países em desenvolvimento. Houve uma revisão de data para 2024, com a expectativa de posterior compensação, ultrapassando-se os US\$ 500 bilhões no acumulado de cinco anos.

Como programado, a COP 27 foi realizada entre os dias 6 e 18 de novembro de 2022, no Egito. O resultado desse encontro foi expressivo de um lado, mas frustrante por outro.

O aspecto positivo ficou por conta do acordo sobre um fundo de perdas e danos para as nações mais vulneráveis ao clima, tema que rendeu frutos positivos no Acordo de Paris. É certo, também, que restam muitas dúvidas sobre a configuração desse fundo, como se dará o financiamento e os critérios de elegibilidade.

Como aspecto negativo, diante da premência em materializar ações de mitigação efetivas, a COP27 foi insuficiente e, como quase sempre acontece, as decisões de implementação ficaram para o próximo encontro, COP28, que aconteceu na Expo City da cidade de Dubai, nos Emirados Árabes Unidos, em 2023.

Nessa reunião os países-membros concordaram que a transição energética deve ser considerada como um passo essencial na redução de emissão de GEE, por meio de uma menor dependência de combustíveis fósseis, entretanto sem sua eliminação. Conforme ficou determinado na reunião, os países precisarão elaborar suas estratégias até 2025, ficando evidente a condição dos discursos sem efetividade.

As duas próximas edições acontecerão no Azerbaijão (COP29) e no Brasil (COP30), respectivamente em 2024 e 2025. O encontro 29 tem como alvo chegar a um acordo sobre o financiamento para enfrentar a mudança climática, incluindo a nova meta que os países desenvolvidos deverão assumir para auxiliar os países em desenvolvimento.

Por sua vez, a 30ª Conferência das Partes será sediada na cidade de Belém/PA, no Brasil, cuja escolha centrou-se em sua localização no bioma amazônico, que abriga uma das maiores biodiversidades do mundo e cuja conservação é crucial para o equilíbrio do clima no planeta. Essa conferência será realizada em 2025, ano que se comemora 30 anos do órgão.

Para possibilitar a realização do evento, foram assinados três convênios envolvendo os governos federal, paraense e a prefeitura de Belém. Esses convênios preveem investimentos de cerca de R$ 1,3 bilhão em melhorias na capital do Pará.

Do total estabelecido, R$ 1 bilhão terá como objetivo a modernização da infraestrutura viária de Belém e a implantação do Parque Linear Doca. Também estão previstas: execução de 50 quilômetros de rede coletora de esgoto, 4,8 mil ligações de tubulações, pavimentação de vias de acesso ao local do evento, implantação de vias marginais do Canal Água Cristal, e a instalação de equipamentos de controle de tráfego.

1.3.1 Os ODS e o combate à fome

Para efeito de informação complementar, dentre todos os 17 Objetivos de Desenvolvimento Sustentável, o pior em desempenho está relacionado ao combate à fome, item 2, segundo a declaração do então Diretor Geral da Organização das Nações Unidas para a Alimentação e a Agricultura (FAO), José Graziano da Silva. Ele disse ainda que a "fome está circunscrita, nós sabemos onde tem e o que fazer para acabar com ela", fato que, no mínimo, causa estranheza, pois se isso é verdade, não há como compreender como se consente e se permite a continuidade desse flagelo para as pessoas (Silva, 2019, p. A8).

Como registro, Peter Raven (2016, p. 248), botânico e ambientalista, membro da Pontifícia Academia das Ciências, indica em seu artigo, *Our world and Pope Francis' Encyclical, Laudato Si'*, que nos últimos dois séculos o desafio se tornou enorme, haja vista o aumento da população global, que partiu de 1 bilhão para os atuais 7,4 bilhões, um crescimento que representa um aumento de dez vezes desde o início da Revolução Industrial, há 250 anos. Apesar das melhorias dos métodos agrícolas, cerca de 1 bilhão de pessoas estão desnutridas atualmente, e desse total, cerca de 100 milhões de pessoas estão à beira da inanição, em detrimento dos esforços da ONU por meio de programas que tratam dessa temática, em especial advindos dos ODS.

Parece que essa equação não fecha, pois é preciso considerar que os avanços nos métodos e nas tecnologias empregadas no campo sempre geram melhores rendimentos nas produções agrícolas, que poderiam servir para o alimento dos povos e dos rebanhos, que também fazem [os rebanhos] parte da cesta de consumo das pessoas, porém, há pelo menos dois grandes elementos que prejudicam o balanço, de modo que tendem a contribuir com a fome: o desperdício, desde o plantio até sua preparação e consumo; e o largo uso de lavouras para produção de energia, especialmente para movimento de automóveis.

Não se pode deixar de considerar ainda que mesmo melhorando sempre o nível de produção, há um conjunto de agentes depressores das condições de eficiência no campo, especialmente pelos destacados por Lester R. Brown (2009, p. 25): a erosão do solo; o esvaziamento dos aquíferos; as ondas de calor ou frio que afetam as plantações; as perdas de terras cultiváveis para fins não agrícolas e a transferência da água de irrigação para as cidades.

Considerando essas e tantas outras recomendações, orientações e medidas apresentadas pela ONU, parece-nos muitas vezes se tratar de um conjunto de fundamentos e normas sem qualquer pragmatismo, que não possuem aplicabilidade real e que, pelos motivos mais variados, permanece quase inalterada a convivência com as pessoas e com a natureza. Para Tercio Ambrizzi, "os acordos ainda são tímidos e a visão de gastos econômicos para efetivá-los é o verdadeiro motor por trás disso" (Ambrizzi, 2015, p. 39).

A ONU, desde sua criação, sofre críticas pelo excesso de burocracia e pelo baixo impacto na vida das pessoas. Sua organização tende a falhar na tarefa de ajudar aqueles que mais precisam, seja pela sua ineficiência, fragmentação, problemas para levantar recursos e inchaço administrativo, conforme alguns argumentos destacados por Carlos F. Gama e Dawisson B. Lopes (2009), Ana I. Xavier (2007) e Julia Braun (2015). Apesar da falta de dados precisos a respeito, há informações de que, em dezembro de 2018, eram cerca de 37,5 mil pessoas empregadas no Secretariado da ONU, responsável por administrar o dia a dia, os programas e as políticas da organização. Além disso, critica-se também o Conselho de Direitos

Humanos, visto que o integram países com governos autoritários, como Arábia Saudita, Cuba e Venezuela.

A propósito do que ocorreu por ocasião da RIO+20, paralelamente ao evento, diversos líderes religiosos reuniram-se para debater a relação entre as religiões e as questões socioambientais, que ao final se transformou na "Carta das religiões e o cuidado da Terra". Documento este que defendeu a necessidade de compromisso em defesa das condições de vida na Terra (Silva, 2018, p. 95).

1.3.2 Considerações sobre a ONU

Considerando essas informações sobre a ONU, é possível entender que há por parte desse organismo internacional uma estrutura bastante robusta para tratar das questões socioambientais, mas que sempre foi atuando de modo muito mais reativo que preventivo. Além disso, um aspecto muito relevante é o contexto de suas tomadas de decisão e elaboração de posicionamento e programas, que é grandemente ancorado aos aspectos políticos, de modo que não se percebe uma grande autonomia, fato que, apesar de tudo, era previsível, tendo em vista a inexistência de uma condição de centralização do comando político para o mundo como um todo. Apesar disso, não se pode deixar de considerar que os efeitos das protelações relacionadas aos aspectos abordados nesta pesquisa possuem caráter sistêmico, de modo que os problemas gerados em um determinado país não ficam circunscritos a ele mesmo, extrapolando suas fronteiras sociais e ambientais.

Os efeitos imediatos já podem ser sentidos por todos, apesar de não serem tratados de modo pragmático por quase nenhum dos envolvidos, visto o aumento dos conflitos, a diminuição da cobertura florestal, o aumento dos movimentos migratórios, o aumento do nível do mar, o aumento da temperatura média, o acréscimo da quantidade de resíduos produzidos, o crescimento das populações urbanas, o aumento da pobreza e da fome. São catástrofes anunciadas e não há pouco tempo, mas ainda se insiste na não adoção de medidas efetivas para mitigação ou erradicação dos processos socioambientais causadores de problemas e impactos importantes, e na parcela de responsabilidade do ser humano.

É como se estivessem esperando pelo pior, ou seja, continuando a agir de maneira reativa. Tomando medidas atrasadas, visto que as emergências ocorridas normalmente são esperadas e sempre terminam por impactar muitas pessoas, direta ou indiretamente, inclusive com as próprias vidas, normalmente as mais pobres e vulneráveis. Ou ainda se percebe um impacto financeiro relevante, cujas consequências mais graves são sentidas igualmente pelos menos favorecidos, que não possuem qualquer reserva para enfrentamento das crises.

Ainda assim, mesmo que corretivamente, há a esperança de melhoria desses comportamentos, mesmo que por pressões e incentivos externos, como é o que apresentarei a seguir, por meio da atuação da Igreja Católica acerca do tema socioambiental.

1.4 A IGREJA CATÓLICA E O TEMA SOCIOAMBIENTAL

É certo que a Igreja tem como objetivo a evangelização dos povos por meio do anúncio do Evangelho, a Boa Nova (Lc 24, 47-48), teor que se propõe a dar uma vida digna às pessoas na condição terrena e com vistas na eternidade celeste. Conteúdo que produz referência e sabedoria para a arte do bem viver, para fornecer as condições para a felicidade das pessoas. Nesse sentido, como a moral católica também pretende cuidar do ser humano na vida terrena, as questões ambientais são incorporadas no discurso e nas ações da Igreja ao longo do tempo e, especialmente, após o Concílio Vaticano II, quando se percebe um diálogo entre a Igreja e o mundo.

Diante disso e para tratar dessa questão, serão apresentados conteúdos relacionados ao tema abordado desde o pontificado de Leão XIII (1878-1903), visto a condição de manifestação da Igreja e não as ações e teorias individuais, dentre os quais temos: Francisco de Assis (1181-1226), Inácio de Loyola (1491-1556) e Pierre Teilhard de Chardin (1881-1955).

Embora o Papa Francisco tenha atuado pela proteção do meio ambiente, ele certamente não é o primeiro Papa a difundir o conceito de que a humanidade tenha responsabilidade de cuidar do nosso planeta com a redução do consumo excessivo e ser mais responsável nos processos produtivos (Disorbo, 2017, p. 34). Uma observação importante sobre essa mudança de postura da Igreja, incorporando as questões socioambientais no rol de suas preocupações, pode ser constatada nas reflexões de Jaime Tatay (2018, p. 9), quando escreve que:

> Em síntese, ao longo de 125 anos, a tradicional questão social se transformou progressivamente em uma questão socioambiental, refletindo o esforço eclesial por articular uma resposta integral, mais holística, aos desafios que

a degradação da Criação coloca no pensamento social da Igreja.

Há, por outro lado, visões críticas acerca dessa mudança, entendendo que a Igreja não promove melhorias relevantes quando o tema é o ambiental. Terei a oportunidade de apresentar questões relacionadas à essa maneira de pensar quando tratar das recepções da própria Encíclica, mas, como exemplo desse pensamento divergente ao de Tatay, posso considerar o comentário de Severino A. Silva. Ele até reconhece os esforços da Igreja, considerando que produzem conteúdos e discursos com a temática socioambiental nas Campanhas da Fraternidade ou em pronunciamentos nos fóruns mundiais, regionais e visitas oficiais. Apesar disso, entende que não promove com "a devida intensidade" uma conscientização ambiental que ajude a vencer esse desafio (Silva, 2018, p. 113).

1.4.1 Papa Leão XIII (1878-1903)

Leão XIII, que possuía profundas raízes jesuítas, foi o Papa que deu início oficial à Doutrina Social da Igreja (DSI) por meio da Encíclica *Rerum Novarum* (Leão XIII, 1891). Mas sua influência no tema teve início alguns anos antes com a publicação da Carta Encíclica *Humanum Genus* (Leão XIII, 1884). Nessa Encíclica é possível encontrar a primeira citação de um conceito que será um dos princípios da DSI, que é o *bem comum*, o qual foi citado uma vez nessa Carta, além de outras duas Encíclicas que também contarão com esse conceito. Dessa forma, *bem comum* foi citado uma vez na *Humanum Genus*, duas vezes na *Immortale Dei* (Leão XIII, 1885) e cinco vezes na *Rerum Novarum*.

Essencialmente por conta de sua intenção de tratar da questão do *bem comum*, entendo que tenha importância suficiente para iniciarmos as tratativas socioambientais da Igreja por Leão XIII. Para compreendermos a relação com a questão socioambiental, é importante apresentar que o conceito de *bem comum* é um dos princípios da DSI, que diz que as ações em sociedade devem buscar aquilo que é bom para todos e não apenas para parte ou alguns, o que, para Carlos Ramalhete (2017, p. 99), "é provavelmente o princípio mais difícil de pôr em ação", tendo em vista a condição humana e o seu modo de se comportar.

Para Martín Carbajo Núñez (2016, p. 82), "bem comum pressupõem um conceito positivo do ser humano e de toda a Criação". Trata-se de um "princípio ético que não se limita a um aumento do produto bruto, mas almeja o desenvolvimento integral de toda a humanidade, em harmonia com toda a vida envolvente" (Núñez, 2016, p. 82). E para que isso seja alcançado, todas as pessoas precisam fazer o máximo possível para a "promoção da paz, organização dos poderes do Estado, ordenamento jurídico, proteção do ambiente, dos serviços à pessoa, como alimentação, habitação, trabalho, educação, cultura, transporte, saúde, liberdade das informações, liberdade religiosa" (Silva; Cássio, 2016, p. 26-27).

Portanto, é possível interpretar que o pensamento de Leão XIII contido em suas Encíclicas possui de modo embrionário as referências socioambientais utilizadas em documentos e legislações nos nossos dias, como será possível observar mais adiante.

1.4.2 Papa Pio X (1903-1914)

A exemplo do seu antecessor, o Papa Pio X considera o *bem comum* como de grande importância, fato que pode ser observado em sua Encíclica *Pascendi Dominici Gragis* (Pio X, 1907). Vale ressaltar a sua firme posição em favor da parceria entre religião e ciência, como deixa muito claro na conclusão dessa Encíclica.

1.4.3 Papa Pio XI (1922-1939)

Pio XI, por sua vez, deve ser destacado por ratificar o conceito de *bem comum* em três de suas Encíclicas: *Mortalium Animos* (Pio XI, 1928), *Quadragesimo Anno* (Pio XI, 1931) e *Divini Redemptoris* (Pio XI, 1937). Nessa última Encíclica, argumentou que o liberalismo, ao propagar o individualismo e a subversão da ordem natural, colocou a moral subordinada ao mercado e preparou o caminho para a demagogia marxista. O Papa apontou os erros das duas correntes e apresentou o direito natural e o Evangelho como solução. Além disso, para possibilitar a promoção da justiça social para todos, é exigível "dos indivíduos o quanto é necessário ao bem comum". Assim, não se pode "prover ao bem de toda a sociedade se não se dá [...] aos homens dotados da dignidade de pessoa, tudo quanto necessitam para desempenhar suas funções sociais". Essa Encíclica merece destaque, visto o jargão *bem comum* ser repetido cinco vezes e por conter o importante argumento: a ideia de prover ó ser humano daquilo que é

CARTA ENCÍCLICA *LAUDATO SI'*: UM DIÁLOGO COM A CIÊNCIA SOCIOAMBIENTAL

necessário, inclusive os recursos da natureza, para o curso da vida com o mínimo de qualidade e dignidade.

1.4.4 Papa Pio XII (1939-1958)

Pio XII foi Papa por 19 anos em um período conturbado, principalmente por conta dos reflexos da crise de 1929 dos Estados Unidos e do período da primeira e segunda guerras mundiais. Mas, para efeito do tema tratado neste livro, há dois de seus textos que carregam consigo sementes importantes do que a Igreja irá tratar anos mais tarde e que posso considerar como relevantes, mesmo não sendo explicitamente socioambientais. Esses conteúdos estão na Encíclica *Sertum Laetitiae* (Pio XII, 1939) e na mensagem radiofônica na solenidade de Pentecostes de 1941 (Pio XII, 1941).

Em 1939, na *Sertum Laetitiae*, Pio XII (1939) indicou uma solução para problemas sociais da época, afirmando que o "Ponto fundamental da questão é que os bens por Deus criados para todos os homens devem igualmente favorecer a todos, segundo os princípios da justiça e da caridade". Uma afirmação congruente com o pensamento desenvolvido por seu predecessor, Pio XI, quando estabelece a necessidade de fornecer para todas as pessoas o mínimo indispensável, inclusive os recursos da natureza, para que todos tenham condições mínimas de qualidade, considerando a dignidade humana.

Na mensagem radiofônica de 01 de junho 1941, por ocasião do 50º aniversário da *Rerum Novarum*, há duas citações importantes. Logo no início, ratifica o papel complementar da Igreja no que tange ao campo social, manifestando-se sempre que necessário para o bem das pessoas. Papel este que fica claro no seu pronunciamento acerca da *Rerum Novarum*: "Movido pela plena convicção de que à Igreja compete não só o direito, mas o dever de pronunciar uma palavra autorizada sobre as questões sociais, Leão XIII dirigiu ao mundo sua mensagem" (Pio XII, 1941). Já nos parágrafos 13 e 14, o Sumo Pontífice afirma que o ser humano é dotado de razão e recebeu o direito de usar os bens da terra, de sorte que o seu bom uso produzirá paz, prosperidade às pessoas e a dignidade de todos.

Essa afirmação carrega consigo uma contribuição de vulto e bastante à frente de seu tempo acerca do papel da Igreja na sociedade, confiando à ciência e aos arranjos sociais a melhor forma de distribuição e utilização dos bens concedidos pelo Criador, afastando da Igreja a função de legisladora e ratificando o formato laico da sociedade. Fica clara também a posição da Igreja na defesa do bem comum e no usufruto do que a natureza oferece, produzindo condições mínimas e dignas para todos, mesmo que deixe claro em paralelo o conceito de que a ordem natural requer preservar a propriedade particular e a liberdade das transações comerciais, com a regulação do poder público.

É mediante essa subordinação ao fim natural dos bens materiais que se estabelece a todos o direito de uso, enfatizando a proporcionalidade e proteção das pessoas, especialmente os menos favorecidos, de maneira que seja possível produzir um clima de paz e não do "jogo desapiedado de força e da fraqueza" (Pio XII, 1941).

1.4.5 João XXIII (1958-1963)

João XXIII produziu um conteúdo importante sobre a temática socioambiental e, pela nossa percepção, de modo mais explícito e precedente ao que muitos consideram o pronunciamento do Papa Paulo VI como a primeira mensagem socioambiental. Um primeiro aspecto relevante é a utilização do termo *bem comum*, como vimos anteriormente. Nas duas Encíclicas (João XXIII, 1961, 1963) que analisarei a seguir, o termo foi citado 31 vezes no primeiro documento e 54 no segundo.

Segundo o que está disposto na *Pequena Enciclopédia de Doutrina Social da Igreja* (Ávila, 1991, p. 50), "bem comum" é "o conjunto de condições concretas que permitem a todos os membros de uma comunidade atingir um nível de vida à altura da dignidade humana". Donde se presume que para essa dignidade humana seja possível, todas as pessoas devem se beneficiar dos bens criados e disponíveis, de maneira mínima que seja, não sendo submetida à escassez do que seja essencial para a vida, que são fatores estreitamente ligados aos conceitos mais modernos de sustentabilidade ambiental. Por sua vez, as condições mínimas para a vida humana no planeta estão absolutamente ligadas ao consumo de recursos naturais essenciais à vida, cuja disponibilidade está relacionada aos fatores naturais e humanos, e sua distribuição tem forte prevalência de condições humanas, de modo que o comportamento e as atitudes são atributos a serem considerados; assim, para efeito de bem comum, o que é ambiental passa a ser socioambiental em todos os aspectos.

No que tange à *Mater et Magistra*, o Papa João XXIII faz um compêndio dos princípios fundamentais da Doutrina Social e apresenta os desafios da

Igreja frente a um temerário processo de globalização. Ademais, faz uma análise das questões sociais e retoma o chamado ao apostolado laical. Merece destaque sua real intenção de tratar e mitigar as desigualdades e os desequilíbrios existentes no mundo, especialmente os contrastes entre as regiões desenvolvidas e as subdesenvolvidas. Esse documento teve caráter inovador, uma vez que saiu do âmbito local, quando tratava de propriedade privada, e foi para o planeta e suas disponibilidades.

Essa questão pode ser bem observada no parágrafo 160, quando apresenta o que é denominado Auxílios de Urgência, fazendo menção ao desperdício como um problema merecedor de destaque, ou melhor: "Destruir ou desperdiçar bens que são indispensáveis à sobrevivência de seres humanos é ferir a justiça e a humanidade" (João XXIII, 1961). Essa afirmação deve ser considerada com estreita relação aos recursos da natureza para a produção e conservação da dignidade humana em benefício do bem comum, em congruência com seus antecessores. Mesmo que de maneira imperfeita, João XXIII antecipa o conceito da sustentabilidade, indicando sua preocupação com o futuro e acenando com a dificuldade de se fazer previsões acertadas diante de um conjunto complexo de variáveis, além da sua convocação global para colaborar com a manutenção da vida e da dignidade humana.

Mais adiante, o Papa João XXIII apresentou a condição de que Deus disponibilizou os recursos de modo mais que suficiente para a humanidade e, ao mesmo tempo, muniu o ser humano de inteligência para usufruir desses recursos para sempre: não ofendendo "a ordem moral estabelecida por Deus" e não destruindo "os próprios mananciais da vida humana"; o que somente pode ocorrer por meio de um "renovado esforço científico e técnico", "no sentido de aperfeiçoar e estender cada vez mais o seu domínio sobre a natureza" (João XXIII, 1961).

Para abordar a questão de se colocar ao serviço da vida (parágrafos 195-198), o Papa lembra as condições estabelecidas por Deus no livro do Gênesis, para transmitir a vida: "Crescei e multiplicai-vos" (Gn 1, 28); e para dominar a natureza: "Enchei a terra e submetei-a" (Gn 1, 28). E é a partir dessa afirmação acerca do domínio da natureza que João XXIII afirma no parágrafo 196 algo explicitamente socioambiental e que deveria ter produzido maiores repercussões, mas normalmente não é lembrado, seja individualmente, seja no conjunto dessa Encíclica: "Sem dúvida o mandamento divino de dominar a natureza não é imposto com fins destrutivos, mas sim para serviço da vida" (João XXIII, 1961).

No que se refere à Encíclica *Pacem in Terris*, promulgada em 1963, pouco antes de sua morte, além do detalhe acerca do termo *bem comum*, esse documento teve como motivação a ratificação, como sendo um sinal de solidariedade, para a Declaração Universal dos Direitos Humanos de 10 de dezembro de 1948. E, de modo complementar e inédito, João XXIII reconheceu que uma das formas de gerar a manutenção do clima de paz dos povos seria o desenvolvimento econômico com a finalidade de progresso social, gerando dignidade para as pessoas por meio do essencial, especialmente a água e o saneamento básico. Afirmação essa que merece destaque, visto que já são sentidas as ameaças à paz e o declínio da qualidade de vida das pessoas pela escassez de água e da precariedade de condições sanitárias a que populações são submetidas.

1.4.6 Concílio Ecumênico Vaticano II (1962-1965)

O Concílio Vaticano II, que nasceu com o objetivo de dialogar com a modernidade, não forneceu explicitamente ao mundo um discurso socioambiental ou ecológico, visto que não havia naquela oportunidade essa percepção ou consciência efetivamente formada nos mais diversos setores da sociedade, inclusive na Igreja. Mesmo assim, os resultados alcançados por esse Concílio produziram efeitos basilares para o que se compreende atualmente sobre esse tema em discussão, especialmente pela nova cosmovisão teológica produzida, pois o mundo passou a ser a possibilidade real de redenção por meio de Jesus Cristo e não se tratava de uma "verdade científica oposta à verdade da fé, mas de busca da verdade por meio da legítima autonomia da razão com a qual a Igreja deve estar sintonizada e disposta a aprender" (Passos, 2014, p. 278-279).

Por conta dessa nova percepção, a teologia da Criação deixou de ser vista apenas pelo binômio Criação-pecado e passou a ser um trinômio com a adição da redenção, ou Criação-pecado-redenção. Uma teologia com característica integradora, de modo que se "entende o ser humano e suas atividades no mundo e a própria missão da Igreja" (Passos, 2014, p. 279). A natureza humana, portanto, está "destinada a viver em relações mútuas e tem sua conclusão em Jesus Cristo", a Ele está tudo referenciado, "tudo se liga e para ele tudo se converge na busca da consumação final" (Passos, 2014, p. 280).

Além das demais condições resultantes dessa nova forma de perceber e compreender a Criação, as que nos importam neste momento são três, que esquematicamente foram apresentadas por João Décio Passos:

> A Criação é, portanto, ato contínuo do amor de Deus, que conduz secretamente o universo para a comunhão final; nesse ato contínuo o ser humano é partícipe, contribui na qualidade de semelhante a Deus com o acabamento da obra criadora; sua atividade se torna sagrada, meio de contribuir com a elevação da Criação para Deus; e, para tanto, contribuem positivamente todas as conquistas técnicas e históricas do ser humano, mesmo quando disso ele não tiver consciência (Passos, 2014, p. 280).

Na esteira dessas mudanças, vale uma reflexão à luz da Constituição Pastoral *Gaudium et Spes* – (Concílio Ecumênico Vaticano II, 1965) –, pois esse documento cita: as profundas e rápidas mudanças provocadas pela inteligência e atividades humanas (GS, 4); que o ser humano foi constituído "senhor de todas as coisas terrenas, para que as dominasse e usasse, glorificando a Deus" (Gn 1, 26; Sb 2, 23; Eclo 17, 3-10); e que Deus fez boas todas as coisas (Gn 1, 31), porém a atividade humana acabou corrompida pelo pecado (GS, 37).

Ainda merece destaque o princípio do destino universal dos bens, de modo que as ações e decisões sejam sempre balizadas pelas necessidades individuais e coletivas da geração presente (GS, 69), mas também é necessário e muito valioso "prever o futuro, estabelecendo justo equilíbrio entre as necessidades atuais de consumo, individual e coletivo, e as exigências de inversão de bens para as gerações futuras" (GS, 70). Conceito que vai muito ao encontro do que foi definido alguns anos depois pela ONU como desenvolvimento sustentável ou sustentabilidade.

1.4.7 Papa Paulo VI (1963-1978)

Apesar de Paulo VI tratar da exploração da terra na Carta Apostólica *Octogesima Adveniens*, de 1971, e esse documento ser considerado como central, quatro anos antes já havia apresentado preocupações na *Populorum Progressio*, cujo teor está relacionado ao desenvolvimento dos povos, "especialmente daqueles que se esforçam por afastar a fome, a miséria, as doenças endêmicas, a ignorância; que procuram uma participação mais ampla nos frutos da civilização, uma valorização mais ativa das suas qualidades humanas" (Paulo VI, 1967, § 1).

A publicação desse documento provocou grande debate dentro e fora da Igreja, especialmente entre os conservadores da Cúria, pois entenderam que Paulo VI havia se excedido em suas colocações à esquerda (Souza; Gomes, 2014, p. 22). Nesse documento, além de referenciar várias vezes à necessidade de um desenvolvimento integral do ser humano, estabeleceu que a perspectiva cristã do desenvolvimento não está relacionada ao simples crescimento econômico, devendo atingir a cada pessoa e a todos os povos. Assegurava categoricamente que todos nós fomos convocados para o pleno desenvolvimento, que poderia ser pensado a partir de um modo equilibrado e harmonioso de ser e de se relacionar; harmonia que é pedida "pela natureza e enriquecida pelo esforço pessoal e responsável" (Paulo VI, 1967, § 16).

Sobre o destino universal dos bens, que já foi considerado por papas anteriores, Paulo VI relembrou o trecho do Gênesis (Gn 1:28), "enchei a terra e dominai-a", para afirmar que a Criação teve o ser humano como o objetivo, "com a condição de ele aplicar o seu esforço inteligente em valorizá-la, pelo seu trabalho, por assim dizer, completá-la em seu serviço". E continuou: "Se a terra é feita para fornecer a cada um os meios de subsistência e os instrumentos do progresso, todo homem tem direito, portanto, de nela encontrar o que lhe é necessário" (Paulo VI, 1967, § 22).

Quando argumentava sobre a industrialização no parágrafo 25, o Papa entendia que se tratava de algo importante e necessário para o progresso das nações e que somente poderia acontecer "por meio de uma aplicação tenaz da inteligência e do trabalho" de modo que seria possível aprender "os segredos da natureza e usar melhor das suas riquezas" (Paulo VI, 1967, § 25). Afirmava também que qualquer "programa feito para aumentar a produção não tem, afinal, razão de ser senão colocado ao serviço da pessoa" (Paulo VI, 1967, 34), reiterando a posição de que o ser humano deve ser o grande beneficiado, atendendo à condição de que somente poderia haver progresso econômico quando houvesse o progresso social.

Como foi possível observar ao longo do documento, mesmo antes do surgimento da definição de sustentabilidade, essa Encíclica conseguiu estabelecer a ideia de que há o desenvolvimento sustentável por meio do equilíbrio de forças e preservação dos recursos naturais, do progresso econômico, sempre com grande preocupação com o social. Além disso, conduziu o ser humano como o grande receptor dos benefícios da natureza e do progresso alcançado pela humanidade.

Paulo VI (1970) elogiou a FAO pelos esforços para o melhor aproveitamento da terra, da água, da floresta e do oceano, resultando na maior produtividade das culturas e no melhoramento da fertilidade do solo. Advertiu, porém, que a aplicação de novos modelos produtivos não ocorre sem impactar a natureza, "e a deterioração progressiva daquilo que convencionalmente se chama *meio ambiente*, sob o efeito dos contragolpes da civilização industrial, corre o risco de acabar numa verdadeira catástrofe ecológica", dentre eles: "a qualidade do ar e da água potável, a contaminação de praias e oceanos e a ameaça de equilíbrio de várias espécies."

Três anos após a publicação da *Populorum Progressio*, Paulo VI termina sua Audiência Geral do dia 31 de março de 1971 com o seguinte argumento: "hoje preocupamo-nos com a ecologia, isto é, com a purificação do ambiente físico onde se desenrola a vida do homem: porque não nos havemos de preocupar também com uma ecologia moral, onde o homem vive como homem e como filho de Deus?" (Paulo VI, 1971a).

Em maio de 1971, Paulo VI publicou a Carta Apostólica *Octogesima Adveniens*, que foi endereçada ao Cardeal Maurice Roy, presidente da Comissão de Justiça e Paz, e por ocasião dos 80 anos da *Rerum Novarum*. Na primeira parte do documento, o Papa examina os novos problemas resultantes da civilização urbana e industrial, especialmente sobre os jovens, as mulheres, os operários, as discriminações, as emigrações, o crescimento demográfico, os meios de comunicação e os impactos ambientais (Ávila, 1991, p. 321). Mesmo com a apresentação de uma série de menções relacionadas ao tema socioambiental em documentos anteriores da Igreja, comumente se considera o parágrafo 21 da *Octogesima Adveniens*, como o primeiro conteúdo ambiental explícito dentre os documentos papais que compõem a DSI:

> [...] por motivo da exploração inconsiderada da natureza, começa a correr o risco de destruí-la e de vir a ser, também ele, vítima dessa degradação. Não só já o ambiente material se torna uma ameaça permanente, poluições e lixo, novas doenças, poder destruidor absoluto; é mesmo o quadro humano que o homem não consegue dominar, criando assim, para o dia de amanhã, um ambiente global, que poderá tornar-se-lhe insuportável. Problema social de

> envergadura, este, que diz respeito à inteira família humana. O cristão deve [...] assumir a responsabilidade, juntamente com os outros homens, por um destino, na realidade, já comum (Paulo VI, 1971b, § 21).

Nessa argumentação se estabelece que um dos fins da preocupação ambiental é o próprio homem, o que está alinhado com os discursos anteriores. Os problemas ambientais, por sua vez, produzem problemas das mais diversas ordens para toda a humanidade, mas em especial para os mais pobres, que são mais sensíveis e vulneráveis às intempéries e não dispõem de recursos para se protegerem.

Um ano depois, em 1º de junho de 1972, Paulo VI publicou sua mensagem para a primeira Conferência das Nações Unidas para o Meio Ambiente, que aconteceu entre 05 e 16 de junho do mesmo ano. O Papa abriu sua mensagem expressando a todos os participantes, tanto os preparativos quanto o processo que iria se desenvolver durante a conferência; visto suas preocupações relacionadas à melhoria das condições ambientais e, também, para fins de estímulo de ações globais por essa causa que afligia a todos. Para o Papa, havia uma clara compreensão da interação entre o ser humano e o ambiente, em que: "o ambiente condiciona essencialmente a vida e o desenvolvimento do homem; esse aqui ao contrário, aperfeiçoa e enobrece o meio ambiente com sua presença, seu trabalho, sua contemplação" (Paulo VI, 1972). Como o planeta é único e uma única natureza, todos os impactos produzidos repercutem de maneira direta ou indireta em todos os demais lugares e pessoas, de tal sorte que o desenvolvimento, a ciência e o conhecimento precisam ser usados de maneira positiva, em favor de todos, para a melhor qualidade de vida das pessoas.

Continuou sua mensagem chamando a atenção para uma série de desequilíbrios ambientais já apresentados em decorrência da exploração desmedida das reservas naturais do planeta, "mesmo com o objetivo de produzir coisas úteis" (Paulo VI, 1972); adicionalmente, pediu maiores cuidados para a destruição das reservas naturais não renováveis; e as contaminações do solo, água, ar e do espaço, cujos impactos são sentidos por todo tipo de vida do planeta. Assim, todas essas mazelas terminariam por potencializar a destruição do ambiente natural, a ponto de ameaçar de maneira significativa as condições de vida da humanidade inteira.

Paulo VI tinha consciência de que as soluções para as questões apresentadas não seriam tranquilas, inclusive para algo fundamental, que era

CARTA ENCÍCLICA *LAUDATO SI'*: UM DIÁLOGO COM A CIÊNCIA SOCIOAMBIENTAL

a questão demográfica, e para a preservação dos recursos para as futuras gerações, antecipando-se ao que foi ratificado 20 anos depois, na ECO-92. Tinha uma visão clara da necessidade de modificação dos processos produtivos, com vistas a evitar os impactos pelas várias possibilidades de contaminação do meio, ao que foi denominado um pouco mais tarde como Produção Mais Limpa – P+L. Reforçando essa clareza de visão, Peter Raven (2016, p. 253) diz que o Papa Paulo VI pode "ser considerado como o primeiro Papa que compreendeu plenamente a relação entre o progresso humano, a justiça e o meio ambiente.".

Um aspecto bem relevante abordado nesse documento foi o conceito *res omnium*, isto é, coisa de todos, contrapondo-se à ideia de que o patrimônio ambiental fosse *res nullius*, de ninguém, como se pensava. Aquilo que fosse de todos, em princípio, todos cuidariam, ao contrário de quando não se é de ninguém, não produzindo responsabilidade para todos. Esse conceito foi aplicado, por exemplo, na Constituição do Brasil de 1988, que inclui um capítulo exclusivo para o tema meio ambiente, o artigo 225, cujo *caput* tem sua redação influenciada pelo Princípio 1 da Declaração de Estocolmo, de 1972, segundo Pedro e Frangetto (2004, p. 633). O artigo 225 diz o seguinte (Brasil, 2003, p. 139): "Todos têm direito ao meio ambiente ecologicamente equilibrado, bem de uso comum do povo e essencial à sadia qualidade de vida, impondo-se ao Poder Público e à coletividade o dever de defendê-lo e preservá-lo para as presentes e futuras gerações.".

Traçando-se um paralelo com os direitos humanos, é possível afirmar que o direito ambiental possui as principais características dos direitos humanos: é um direito geral por se aplicar a todas as pessoas; é mais importante que os direitos não fundamentais, por ser a base para aqueles e por ser condição para a sobrevivência dos seres humanos; é essencial, independentemente do tempo ou lugar, e assim, é imutável em valor e importância. Assim, a intersecção entre direito ao meio ambiente equilibrado e direitos humanos está na fundamentação de ambos, que é o direito à vida e à saúde, com vistas à garantia de uma vida saudável (Pestana, 2009, p. 66). Situação que se repetiu em outros sistemas jurídicos que se esforçaram para ter um conteúdo ambiental explícito, em consequência das tendências ideológicas enraizadas do desejo de satisfação intrínseco às demandas da sociedade nesses novos tempos (Pedro; Frangetto, 2004, p. 633).

Para Paulo VI, a explicação para essa interpretação de que a natureza é bem comum de todos vem por conta de que o ser humano "é a primeira e a mais autêntica riqueza da terra", motivo pelo qual há a preocupação de que todos os povos tenham acesso aos recursos existentes e potenciais. Assim, o próprio conceito de desenvolvimento das pessoas e das nações, incluindo a prosperidade, precisam das ações de todos, para favorecer a todos, o mundo "industrializado e sua imensa periferia". Aliás, para o Papa, "a miséria é o pior da poluição" (Paulo VI, 1972).

Apesar do dilema conceitual sobre o progresso e a destruição do ambiente natural e seus recursos, o Papa mantinha a centralidade nos mais frágeis. Tanto para as populações dos países não desenvolvidos quanto os aglomerados urbanos nas periferias dos países desenvolvidos, cujo papel era apoiar o avanço industrial por meio de sua mão de obra barata e desprovida de senso crítico, que sem qualquer opção se submetia a qualquer trabalho e viviam como podiam.

A partir desse pensamento do Papa Paulo VI, entende-se que é como se tudo o que foi observado no passado não tivesse se transformado em aprendizado. Boa parte das mazelas que ocorreram como efeito colateral da Revolução Industrial parecem não ter qualquer importância, considerando que tudo acaba se repetindo a cada nova onda de industrialização em cada país. A rotina das pessoas parece ser a mesma, modificando apenas o tempo e o lugar, a exemplo do que ocorreu na década de 1970 no Brasil e na Índia, em alguns países asiáticos ou o que acontece na China, e o que deverá acontecer em parte da África.

Para ilustrar essas condições do passado, que podem ser percebidas no nosso presente, apresento o que está no segundo capítulo do livro *Era das Revoluções,* de Eric J. Hobsbawm: "Desta vala imunda a maior corrente da indústria humana flui para fertilizar o mundo todo. Deste esgoto imundo jorra ouro puro. Aqui a humanidade atinge o seu mais completo desenvolvimento e sua maior brutalidade" (Toqueville, 1958 *apud* Hobsbawm, 1982, p. 43). É como se nada disso tivesse acontecido e, por isso, permanecem os destratos com as pessoas e com os seus ambientes, em um perigoso ciclo vicioso que diminui drasticamente a qualidade de vida e esperança dos indivíduos.

1.4.8 Papa João Paulo II (1978-2005)

Logo após sua eleição em outubro de 1978, João Paulo II publicou em 04 de março de 1979 a Encíclica *Redemptor Hominis*. Em seu conteúdo,

CARTA ENCÍCLICA *LAUDATO SI'*: UM DIÁLOGO COM A CIÊNCIA SOCIOAMBIENTAL

percebeu-se sua preocupação com o meio ambiente, afirmando que os processos políticos que conduziam a economia mundial produziam sérios problemas para as pessoas, "dilapidando num ritmo acelerado os recursos materiais e energéticos, comprometendo o ambiente geofísico. Tais estruturas ampliam incessantemente as zonas de miséria, e com isso, a angústia, a frustração e a amargura" (João Paulo II, 1979a).

Do mesmo modo, a exploração abusiva dos recursos naturais "trazem muitas vezes consigo a ameaça para o ambiente natural do homem, alienam-no nas suas relações com a natureza e apartam-no da mesma natureza". Assim, o ser humano acabava por ver no ambiente apenas o significado mais utilitarista, apenas "para os fins de um uso ou consumo imediatos", esquecendo do interesse original do Criador, que o ser humano fosse o zelador da Criação de modo "inteligente e nobre", e não como aquele que não tem "respeito algum" (João Paulo II, 1979a).

Discursando na Assembleia Geral da ONU de 1979, o Papa mencionou sua preocupação com as questões da natureza, sobretudo quando admitiu que o progresso da humanidade não podia ser medido pelos avanços conquistados pela ciência e pela técnica, mas sim por "valores espirituais e pelo progresso da vida moral", cuja manifestação aconteceria com o "domínio da razão, através da verdade nos comportamentos da pessoa e da sociedade, e também o domínio sobre a natureza" (João Paulo II, 1979b).

Poucos meses depois, o Papa discursou no Centro Italiano Feminino, onde, entre os diversos assuntos abordados, demonstrou sua apreensão com a forma como o meio ambiente estava sendo afetado pelo comportamento humano, ou melhor:

> Encontramo-nos diante da generosidade impugnada pelo orgulho, de formas de verdadeiro altruísmo coexistentes com individualismo desenfreado, de conclamados propósitos de defesa da vida e até da ecologia, postos em estridente associação com reais tentativas de a humilhar e sufocar (João Paulo II, 1979c).

Durante sua viagem apostólica pela África, mais precisamente no dia 10 de maio de 1980, o Papa discursou na cidade de Uagadugu, Alta Volta, sobre o meio ambiente e a respeito do papel de zelador da Criação a ser exercido pelo ser humano, planejado por Deus. A Criação está voltada para "uma promoção humana, integral e solidária", permitindo que as pessoas atinjam a plenitude espiritual, reverenciando o Criador. Há uma premente necessidade do respeito pelo ambiente natural, cujo esforço deve acontecer pela educação ambiental, por meio da preservação e melhoria de suas condições e com a redução ou prevenção dos resultados das "chamadas calamidades 'naturais'" (João Paulo II, 1980).

Em 1982, um representante do Papa, Monsenhor Pierre Phan-Van--Thuon, participou das comemorações do 10º aniversário da Conferência de Estocolmo na sede do PNUMA, em Nairóbi. Em seu pronunciamento, manifestou apoio ao programa de proteção ambiental da ONU desde seu início, por meio da adesão à Conferência, conforme mensagem do Papa Paulo VI (1972) em sua época. Ratificou apoio aos programas de proteção ambiental orientados "para a defesa do homem", em especial para os novos problemas relacionados às contaminações e à crise energética. A Santa Sé entendia que seriam necessários novos estudos para produção do equilíbrio entre a defesa do ambiente e o desenvolvimento demográfico e cultural das populações, "fazendo um uso inteligente dos recursos naturais". O uso inadequado dos recursos naturais produziu efeitos desastrosos, entre os quais: desertificação, erosão e o desaparecimento de terras cultiváveis e para a zootécnica; produziu ainda a contaminação da atmosfera, da água e do solo, atingindo todas as formas de vida. Da mesma forma, o uso desordenado das matérias-primas acarretou a destruição e perda de recursos naturais não renováveis, de modo que, em breve, produziria "graves hipotecas" para o mundo futuro (Phan-Van-Thuon, 1982).

Na sua Encíclica *Sollicitudo Rei Socialis*, de 30 de dezembro de 1987, João Paulo II citou o termo *bem comum* 12 vezes e abordou a questão ambiental em uma série de momentos. No parágrafo 26, fez o registro da necessidade de respeitar a integridade e os ritmos da natureza, conceito que foi tratado posteriormente na *Laudato Si'*, cujo termo usado foi *"rapidacion"* (LS, 18) e que abordarei no Capítulo 3. Nos parágrafos 29 e 34, o Papa insistiu no limite do domínio humano sobre a Criação, não sendo adequado ao ser humano fazer uso de maneira indiscriminada dos bens da Criação, devendo respeitar a natureza. O desenvolvimento precisaria levar em conta as disponibilidades dos recursos naturais e programar seu uso de maneira mais ponderada e racional, poupando para as futuras gerações; pensamento atrelado ao conceito de sustentabilidade definido cinco anos depois, na ECO-92, mas que teve sua protodefinição na *Gaudium et Spes* (GS, 70), tratado anteriormente. Aliás, esse mesmo conteúdo

CARTA ENCÍCLICA *LAUDATO SI'*: UM DIÁLOGO COM A CIÊNCIA SOCIOAMBIENTAL

acerca da preservação de recursos para as futuras gerações foi abordado também na Exortação Apostólica *Christifideles Laici* (João Paulo II, 1988).

Em sua mensagem para o XXIII Dia Mundial da Paz, no dia 01 de janeiro de 1990, o Papa relacionou novamente a paz com Deus Criador e a paz com a Criação, indicando que as ameaças à essa paz estariam ligadas "também pela falta do respeito devido à natureza, pela desordenada exploração dos seus recursos e pela progressiva deterioração da qualidade de vida" (João Paulo II, 1989). E, para fundamentar o conceito em conteúdos bíblicos, lembrou que, após a criação do homem e da mulher, o texto diz: "E Deus viu tudo quanto havia feito, e era muito bom" (Gn 1, 31). Confiou ao homem e à mulher todo o resto da Criação e "repousou de toda a obra que fizera" (Gn 2, 2), esperando que eles exercessem seu domínio sobre a terra (Gn 1, 28) com sabedoria e amor. Ao contrário, pela desobediência, destruíram a harmonia, pondo-se contra os desígnios do Criador, o que trouxe a alienação do próprio ser humano à morte, ao fratricídio e a uma rebelião da terra (Gn 3, 17-19; 4, 12). Assim, a Criação foi submetida à decrepitude e, desde então, "espera ser libertada da escravidão da corrupção, em vista da liberdade que é a glória dos filhos de Deus" (Rm 8, 20-21).

O Papa tratou ainda da reconciliação feita pela ressurreição de Cristo (Cl 1,19-20), da renovação da Criação antes submetida à escravidão (Ap 21, 5; Rm 8, 21), dos "novos céus e da nova terra" (Is 65, 17; 66, 22; 2Pd 3,13; Ap 21, 1) e da recapitulação de tudo em Cristo (Ef 1, 9-10). Esses fragmentos dos livros sagrados produzem um melhor entendimento nas relações do ser humano com a natureza, o que possibilita um tratamento mais adequado e a preservação da Criação. Assim, se o ser humano não está em paz com o Criador, toda a Criação sofre (Os 4, 1-3).

No centenário da Encíclica *Rerum Novarum*, João Paulo II publicou a Encíclica *Centesimus Annus*, em 1º de maio de 1991. Essa Carta faz uma releitura daquela que foi a primeira grande Encíclica social, com o convite para três maneiras de praticar o olhar: olhar para trás; olhar ao redor; e olhar para o futuro. Olhar para trás significa perceber a condição inadequada dos operários, que foram ao longo do tempo enganados, em detrimento das revoluções, das reformas e dos progressos. Um conjunto de injustiças que produziram equivocadas compreensões acerca da propriedade e do próprio trabalho, especialmente de inspirações marxistas. Tais injustiças deveriam ser combatidas por meio de alguns princípios básicos, que seriam: a dignidade do trabalho; o direito de todos à propriedade, de acordo com o princípio da destinação universal dos bens da terra; a justiça do salário e a limitação da jornada de trabalho.

Olhar ao redor se refere a um processo comparativo entre as coisas novas do momento vivido por João XXIII e as coisas novas vividas cem anos depois da *Rerum Novarum*. Além de tratar do avanço do socialismo marxista, criticou também o liberalismo, que acabava por ser um dos desdobramentos das forças contrárias; revelando assim uma falsa concepção de dignidade humana em ambos os lados. Em especial sobre o liberalismo capitalista, o Papa acrescentou que esse modo de condução das coisas produzia uma fantasia para as pessoas, resultando no consumismo, percebido como a forma sofisticada do egoísmo do ser humano (Ávila, 1991, p. 73), um fenômeno prejudicial à saúde física e espiritual, em especial para a juventude. Um comportamento fundamentado no desejo desordenado por bens materiais, relacionados a problemas de natureza moral (Ramalhete, 2017, p. 185).

Tão preocupante quanto o consumismo era a questão relacionada à ecologia, visto que "o homem, tomado mais pelo desejo do ter e do prazer, do que pelo de ser e de crescer, consome de maneira excessiva e desordenada os recursos da terra e da sua própria vida". Para o Papa, a destruição da natureza era resultado da falta de compreensão do ser humano da procedência e gratuidade dos recursos naturais, pensando poder usufruir desses bens da maneira que ansiasse, sem critérios que o levasse a pensar nos demais (João Paulo II, 1991).

Olhar para o futuro, por sua vez, "é o olhar voltado para o advento do terceiro milênio, carregado de incógnitas e de promessas" (João Paulo II, 1991). Após afirmar que a humanidade foi traída pelas revoluções em nome de liberdade e igualdade, que produziram o liberalismo capitalista e o socialismo marxista, João Paulo II transmitiu sua convicção de ter chegado a hora de fazer a humanidade entender que havia um novo caminho para o terceiro milênio baseado na ética do bem comum, sem exclusões, que seria denominada economia social; um modelo para atendimento das exigências da justiça por meio do uso responsável da liberdade.

Após seis anos de trabalho, em 11 de outubro de 1992, foi publicado o Catecismo da Igreja Católica, que apesar de tratar do tema ambiental de modo genérico, reafirmava a condição de domínio do planeta por parte do ser humano; não de maneira arbitrária, a seu bel prazer, mas com a sensatez necessária para a preservação da vida no planeta. O Catecismo da Igreja Católica ainda apresentou o ser humano como ente "integrado ao restante da Criação", reconhecendo o cristão como aquele que tem o dever de combater a injustiça e tudo que produzir a pobreza (Silva, 2018, p. 90).

Ainda em 1992, durante a Semana de Estudos da Pontifícia Academia das Ciências, abordou-se a relação entre o crescimento demográfico, o impacto ambiental e a disponibilidade de recursos naturais. Na ocasião, o Papa destacou que não seria possível preservar a natureza apenas diminuindo a população, mas sim corrigindo os erros cometidos, sendo necessário para isso o uso da educação e o abandono do estilo de vida baseada no consumo sem medida (Garmus, 2009, p. 870).

Nesse mesmo ano, de acordo com o que apresentei em momento anterior, realizou-se a ECO-92, evento que não contou com a participação oficial da Igreja. Apesar disso, o Conselho Mundial de Igrejas realizou um encontro paralelo de caráter internacional denominado "Uma Resposta Ecumênica à Cúpula da Terra: Buscando Novo Céu e Nova Terra", na cidade de Nova Iguaçu/RJ. Entre os principais resultados do encontro: o entendimento da estreita relação entre ecologia e a causa social; o luxo e o desperdício são inimigos do meio ambiente; o ecumenismo e a ecologia estão intimamente relacionados à ideia de nossa habitação terrestre, a nossa casa comum (*oikos*); o futuro da humanidade depende de um novo modelo de desenvolvimento; há um equívoco na compreensão de que a tradição judaico-cristã tenha secularizado a natureza e exposto o meio ambiente à agressão humana; cabe um pedido de perdão pelos erros do passado; e que a explosão demográfica deve ser discutida, pois o "silêncio não é solução" (Brakemeier, 1992, p. 221-225).

Mais adiante, em carta para a Secretária Geral da Conferência Internacional sobre a População e o Desenvolvimento, Nafis Sadik, em 18 de março de 1994, João Paulo II (1994) retomou a relação meio ambiente/crescimento demográfico, dizendo se tratar de uma questão bem complexa e não seria plausível fazer uma analogia direta. O perigo para o meio ambiente seriam os padrões incoerentes de consumo e o desperdício, incluindo a ausência de restrições ou de preservações em processos produtivos.

Relacionada aos aspectos demográficos e aos problemas ambientais está a questão da fome no mundo, tema que foi abordado três vezes pelo Conselho Pontifício *Cor Unum*. Primeiramente, em 1988, o documento citou alguns fatores ecológicos que poderiam ser encarados como causadores da fome: a destruição dos recursos naturais, as catástrofes naturais, os rejeitos radioativos, o uso inadequado de fertilizantes químicos e defensivos agrícolas etc. (Garmus, 2009, p. 871).

Em um segundo momento, em seu discurso na 2ª Conferência Global sobre a Agricultura, Segurança Alimentar e Mudanças Climáticas, o Secretário do Conselho Pontifício *Cor Unum*, Monsenhor Giampietro Dal Toso, afirmou que a Igreja teria o dever de produzir os efeitos da DSI, considerando que os esforços deveriam ter como objetivo o ser humano, garantindo sua dignidade, especialmente daqueles mais vulneráveis; e, via de regra, as emergências humanitárias, incluindo a escassez de alimento, que estariam associadas à degradação ambiental (Dal Toso, 2012). Já em 1996, abordou o problema da fome dentro dos ecossistemas, que interagiriam positiva e negativamente uns sobre os outros, havendo uma relação sistêmica que precisaria ser observada, de modo que todas as ações produziriam consequências diretas e indiretas, merecendo sempre uma avaliação apropriada, sempre pelo viés da sustentabilidade (Garmus, 2009, p. 871).

Na Encíclica *Evangelium Vitae*, de 1995, que tratou do valor e da inviolabilidade da vida das pessoas, o Papa apelou para conversão do ser humano, no sentido de verdadeiramente perceber o que está ao seu redor, para que fosse possível sua preservação e libertação do consumismo. Além disso, tratando do outro extremo do tema, fez uma severa crítica aos divinizadores da natureza, que contestavam a legitimidade da intervenção sobre a natureza: "uma vez mais menospreza a sua dependência do desígnio do Criador" (João Paulo II, 1995a). Ratificou outra vez a ideia de que foi confiada ao ser humano a tarefa de cultivar e guardar o jardim do mundo (Gn 2, 15; Jó 38-41; Sl 104; Sl 147), de modo que assumia a responsabilidade sobre as coisas criadas, presentes e futuras. Trata da questão ecológica que, no texto bíblico, "encontra luminosa e forte indicação ética para uma solução respeitosa do grande bem da vida, de toda a vida" (João Paulo II, 1995a).

Em 13 de outubro de 2002, em sua mensagem para o XXII Dia Mundial da Alimentação, João Paulo II abordou o valor da água para a humanidade, inclusive pelo simbolismo para tantas religiões. Na mensagem, enfatizou a necessidade de consciência da importância desse recurso natural, aspirando um melhor comportamento humano com vistas para o consumo e para a proteção desse dom da Criação para as populações vindouras, prevalecendo, portanto, a ideia do consumo sustentável (João Paulo II, 2002). Por fim, na Exortação Apostólica Pós-Sinodal *Ecclesia in Europa*, de 2003, o Papa, no capítulo em que falava de "Devolver a esperança aos pobres", no parágrafo 89, faz um alerta para sempre nos lembrarmos de fazer bom uso dos recursos naturais, pois, do contrário, o planeta será mais impactado. Para servir a Deus é necessário incluir o cuidar da Criação da melhor forma possível, preservando também para utilização das futuras gerações (João Paulo II, 2003).

1.4.9 Papa Bento XVI (2005-2013)

Alguns teólogos e historiadores se referem ao Papa Bento XVI como "O Papa verde". A proteção ambiental foi um tema importante no papado de Bento XVI, pela frequência e entusiasmo com que o tratou (Disorbo, 2017, p. 32). Mesmo sem publicar um documento de cunho estritamente socioambiental, Bento XVI teve papel importante na Igreja nesse assunto, considerando que os papas difundem suas doutrinas por muitas vias, podendo ser de maneiras mais ou menos explícitas, com pouca ou muita publicidade e atenção da mídia.

Durante os oito anos de pontificado, divulgou oito mensagens ao Diretor Geral da ONU para a Alimentação e a Agricultura (FAO), por ocasião das comemorações do Dia Mundial da Alimentação. Em seis dessas oito mensagens (75,00% das mensagens) e de maneira consecutiva, entre 2006 e 2011, Bento XVI relacionou explicitamente os problemas de alimentação e agricultura às questões ambientais.

Na sua primeira mensagem, em 2006, enfatizou a importância da balança do consumo e da sustentabilidade, de modo que a ordem da Criação exige que seja estabelecida prioridade para as atividades humanas que não causem danos irreversíveis à natureza, produzindo o "equilíbrio sóbrio entre o consumo e a sustentabilidade dos recursos". O Papa enfatizou ainda a necessidade de um nível de consumo que não cause sofrimento aos menos afortunados, pois quando consumimos mais do que nossa necessidade, alguém sofre por isso de maneira direta ou indireta, com ou sem publicidade (Bento XVI, 2006a).

No parágrafo 3 da mensagem de 2007, esclareceu que se trata de prioridade a exploração sustentável dos recursos naturais como forma de combater a fome mundial, o que exige também considerarmos "os ciclos e o ritmo da natureza" e o abandono dos "motivos egoístas e exclusivamente econômicos" (Bento XVI, 2007).

O tema do Dia Mundial da Alimentação de 2008 foi "A segurança alimentar mundial: os desafios da mudança climática e das bioenergias", tema socioambiental que incluiu o conceito de refugiados ambientais, visto parte dos fluxos migratórios estarem associados à busca por alimento em outras regiões, pelos problemas ambientais da terra de origem. E, como motivo para a coexistência de abundância e penúria alimentar estão: corrida ao consumo; falta de vontade para concluir as negociações e para impedir os egoísmos de Estados; ausência de interesses políticos para acabar com movimentos especulativos; corrupção pública; uso inadequado de recursos financeiros quando priorizam investimentos em armamentos e tecnologias militares. Segundo as palavras do Papa, a Igreja sempre esteve próxima da FAO "sustentando constantemente os vossos esforços, a fim de que se possa dar continuidade ao compromisso em prol da causa do homem". O que significa "a abertura à vida, respeito pela ordem da Criação e adesão aos princípios éticos que, desde sempre, se encontram na base do viver social" (Bento XVI, 2008b).

Em 2009, o tema foi "Alcançar a segurança alimentar em tempos de crise", que incluiu a crise ambiental. Um tema que "interpela e faz compreender que os bens da Criação são limitados por sua natureza", sendo indispensáveis "atitudes responsáveis e capazes de favorecer a segurança procurada, pensando igualmente na das gerações vindouras", evitando o uso inadequado dos recursos naturais (Bento XVI, 2009c). Na mensagem de 2010, um dos aspectos tratados foi o direito à água, que a FAO sempre entendeu como essencial para a nutrição humana, para os trabalhos rurais e para a conservação da natureza (Bento XVI, 2010), tema que mereceu destaque de João Paulo II em mensagem pelo Dia Mundial da Alimentação de 2002. Já no evento de 2011, o Papa destacou a importância da mudança de atitude para a "sobriedade necessária no comportamento e nos consumos" para "favorecer [...] o bem da sociedade" e "das gerações futuras em termos de sustentabilidade, de tutela dos bens da Criação, de distribuição dos recursos" (Bento XVI, 2011b).

Além das mensagens para o Dia Mundial da Alimentação, Bento XVI deu um significado importante para o tema do meio ambiente e da sustentabilidade, apoiando-se na ideia de que os bens criados por Deus merecem respeito e devem ser usufruídos por todos, incluindo as gerações futuras. Tomando por base o tema dos bens criados, há uma nota que merece destaque para o então Arcebispo de Munique, Joseph Ratzinger. Reiterando preocupações anteriores ao seu período pontifical, escreveu um conjunto de homilias catequéticas, cujo tema foi a Criação, que recebeu o título em português "No princípio Deus criou o céu e a terra" (Ratzinger, 2013).

Para o Dia Mundial da Paz de 2007, Bento XVI publicou uma mensagem que teve nos seus parágrafos 8 e 9 o título de "A 'ecologia da paz'". Além de se utilizar de trechos da *Centesimus Annus* de João Paulo II, indicou a condição da vocação originária do ser humano de cuidar da natureza, dos demais seres humanos e de si, de sorte que, "juntamente com seus semelhantes, pode dar vida a um mundo de paz". Ainda segundo Bento XVI, existem três tipos de ecologia interdependentes: a ecologia da natureza, uma ecologia humana e a ecologia social. Para ele, a destruição ambiental pelo uso impróprio ou egoísta são reais causadores de conflitos e guerras, "precisamente porque são fruto de um conceito desumano de desenvolvimento". Dessa forma, o desenvolvimento que se limite ao aspecto técnico-econômico, deixando de lado a dimensão moral-religiosa, não pode ser considerado "um desenvolvimento humano integral e terminaria, ao ser unilateral, por incentivar as capacidades destruidoras do homem" (Bento XVI, 2006b).

Bento XVI, em seu discurso de 2008 na Assembleia Geral da ONU, evocou o conceito de "responsabilidade de proteger" conferido às nações, como forma de argumento nas questões de segurança, desenvolvimento, redução de desigualdades, proteção ambiental, gestão dos recursos naturais e manutenção do clima do planeta. Assim, entendia como certo que os governos deviam ser rápidos em suas ações, em especial com os indivíduos em condições mais vulneráveis (Bento XVI, 2008a).

Na Encíclica *Caritas in Veritate*, de 07 de julho de 2009, ao tratar do desenvolvimento dos povos, seus direitos e deveres, o Papa advertiu que esse tema está intimamente ligado à relação do ser humano com o ambiente natural e que não se pode ver a natureza simplesmente como resultado da evolução determinista. Esse ambiente natural está disponível para os seres humanos como um dom do Criador, que designou os ordenamentos intrínsecos, para que o ser humano tenha reais possibilidades de "guardá-la e cultivá-la" [a Criação] (Gn 2,13). Com seu modo de viver e com o desenvolvimento da ciência, o ser humano não tem o direito de destruir o meio ambiente, mas respeitar como obra e dom criado para o bem comum, de modo que o desenvolvimento humano não pode desconsiderar sua responsabilidade com a presente e futuras gerações. Fez questão de advertir que os países desenvolvidos são responsáveis pelos países pobres na busca de novas fontes de energias renováveis. Afirmou ainda que é válido para o ser humano "exercer um governo responsável sobre a natureza para guardá-la, colocá-la em seu proveito e cultivá-la também com novas formas e com tecnologias avançadas de modo que ela possa dignamente acolher e nutrir a população que a habita" (Bento XVI, 2009a).

Como consta no parágrafo 51, é imperativo fazer uma revisão séria do estilo de vida moderno, pendente ao hedonismo e ao consumismo, indiferente aos prejuízos causados por essas atitudes. Um novo modo de viver que supõe escolhas de consumo, poupança e investimentos, que se orientem pela busca do que é verdadeiro, belo e bom, em comunhão com os outros seres humanos. "A Igreja tem uma responsabilidade pela Criação", devendo defender não só a terra, a água e o ar como dons da Criação que a todos pertencem, devendo proteger "sobretudo, o homem contra a destruição de si mesmo", porque "quando a 'ecologia humana' é respeitada dentro da sociedade, também a ecologia ambiental é favorecida" (Bento XVI, 2009a), buscando sair do ciclo vicioso para algo virtuoso.

Um mês depois, publicou uma carta ao Presidente do Conselho Italiano, tendo em vista que alguns dias depois aconteceria o encontro do grupo dos oito países mais desenvolvidos do mundo, o G8. Nessa ocasião, fez um alerta para o multilateralismo para além das questões econômicas, tocando também nas "temáticas relativas à paz, à segurança mundial, ao desarmamento, à saúde, à salvaguarda do ambiente e dos recursos naturais para as gerações presentes e futuras", tornando as decisões "realmente aplicáveis e sustentáveis no tempo" (Bento XVI, 2009b).

Na proclamação do *Angelus* de 06 de dezembro de 2009, no trecho denominado "Depois do *Angelus*", por ser uma mensagem adicional, Bento XVI faz uma afirmação na véspera da inauguração da Conferência da ONU de Copenhague sobre as mudanças climáticas, o que reafirma o olhar atento da Igreja para as questões socioambientais que afligem a humanidade:

> [...] que os trabalhos ajudem a formular ações respeita-
> doras da Criação e promotoras de um desenvolvimento
> solidário, fundado sobre a dignidade da pessoa humana
> e orientado para o bem comum. A salvaguarda da Criação
> postula a adopção de estilos de vida sóbrios e responsáveis,
> sobretudo em relação aos pobres e às gerações vindouras
> (Bento XVI, 2009d).

Para celebrar o Dia Mundial da Paz de 2010, o tema utilizado por Bento XVI foi "Se quiseres cultivar a paz, preserva a Criação", colocando mais uma a vez a preocupação da Igreja para a questão socioambiental e estabelecendo uma relação importante entre os impactos ambientais e os conflitos entre os povos. Consciente do papel da Igreja, que é "perita em humanidade", o Papa deixou de apresentar soluções técnicas específicas, mas ao mesmo tempo apontou a necessidade de chamar a atenção de todos para a "relação entre o Criador, o ser humano e a Criação". Apresentou também a ideia de que a crise ambiental a que fomos submetidos teria forte relação com as mudanças climáticas, a desertificação, a perda de produtividade de áreas agrícolas, a poluição dos rios e dos lençóis freáticos, a perda da biodiversidade, o aumento de calamidades naturais e o desflorestamento (Bento XVI, 2009e).

O Papa afirmou que em consequência das questões ambientais surgem fenômenos: o crescimento do número de refugiados ambientais, ou seja, fluxos migratórios em decorrência das condições ambientais de origem; e os conflitos, potenciais ou reais, por causa de acesso aos recursos naturais. Todas as pessoas têm como dever a proteção do meio ambiente para que a paz prevaleça nas relações e seja possível gerar esperança para os mais jovens e para as gerações futuras.

No parágrafo 10, o Papa indica que a gestão sustentável dos recursos naturais deve acontecer "no campo da pesquisa científica e tecnológica e na aplicação das descobertas que daí derivam". A crise ecológica não precisa ser combatida "apenas por causa das pavorosas perspectivas que a degradação ambiental esboçada no horizonte"; e como principal motivação para essa luta, deve "ser a busca duma autêntica solidariedade de dimensão mundial, inspirada pelos valores da caridade, da justiça e do bem comum" (Bento XVI, 2009e).

Quando esteve no Parlamento Federal da Alemanha, em Berlim, em 22 de setembro de 2011, Bento XVI fez um discurso cujo cerne foi a objetividade da ética e da justiça, que devem ser vistas pelos conceitos filosóficos, religiosos e jurídicos. Uma ética e justiça que pressupõe o uso dos recursos da Criação de modo mais adequado e sensato. Nesse discurso, o Papa indicou que a ecologia é um tema de importância indiscutível, mas há a necessidade de entender que há uma ecologia humana a considerar e respeitar. O ser humano "não é uma liberdade que se cria a si própria" e o indivíduo "não se cria a si mesmo", é "espírito e vontade, mas é também natureza, e a sua vontade é justa quando respeita a natureza e a escuta" (Bento XVI, 2011a).

Igualmente ao que havia feito em dezembro de 2009, em 27 de novembro de 2011 o Papa falou ao final do *Angelus* difundindo os trabalhos da COP17, demonstrando atenção e acompanhamento dos trabalhos para a mitigação dos impactos ambientais, ou melhor: "que todos [...] concordem uma resposta responsável, credível e solidária para este preocupante e complexo fenômeno, tendo em conta as exigências das populações mais pobres e das gerações vindouras" (Bento XVI, 2011c).

Em outro momento, ao finalizar o discurso de 2012 para o Corpo Consular no Vaticano, Bento XVI demonstrou outra vez sua preocupação ambiental e sinalizou a sintonia com os grandes eventos em prol desse objetivo que afeta tanto os povos, que neste caso tratava-se da COP17 e da Conferência Rio+20, sendo que a primeira havia terminado recentemente e a outra aconteceria poucos meses depois e sob a expectativa de bons resultados, o que não se confirmou mais uma vez:

> [...] uma educação corretamente entendida não pode deixar de favorecer o respeito pela Criação. Não podemos esquecer as graves calamidades naturais que, ao longo de 2011, afetaram várias regiões [...]. A salvaguarda do ambiente, a sinergia entre a luta contra a pobreza e a luta contra as alterações climáticas constituem áreas importantes para a promoção do desenvolvimento humano integral. Por isso espero que [...] a comunidade internacional se prepare para [...] "Rio+20" [...] com grande sentido de solidariedade e responsabilidade para com as gerações presentes e as do futuro (Bento XVI, 2012).

Enquanto falava em uma audiência papal, no mesmo ano de 2012, o Papa relacionou a mudança climática e a natureza humana, articulando que o declínio das condições da natureza tem relação importante com a cultura dos povos, de modo que quando o ser humano é respeitado na sociedade, a natureza é beneficiada. O planeta é um presente do Criador,

CARTA ENCÍCLICA *LAUDATO SI'*: UM DIÁLOGO COM A CIÊNCIA SOCIOAMBIENTAL

que nos deu orientações que nos guiam como mordomos de sua Criação. É precisamente de dentro dessa estrutura que a Igreja considera questões relativas ao meio ambiente e sua proteção intimamente ligada ao tema do desenvolvimento humano integral (Disorbo, 2017, p. 33-34).

Esse conceito de "desenvolvimento humano integral" de Bento XVI, que foi tratado em sua Encíclica *Caritas in Veritate*, estabelece forte ligação com o conceito de "ecologia integral" do Papa Francisco na LS. Ambos os Papas acreditam que os valores que precisamos priorizar em nossas culturas estão fortemente relacionados ao cuidado com o meio ambiente. Se tivermos a real intenção de preservar a qualidade ambiental, será necessário promover duas mudanças: dos processos produtivos e de nossas prioridades morais. São modificações que estabelecem o afastamento do consumismo e a priorização da eficiência industrial, dirigidas para o equilíbrio social e econômico, cuidando do meio ambiente e das pessoas.

A mensagem de Francisco é semelhante à de Bento XVI, pois pedem uma mudança na conduta consumista. Na LS, Francisco escreve sobre a generalização da "cultura descartável", pois se temos a real intenção de ajudar as nações marginalizadas, há a necessidade de alteração da cultura do consumismo, comprando ou possuindo apenas o que for realmente necessário. Assim, as ações que promovam a preservação, grandes ou pequenas, devem ser apreciadas e não ridicularizadas por sua pequena contribuição para a sustentabilidade (Disorbo, 2017, p. 33).

1.4.10 Aspectos gerais

Para que haja compreensão dos aspectos mais relevantes da construção dessa etapa da pesquisa, atestou-se que a Igreja considera seu papel a evangelização dos povos por meio do anúncio do Evangelho, que por sua vez possui um conteúdo que se propõe a permitir uma vida digna às pessoas na condição terrena, e com vistas à possibilidade de eternidade celeste. Esse é um fato que propõe reflexões e atitudes em prol da proteção ambiental em função de sua relação estreita para a vida digna dos povos, o que ocorreu especialmente após o Concílio Vaticano II, quando foi percebido um diálogo entre a Igreja e o mundo.

Na prática, o trato com a preocupação social vem de um período anterior, mas as questões relativas ao tema socioambiental não aconteceram de maneira abrupta, mas de maneira gradual. Para nós, teve seu marco inicial com Leão XIII, com a publicação da *Humanum Genus* (Leão

XIII, 1884), quando foi apresentada a primeira citação de *bem comum*, que é uma das colunas da DSI, argumento que também foi utilizado pelo seu sucessor, Papa Pio X.

Pio XI, por sua vez, em 1937, com a Encíclica *Divini Redemptoris*, se apresentou contra o individualismo e a subversão da ordem natural, posicionando-se a favor do *bem comum* e da dignidade das pessoas, de modo que todos tivessem acesso ao mínimo necessário, inclusive os recursos da natureza.

Para o seu sucessor, Pio XII, importa considerar como relevantes os conteúdos da Encíclica *Sertum Laetitiae*, de 1939, e da sua mensagem radiofônica na solenidade de Pentecostes de 1941, que clamaram pelo *bem comum* e pela justiça, confiando à ciência e aos arranjos sociais a melhor forma de distribuição e utilização dos bens concedidos pelo Criador, afastando da Igreja a função de legisladora e ratificando o formato laico da sociedade.

João XXIII é considerado por nós nesta pesquisa como o primeiro Papa a produzir um conteúdo explicitamente socioambiental, ao contrário do que admitem outros estudos sobre o tema. Na mesma toada dos demais Papas, João XXIII fez referência à necessidade de produzir o bem comum de modo indiscriminado, merecendo destaque sua intenção de tratar e mitigar as desigualdades e os desequilíbrios existentes no mundo, saindo do tratamento local e indo para o planeta e suas disponibilidades. Combate os desperdícios de recursos naturais com vistas à produção e à conservação da dignidade humana, além de se antecipar na articulação do conceito de sustentabilidade, indicando sua preocupação com o futuro.

Porém, será em 1961, com a Carta Encíclica *Mater et Magistra*, que João XXIII estabelecerá um marco importante, visto que faz a seguinte declaração "Sem dúvida o mandamento divino de dominar a natureza não é imposto com fins destrutivos, mas sim para serviço da vida" (João XXIII, 1961). E, por meio da Carta Encíclica *Pacem in Terris*, de modo complementar e inédito, o Papa reconheceu que uma das formas de gerar ou produzir a manutenção da atmosfera de paz dos povos seria o desenvolvimento econômico com a finalidade de progresso social, com especial atenção para o acesso à água e ao saneamento básico.

Mais adiante, o Concílio Vaticano II, apesar de não ter produzido um discurso eminentemente ambiental, ainda assim contribuiu positivamente com a aproximação entre religião e ciência, entre a Igreja e o mundo. Além disso, merece atenção o princípio do destino universal dos bens, de modo que as ações e decisões sejam balizadas pelas necessidades individuais e coletivas da geração presente e cuidando das futuras também, o que estabelece real conexão com o que foi definido anos depois pela ONU, que foi o conceito de desenvolvimento sustentável ou sustentabilidade.

Quanto ao Papa Paulo VI, as contribuições podem ser percebidas em um número maior de documentos e referências socioambientais; mas, para efeito dessa articulação geral, merece destaque o fato de ter conseguido estabelecer claramente a ideia de que pode haver um desenvolvimento sustentável por meio do equilíbrio de forças e preservação dos recursos naturais, do progresso econômico, sempre com grande preocupação com o social, posicionando o ser humano como o grande receptor dos benefícios da natureza e do progresso alcançado pela humanidade. Além disso, examinou os novos problemas resultantes da nossa civilização urbana e industrial, especialmente sobre os jovens, as mulheres, os operários, as discriminações, as emigrações, o crescimento demográfico, os meios de comunicação e os impactos ambientais.

Adicionalmente, Paulo VI apoiou a primeira Conferência das Nações Unidas para o Meio Ambiente e tinha plena consciência de que as soluções para as questões apresentadas não seriam tranquilas, inclusive para a questão demográfica e para a preservação dos recursos para as futuras gerações, antecipando-se ao que foi ratificado 20 anos depois, no segundo grande evento da ONU para o meio ambiente. Tinha uma visão bem clara da necessidade de modificação dos processos produtivos, com vistas a evitar os impactos pelas várias possibilidades de contaminação do meio, ao que foi denominado um pouco mais tarde como Produção Mais Limpa (P+L).

Outra contribuição importante foi o conceito *res omnium*, isto é, coisa de todos, contrapondo-se à ideia de que o patrimônio ambiental fosse *res nullius*, de ninguém, como se pensava. Aquilo que fosse de todos, em princípio, todos cuidariam, ao contrário de quando não é de ninguém, não produzindo responsabilidade para todos. Para Paulo VI, o próprio conceito de desenvolvimento das pessoas e das nações, incluindo a prosperidade, precisam de ações de todos, de sorte que favoreçam a todos, o mundo "industrializado e sua imensa periferia". Aliás, para o Papa, "a miséria é o pior da poluição" (Paulo VI, 1972).

Na sequência, o Papa João Paulo II apresentou um conteúdo ainda mais completo que seus antecessores, reafirmando a posição da Igreja estar em gradativo desenvolvimento nas questões socioambientais. Para ele, a exploração abusiva dos recursos naturais ameaça o meio ambiente e o ser humano. O tema socioambiental percorreu praticamente todo seu pontificado: sempre considerou preocupante a forma como o meio ambiente e as pessoas estavam sendo tratadas, inclusive em seu pronunciamento na sede ONU.

Entendo como importante sua preocupação pela preservação dos ritmos da natureza, que foi retomado pelo Papa Francisco por meio do conceito de *"rapidacion"* (LS, 18), além de repetir o que já havia sido compreendido pela Igreja, que a ideia de domínio deveria ser conduzida com cuidado e respeito pelas coisas criadas; adicionalmente, repisa a necessidade de preservação das condições mínimas para as gerações futuras, e condenou o consumismo e o hedonismo.

Por meio do Catecismo da Igreja Católica publicado no seu pontificado, outro aspecto importante apresentado por Francisco foi concebido como uma realidade para as pessoas. O Catecismo da Igreja Católica apresentou o ser humano como integrante ao restante da Criação, reconhecendo o cristão como aquele que tem o dever de combater a injustiça e tudo aquilo que gera pobreza. Outra questão defendida pelo Papa e que permanece até esse momento é que a degradação ambiental não deve ser mitigada por meio de controle demográfico, sendo necessário corrigir os erros cometidos por meio da educação e da mudança de estilo de vida baseado no consumismo.

Com relação a Bento XVI, esse conteúdo socioambiental continua em crescimento quantitativo e qualitativo, sendo relevante o número de documentos dirigidos à ONU que consideraram o tema em questão como importante. Uma das principais reivindicações e argumentos utilizados pelo Papa foi a necessidade do estabelecimento do consumo equilibrado, da sustentabilidade, da mitigação do efeito estufa e do combate à fome, protegendo e melhorando as condições de vida dos mais vulneráveis. Indica ainda a condição de que a paz entre os povos está ligada à preservação da Criação, externando preocupações diante dos fluxos migratórios.

Bento XVI antecipou o conceito de "ecologia integral" de Francisco por meio da ideia de "desenvolvimento humano integral", que foi tratada em sua Encíclica *Caritas in Veritate*. Ambos os Papas acreditam que o conjunto de valores que precisamos priorizar em nossas culturas e na sociedade está intimamente relacionado ao cuidado com o meio ambiente.

Assim, após apresentarmos a visão do Vaticano sobre o tema da pesquisa, entendo como necessária a apresentação do pensamento ecológico e socioambiental na América Latina e no Brasil, o que será feito por meio da avalição dos documentos elaborados durante as Conferências Episcopais da América Latina (CELAM) e os conteúdos produzidos pelas Campanhas da Fraternidade, cuja responsabilidade no Brasil é da Conferência Nacional dos Bispos do Brasil (CNBB).

1.4.11 O tema socioambiental nas CELAM e no Brasil (CNBB)

Quando se evoca o tema socioambiental, entende-se como importante a apresentação das condições como esse tema foi articulado na América Latina e no Brasil, pela importância dessas regiões para a Igreja, pela população envolvida, pela biodiversidade existente, pela maneira como o assunto foi tratado no decorrer da história e por se tratar da região de origem do Papa Francisco; momento em que surgirão informações anteriores ao seu papado que conduzam a uma melhor compreensão de sua percepção sobre os aspectos centrais deste trabalho. Assim, o que se pretende é analisar o andamento das discussões na América Latina e no Brasil sobre os aspectos socioambientais, por meio das CELAM e das Campanhas da Fraternidade; eventos basilares da Igreja regional, os quais serão tratados a seguir, separadamente.

Com a finalidade de esclarecimento geral, o início das conferências episcopais se deu no século XVI por força das dificuldades naturais para reunir os bispos nas reuniões denominadas concílios, intensificando-se a partir do século XIX (Fonseca, 2009, p. 2). Enquanto o concílio é a forma mais tradicional para discussão das questões que envolvem a Igreja, as conferências episcopais possuem caráter mais localizado, possibilitando o tratamento de particularidades inerentes à região de interesse, e não só de temas mais gerais.

Para tratar do tema, o Código de Direito Canônico possui um capítulo específico dentro da "Constituição Hierárquica da Igreja", que é o capítulo IV, "Das Conferências Episcopais", que define o que é uma conferência episcopal:

> A Conferência episcopal, instituição permanente, é o agrupamento dos Bispos de uma nação ou determinado território, que exercem em conjunto certas funções pastorais a

> favor dos fiéis do seu território, a fim de promoverem o maior bem que a Igreja oferece aos homens, sobretudo por formas e métodos de apostolado convenientemente ajustados às circunstâncias do tempo e do lugar, nos termos do direito (Código De Direito Canônico, 1983, §447).

Não posso deixar de citar, pelo menos para efeito de registro, que em 2004 a CNBB lançou o Caderno 1, de um total de três, abordando a DSI. Especialmente no capítulo 8, cujo título é "A comunidade internacional", pretende-se confirmar os conceitos que atualmente o Papa Francisco nos apresenta, que são *família humana* e *casa comum*, incluindo seu processo de formação, as origens da crise da civilização, os desafios presentes e como a DSI pode ajudar na solução (Lestienne, 2004, p. 121-135). Com relação aos desafios que toda a humanidade enfrenta e que carecerá de esforço conjunto para a solução que produza o *bem comum*, foram listados cinco, que são, sinteticamente, a fome, os impactos ambientais, a crise cultural, o controle das tecnologias e a defesa da liberdade humana (Lestienne, 2004).

Para efeito de avaliação do tema socioambiental, tomei como base os documentos resultantes dos cinco encontros latino-americanos; e, no que se refere ao Brasil, as 57 Campanhas da Fraternidade (CF), os quais apresento a seguir e pela ordem.

1.4.11.1 Conferência Episcopal Latino Americana (CELAM)

A CELAM é constituída por 22 conferências episcopais: Antilhas, Argentina, Bolívia, Brasil, Chile, Colômbia, Costa Rica, Cuba, El Salvador, Equador, Guatemala, Haiti, Honduras, México, Nicarágua, Peru, Panamá, Porto Rico, Paraguai, Uruguai, República Dominicana e Venezuela (Fonseca, 2009, p. 3).

Como precursor da CELAM, um primeiro evento ocorreu em Roma entre os dias 28 de maio e 9 de julho de 1899, por convocação do Papa Leão XIII. Naquela oportunidade foi denominado Concílio Plenário da América Latina e tinha como objetivo principal a unificação das diretrizes das disciplinas eclesiásticas (Paula, 2010, p. 23). O primeiro desses encontros aconteceu no Brasil, na cidade do Rio de Janeiro, no ano de 1955, que foi seguido de mais quatro eventos, de acordo com o que apresentarei a seguir e demonstrarei no quadro que segue (CELAM, 2005, p. 8-13; 2016, p. 3).

Quadro 1 – CELAM

Evento	Local	Período	Papa
I CELAM	Rio de Janeiro – Brasil	25/07/1955 e 04/08/1955	Pio XII
II CELAM	Medellín – Colômbia	26/08/1968 e 04/09/1968	Paulo VI
III CELAM	Puebla de los Angeles – México	27/01/1979 e 13/02/1979	João Paulo II
IV CELAM	Santo Domingo – República Dominicana	12/10/1992 e 28/10/1992	João Paulo II
V CELAM	Aparecida - Brasil	13/05/2007 e 31/05/2007	Bento XVI

Fonte: o autor (2020)

Especificamente sobre o tema socioambiental, o que se percebeu ao longo desta pesquisa foi um acréscimo bastante significativo de importância dada a esse tema, conforme essas conferências foram acontecendo. Não foi encontrada nenhuma citação socioambiental no texto final da sua primeira edição do ano de 1955, chegando ao expressivo número de 24 citações em 2007; além disso, o tema recebeu espaços próprios e direcionados a partir de 1992, na IV CELAM. Elaborei o Gráfico 1 para evidenciar a alta importância dada ao tema socioambiental; ele demonstra essa curva ascendente, considerando a quantidade de citações por evento ocorrido.

Gráfico 1 – O tema socioambiental na linha de tempo da CELAM

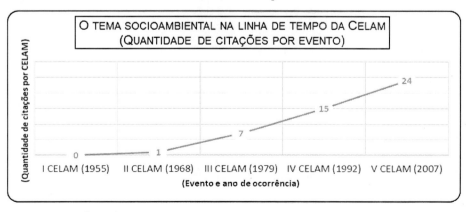

Fonte: o autor (2020)

Percebe-se um aumento da preocupação à medida que o tempo passa, seguindo também uma tendência de fora da própria Igreja Católica, visto que até o ano de 1968 não haviam grandes preocupações mundiais relevantes que sugerissem uma grande reação. Em 1979, percebeu-se reflexos do primeiro evento mundial da ONU para as questões ambientais de 1972. Na ocasião da quarta edição da CELAM, em 1992, o mundo já demonstrava preocupações com o rumo que estávamos dando para o nosso planeta. Assim, a Igreja da América Latina, que já observava os movimentos preparatórios para a ECO-92, acabou por transmitir sua apreensão no documento final de Santo Domingo. Para efeito de registro, a Igreja esteve presente na ECO-92 por meio de um representante oficial do Vaticano e da hierarquia católica do Brasil, cujas presenças se deram em vários dos eventos oficiais e paralelos (Silva; Cassiano; Gama; Nascimento, 2015, p. 49).

Em Aparecida, o tema ganhou força com um discurso mais maduro e coerente, acompanhando o pensamento do restante da sociedade civil, e cujo conteúdo apresentarei com mais detalhes no ponto 1.4.11.1.5 para uma melhor compreensão.

1.4.11.1.1 I CELAM – Rio de Janeiro (1955)

Como foi possível observar no Gráfico 1, a CELAM realizada no Rio de Janeiro não teve qualquer menção ao tema socioambiental. Essa ausência se deve à época, por não se ter qualquer tratamento das questões de modo mais sistêmico. A primeira edição da CELAM teve como alvo a escassez de sacerdotes, sendo, portanto, uma grande convocação a todos para uma colaboração mais efetiva em favor das vocações sacerdotais.

1.4.11.1.2 II CELAM – Medellín (1968)

A questão socioambiental foi tratada em Medellín apenas no quarto parágrafo da introdução, quando se evidenciou o alto grau de transformação pelo qual a América Latina estava passando e os efeitos produzidos, afetando os seres humanos desde a economia até os aspectos religiosos. Pela percepção daquele momento, tratava-se de um período de inflexão histórica, com cunho de emancipação, libertação, amadurecimento e integração coletiva, que tinha como fomento e dinamismo a força do Espírito de Deus em cada indivíduo. Esse dinamismo e progresso proporcionava um gradativo domínio da natureza, argumento que à época não sofreu

CARTA ENCÍCLICA *LAUDATO SI'*: UM DIÁLOGO COM A CIÊNCIA SOCIOAMBIENTAL

críticas, visto que as questões ambientais ainda estavam em desenvolvimento, mas que certamente provocou, num momento posterior, muitas críticas por força de interpretações equivocadas ou pelo uso de afirmações como essa para justificar comportamentos. Vale observar que a época não forneceu muitos subsídios para a inclusão da temática ambiental, visto ser 1968 o início do desenvolvimento de uma consciência ambiental, a partir das manifestações de maio na França, o Clube de Roma etc.

1.4.11.1.3 III CELAM – Puebla de Los Angeles (1975)

A III CELAM teve grande preocupação com aspectos estratégicos da evangelização do povo da América Latina. Os bispos dessa conferência manifestaram preocupações com a aplicação efetiva do discurso e protestaram em favor da conversão e da instauração de uma cultura do amor guiada por Jesus Cristo.

O documento final dessa Conferência foi composto por cinco partes: I) Visão pastoral da realidade latino-americana; II) Desígnio de Deus sobre a realidade da América Latina; III) A evangelização na Igreja da América Latina: comunhão e participação; IV) Igreja missionária a serviço da evangelização na América Latina; V) Sob o dinamismo do Espírito: opções pastorais. No que se refere ao tema de interesse, os aspectos socioambientais, o documento conclusivo apresentou sete citações, as quais estão localizadas nos parágrafos 3, 8, 139, 327, 496, 1236 e 1264.

É possível perceber a preocupação com o reconhecimento dos direitos das pessoas de usufruírem dos bens da natureza de maneira apropriada e proporcional, segundo suas legítimas aspirações, considerando que essa natureza é uma realização de Deus e não pode ser destruída. Há também uma advertência aos países desenvolvidos sobre os obstáculos que estavam sendo colocados contra o progresso da América Latina, além de um pedido para que os países do hemisfério Norte colaborassem para a superação do subdesenvolvimento, respeitando a cultura, princípios, soberania, identidade e recursos naturais. Foi um discurso muito em linha com os demais que foram feitos nas mais diferentes ocasiões, que entendiam que as precauções pedidas poderiam ser mais uma barreira para o progresso regional, que os resultados das feridas já experimentadas por aqueles países. De fato, o que se percebeu posteriormente é que seria possível evitar uma grande quantidade de problemas ambientais e sociais, caso estivéssemos mais atentos.

Na esteira dos resultados obtidos em Estocolmo-1972, o documento fez uma advertência enfática, pedindo a modificação das ações dos seres humanos, com vistas à preservação e proteção da natureza e dos seres vivos. Insiste, acentuando que, caso a tendência não se modifique, "continuará a deteriorar-se a relação do homem com a natureza pela exploração irracional de seus recursos e a contaminação do ambiente" (III CELAM, 139), produzindo prejuízos ambientais e para o ser humano.

No parágrafo 327, além de um pedido de união fraterna e colaborativa em favor dos mais necessitados, estabeleceu-se a condicionante de avaliação das ações "tendo-se em conta o respeito da ecologia", em detrimento das questões, que até podem ser importantes, mas que não podem ser produtoras de impactos negativos ao meio ambiente. Esse documento indicou a necessidade de tomada de consciência para os efeitos negativos resultantes da industrialização, da urbanização e do consumismo, visto que proporcionam a exaustão dos recursos naturais e a piora da qualidade ambiental, especialmente para os mais pobres, que são a maioria no mundo.

Quase ao fim do documento, quando se traçaram os objetivos, as opções e as estratégias, há uma sentença que está integrada à sustentabilidade pelo conceito intergeracional, de modo que há necessidade de busca pela utilização responsável da natureza em razão daqueles que ainda estão por nascer, ou seja: "preservar os recursos naturais criados por Deus para todos os homens, a fim de transmiti-los como herança às gerações vindouras" (III CELAM, 1236). O discurso avançou na ideia dos antagonismos pobre-rico, humanismo-materialismo, egoísmo-altruísmo e liberdade-manipulação, de modo que o resultado desse desbalanceamento afetaria a soberania das nações, incluindo-se nisso o domínio dos recursos naturais.

1.4.11.1.4 IV CELAM – Santo Domingo (1992)

Vinte anos depois de Estocolmo-1972 e no mesmo ano em que aconteceu a ECO-92, a IV CELAM encontra-se no contexto da celebração dos 500 anos do início da ação evangelizadora no Novo Mundo. Essa conferência episcopal apresentou três objetivos principais: prosseguir e aprofundar as orientações das duas últimas conferências; celebrar a fé e a mensagem do Senhor crucificado e ressuscitado; definir a nova estratégia de evangelização para os próximos anos. É certo que a América Latina passou por muitas mudanças desde 1979, quando aconteceu o último encontro. A situação política dos países dessa região sofreu mudança, passando de ditaduras de distintos matizes para regimes políticos com tendências mais democráticas. Foi possível perceber que nos anos de 1980 se acentuou a urbanização, evidenciando a miséria de boa parte da população.

O documento final de Santo Domingo apresentou linhas pastorais destinadas à forma de agir dos cristãos, incentivando a responsabilidade nas escolhas por modelos de desenvolvimento que produziriam impactos ambientais e sociais. Entre essas linhas há: reeducação dos mais jovens diante do calor da vida, a interdependência dos ecossistemas, o cultivo da espiritualidade que recupere o sentido da presença de Deus na Criação, dar valor à nova plataforma de diálogo que a crise criou, e o questionamento da riqueza e do desperdício (Nahra *et al.*, 2014, p. 69).

No que tange aos aspectos socioambientais, além das 15 citações encontradas no documento final, encontram-se outras duas citações no discurso inaugural proferido pelo Papa João Paulo II, nos itens 22 e 23, um discurso em que o Papa explica que a reverência e a veneração a Deus precisa ser expressa por meio de práticas, incluindo-se o respeito pela natureza e a contraposição à exploração desordenada dos recursos naturais, visto produzirem a degradação da qualidade de vida das pessoas. Assim, a Igreja entende seu papel na questão ambiental e convida os governos a protegerem a riqueza de bens naturais para servir os seres humanos.

O ser humano deixou de ser solidário e destruiu a harmonia da natureza à medida que separou os seus planos do projeto de Deus criador, produzindo com isso uma série de problemas, incluindo a destruição do meio ambiente, "enfim, tudo o que caracteriza uma cultura de morte" (IV CELAM, 9). Ao abordar a intensificação do diálogo inter-religioso, apresentou-se uma série de atitudes, dentre as quais são destacáveis a promoção da paz e da dignidade humana, além da colaboração em defesa da Criação e do equilíbrio ecológico.

No documento final de Santo Domingo, notou-se uma importante novidade em comparação com as CELAM anteriores: a inclusão de um espaço próprio para o tratamento de aspectos ecológicos, "2.2.2. Ecologia"; momento em que se aborda a Criação como obra de Deus e presença do Espírito Santo, afirmando que "quando o ser humano, chamado a entrar nesta aliança de amor, se nega, o pecado do homem afeta sua relação com Deus e com toda a Criação" (IV CELAM, 169).

Na sequência, foram estabelecidas três sentenças como desafios pastorais: a) a gravidade da crise ecológica mundial denunciada pela ECO-92; b) o estado de adoecimento e deterioração dos aglomerados urbanos, os sérios problemas enfrentados pelos camponeses e indígenas em suas terras, incluindo as dificuldades de se praticar os conceitos do desenvolvimento sustentável; c) a necessidade de promoção da justiça e solidariedade por meio do princípio de uma ética ecológica. Decorrente desses desafios pastorais, foram estabelecidas cinco linhas pastorais: a) os cristãos são tão responsáveis como os demais indivíduos pelo que está ocorrendo no planeta; b) promover a educação ambiental; c) valorizar o novo momento criado pelas percepções ambientais e questionar a riqueza e o desperdício de recursos; d) estimular a espiritualidade da Santíssima Trindade criadora e presente na natureza; e) considerar os pobres como modelos de vida pela sobriedade, parcimônia e espírito de partilha.

Nas últimas três citações do documento final da Conferência de Santo Domingo (IV CELAM, 252; 255; 264), nota-se que os argumentos se entrelaçam, denunciando um mau uso da razão, do conhecimento e dos bens disponíveis, conduzidos por um estilo de vida consumista, relativista, privilegiando a consciência pessoal e a ordem temporal, deixando de se importar com o próximo, buscando inclusive uma autonomia em relação à natureza e seu domínio.

Levando-se em conta essa condição atribuída ao ser humano, a solução apresentada como antídoto para esse jeito novo de se viver seria a ação por meio de um processo educativo com base cristã, possibilitando a transformação de cada pessoa em uma "nova criatura" (2 Cor 5,17). Essa educação seria capaz de produzir a abertura do indivíduo para o Criador, para os demais como verdadeiros irmãos, e para o mundo, possibilitando a prática da sua função de zelador, ou seja, de "cultivar" e "guardar" os dons da Criação (Gn 2, 15; Jó 38-41; Sl 104; Sl 147).

1.4.11.1.5 V CELAM – Aparecida (2007)

Convocada pelo Papa João Paulo II e confirmada pelo Papa Bento XVI, a Conferência de Aparecida aconteceu entre os dias 13 e 31 de maio de 2007, na cidade de Aparecida em São Paulo, e teve como tema uma inspiração advinda de um trecho da narrativa do Evangelho de João (Jo 14, 6): "Discípulos e Missionários de Jesus Cristo, para que nele nossos povos tenham vida". Além da importância concedida às questões socioambientais, essa conferência tem uma particularidade que confere relevo bem especial para este estudo, que foi a participação do então Cardeal Arcebispo de Buenos Aires, Dom Jorge Mario Bergoglio, como secretário e relator; ou, pelas palavras de Sergio Rubin e Francesca Ambrogetti: "[Dom Bergoglio] foi eleito por ampla maioria presidente da estratégica comissão relatora do documento final, uma responsabilidade bastante relevante" (Rubin; Ambrogetti, 2013, p. 13-14).

Mais que os fragmentos que contemplam explicitamente o tema socioambiental, que poderiam estar dispersos e diluídos no texto como um todo, há reuniões de parágrafos convergindo para subcapítulos, o que demonstra claramente a importância conferida ao assunto, tais como os presentes nos itens 2.1.4, 3.5 e 9.8, que respectivamente apresentam os seguintes títulos: "Biodiversidade, ecologia, Amazônia e Antártida"; "A boa nova do destino universal dos bens e da ecologia"; "O cuidado com o meio ambiente". É dessa maneira que se pode compreender uma maior preocupação com o tema em destaque, por meio do sensível aprimoramento quantitativo e qualitativo demonstrado no Documento de Aparecida (DAp).

Esse documento apresentou a natureza como herança e lugar para a convivência, que precisa de cuidado e proteção. Defendeu também que nas intervenções realizadas na natureza não predominem os interesses de grupos econômicos e tecnológicos, garantindo a melhoria da qualidade de vida das gerações futuras. Porém, por ter focado "mais em Cristo, sua redenção e missão, no documento há poucos textos bíblicos relacionados à Ecologia da Criação, não sendo abordado de forma adequada o cuidado com a Natureza dentro da missão evangelizadora", segundo argumento de Severino A. da Silva (2018, p. 88).

O texto apresenta a ideia essencial do papel que os seres humanos precisam desempenhar, que até então estava com problemas de interpretações ao longo da história, considerando que por muito tempo as pessoas entenderam que poderiam dominar o mundo e fazer dele o que bem entendessem. Assim, ao contrário, os indivíduos precisariam exercer a função de colaboradores e cuidadores responsáveis da casa pertencente a todos e que foi um presente de Deus. O DAp (CELAM, 2016) indicou claramente que a velha forma de "dominar" os dons da Criação é exercida pelas instituições financeiras e pelas empresas transnacionais, fato que garante a continuidade dos mais diversos tipos de danos socioambientais, provocados pela ausência da prática da sustentabilidade no estilo de vida dos indivíduos.

Cinco parágrafos do subitem 2.1.4 foram destinados a tratar da biodiversidade, ecologia, Amazônia e Antártida, de modo que os temas foram devidamente apresentados e, além disso, exibiram claramente as preocupações e necessidade de proteção em benefício das pessoas mais frágeis e menos favorecidas; considerando que os exploradores se apropriam de maneira imprópria e em desacordo com o bem comum, a exemplo do que já havia sido apresentado em parágrafos anteriores do documento. Contrariamente ao modelo vigente de exploração desmedida de recursos e pessoas, os parágrafos 113 e 122 lançaram um efeito de esperança para as próprias ações dos seres humanos, por força da convocação feita por Jesus para que todos nós sejamos capazes de cuidar do ambiente que nos rodeia e dos dons para a melhor conduta diante das demais pessoas e do meio ambiente, dons que foram fornecidos pelo Criador de todas as coisas.

Por sua vez, os parágrafos 125 e 126 foram produzidos para traduzir a ideia do item 3.5, "A boa nova do destino universal dos bens e da ecologia", no qual se pode perceber claramente uma das sementes da *Laudato Si'*, não somente pela explícita referência do Cântico das Criaturas de São Francisco, mas especialmente pela apresentação da ideia de casa comum, ou melhor:

> "Nossa irmã a mãe terra" é nossa casa comum e o lugar da aliança de Deus com os seres humanos e com toda a Criação. Desatender as mútuas relações e o equilíbrio que o próprio Deus estabeleceu entre as realidades criadas, é uma ofensa ao Criador, um atentado contra a biodiversidade e, definitivamente, contra a vida. O discípulo missionário, a quem Deus confiou a Criação, deve contemplá-la, cuidar dela e utilizá-la, respeitando sempre a ordem dada pelo Criador. (DAp, 125).

Além disso, fica evidente no seu conteúdo a necessidade do desenvolvimento de modo sustentável, possibilitando o fornecimento da proteção das gerações futuras, sem deixar de abastecer de modo digno as gerações do tempo presente, visto que "os recursos são cada vez mais limitados" e "seu uso deve estar regulado segundo um princípio de justiça distributiva" (DAp, 126), conceito reforçado no parágrafo 403.

Outro momento importante contido no DAp, para fins de identificação com os argumentos da *Laudato Si'*, lê-se nas propostas apresentadas no parágrafo 406, que serão discutidas em momento oportuno, as quais podem ser destacadas da seguinte forma: "economia solidária e um desenvolvimento integral, solidário e sustentável"; "colocar em prática princípios fundamentais como o bem comum (a casa é de todos), a subsidiariedade, a solidariedade intergeracional e intrageracional" (DAp, 406).

O item 9.8, por sua vez, abordou o tema "O cuidado com o meio ambiente" e se iniciou com a qualificação dos indivíduos como seguidores de Jesus Cristo e, por isso, receberam a convocação para uma comunhão com Deus, com os demais e com a Criação; assim, "o ser humano deve fazer uso delas com cuidado e delicadeza" (DAp, 470). Esse item 9.8 tratou desse cuidado com o meio ambiente ao longo de seis parágrafos, do 470 até o 475. Iniciou-se com a indicação do papel das pessoas e seguiu com a condição de fragilidade da Criação, que é uma herança de Deus, suscitando a necessidade premente de proteção pelos seres humanos. Ao mesmo tempo que indicou a necessidade de proteção do mundo criado, imprimiu importância na proteção e no cuidado que merece a "ecologia humana" (DAp, 472), de modo especial para os camponeses e indígenas, pela condição de vulnerabilidade.

É diante dessas afirmações que foram apresentadas algumas sugestões, saindo da mera acusação e teorização, propondo e orientando em direção à superação da onda de devastações e dos riscos às pessoas e ao meio ambiente. Diante disso, podem ser destacadas as seguintes sugestões: "evangelizar nossos povos para que descubram o dom da Criação"; "aprofundar a presença pastoral nas populações mais frágeis e ameaçadas pelo desenvolvimento predatório"; "procurar um modelo de desenvolvimento alternativo, integral e solidário"; "empenhar nossos esforços na promulgação de políticas públicas e participações cidadãs que garantam a proteção, conservação e restauração da natureza"; "determinar medidas de monitoramento e controle social sobre a aplicação dos padrões ambientais internacionais nos países" (DAp, 474).

No que se refere ao parágrafo 475, verificou-se a antecipação das preocupações envolvendo as questões do território amazônico, alvo de tantas preocupações pelo mundo afora – que se manifestaram no nosso tempo com o Sínodo da Amazônia, ocorrido entre 06 e 27 de outubro de 2019 –, e os temas discutidos foram os problemas resultantes da exploração das riquezas da região, as questões das tradições locais e a assistência pastoral nesse território de proporções continentais.

Seguindo para o fechamento das referências socioambientais no DAp, é possível encontrar os parágrafos 491 e 494. O primeiro se apresenta em um tom de agradecimento e incentivo aos seguidores de Jesus Cristo por serem difusores de uma cultura de preservação da vida por meio de uma série de ações, inclusive pela proteção da natureza; enquanto, no parágrafo 494, o tema é a possibilidade da relação entre razão e fé, de modo que a compreensão do amor de Deus pode ocorrer por meio da contemplação da beleza existente na Criação e na natureza.

Em tempo, entendo ser válido considerar os comentários de Agenor Brighenti, que faz uma avaliação entre o texto original e o oficial do DAp, incluindo a relação com o Cardeal Bergoglio. Para o autor, o texto original antes de ser oficializado sofreu cerca de 250 alterações. Diante da negativa da Presidência da Conferência pela autoria das mudanças e oficiosamente do próprio Papa Bento XVI, que se limitou a autorizar sua publicação, os censores do original nunca foram revelados. O mais curioso disso "é constatar que o Papa Francisco, desde a primeira- -hora de seu pontificado, em seus pronunciamentos e documentos, tem resgatado praticamente tudo aquilo que os censores do texto original de Aparecida tinham suprimido" (Brighenti, 2016, p. 673-674), entre os quais: as questões econômicas, o papel das mulheres, a ecologia, as comunidades eclesiais e a vida consagrada.

Por fim, como foi possível observar nesta longa explanação, a exem- plo do que aconteceu na ONU e no Vaticano, há uma curva crescente na tratativa das questões e dos problemas sociais e ambientais que faz parte desta obra, que pode ser considerada também como reativa e colocando o ser humano em um papel central, como personagem zelador e recebedor dos benefícios dos dons criados por Deus.

A preocupação socioambiental aumenta no decorrer do tempo e seguindo tendência externa à Igreja, pois até 1968 as preocupações ambientais eram irrelevantes, ao passo que em 1979 foi nítida a influência da Conferência de Estocolmo. Fato que se repetiu anos mais tarde na IV CELAM, em 1992, quando a ECO-92 estava em preparação. Na CELAM de Aparecida, o tratamento concedido ao tema foi bem maior e mais maduro, incluindo as preocupações com a Amazônia, em sintonia com a sociedade civil. Contudo, há que se reconhecer também os efeitos advindos da inclu- são desse assunto durante esse mesmo período nos discursos do Vaticano, fato que deve ter produzido forte influência na Igreja da América Latina.

Uma questão adicional e de fundamental importância para a pes- quisa em curso foi o aspecto seminal para a Encíclica *Laudato Si'* quando analisado o conteúdo do documento final de Aparecida, que teve o Cardeal Jorge Bergoglio como o relator.

A seguir, como indicado anteriormente, abordarei esse mesmo tema no Brasil, por meio do que foi produzido pela CNBB. Desse modo será possível entender a condição de escalada da preocupação socioambiental nos discursos apresentados pelas Campanhas da Fraternidade.

1.4.11.2 CNBB

Como grande instrumento para tratar das questões pertencentes ao seu foco, a CNBB dispõe da Campanha da Fraternidade (CF), que é realizada anualmente com o objetivo de despertar a solidariedade dos católicos e da sociedade em relação a problemas concretos que envolvem a sociedade brasileira, procurando caminhos para a solução ou mitigação dos problemas e suas consequências. A cada ano um novo tema é escolhido, que define a realidade concreta a ser transformada; acompanhado por um lema, que explicita em qual direção se busca essa transformação. Via de regra, além do tema, a CF possui um cartaz, um hino e sempre apresenta um lema, que é geralmente um versículo bíblico a partir do qual se desenvolvem as reflexões sobre o assunto a ser tratado.

Esse instrumento da Igreja surgiu no Concílio Vaticano II, cujo objetivo seria promover a reflexão sobre temas relevantes para a vida das pessoas, promovendo mudanças de atitudes pelo princípio do cuidado, por meio de uma ética centrada na vida (Nahra *et al.*, 2014, p. 61-62); de grande importância pelo seu viés de responsabilidade social, não apenas expõe, mas propõe uma fraternidade concreta para os indivíduos (Villas Boas, 2012, p. 232).

As Campanhas estão divididas em três fases no decorrer de sua história: a) a primeira etapa, de 1964 a 1972, foi centrada nas questões da própria Igreja; b) a segunda fase, entre 1973 e 1984, abordou as questões sociais brasileiras; c) e a terceira etapa, a partir do ano de 1985, quando as questões sociais passaram a ser tratadas de maneira mais específica. Dos 57 temas lançados até 2020, sete deles são explicitamente socioambientais, o que significa 12,28% de todas as CF até o momento. Quando consideradas as Campanhas realizadas no século XXI, o tema salta para 25,00% (um em cada quatro temas), fato que estabelece uma tendência bastante importante, inclusive quando se percebe que por dois anos consecutivos, em 2016 e 2017, a temática socioambiental foi abordada de maneira bem particular, haja vista a estreita relação com a Encíclica *Laudato Si'*.

Ao inserir a temática socioambiental de maneira explícita, a Igreja brasileira manifesta sua consciência sobre a gravidade do tema e "se propõe a trocar experiências e encontrar caminhos para superar esses problemas" (Silva, 2018, p. 96); ao mesmo tempo, sugere e promove ações práticas de conscientização para um comportamento individual e coletivo com vistas ao respeito e ao cuidado ambiental.

Para que seja possível uma melhor compreensão dos detalhes que cercaram as sete CF cujos temas foram explicitamente socioambientais e que foram mencionadas anteriormente, cada uma delas será registrada a seguir, por ordem cronológica, contendo o tema, o lema e o objetivo geral.

I. Por um mundo mais humano (1979): Preserve o que é de todos. A ecologia provoca todos a uma nova mentalidade, de modo que seja possível se superar o egoísmo, a ganância de possuir mais a qualquer preço. Há a necessidade de preservação do ar, da água, da flora e da fauna, que são elementos necessários ao próximo.

II. Fraternidade e terra (1986): Terra de Deus, Terra de Irmãos. Convocar a todos para uma ação conjunta de preces, reflexões e mobilização sobre o gravíssimo problema da questão da terra no Brasil a ser solucionado, dentro da justiça e da fraternidade.

III. A fraternidade e a água (2004): Água, fonte de vida. Conscientizar a todos de que a água é uma necessidade dos seres vivos e é fonte da vida, sendo um direito da pessoa humana à água com qualidade, tanto no presente quanto para as futuras gerações.

IV. Fraternidade e Amazônia (2007): Vida e missão neste chão. Conhecer os povos da Amazônia e as agressões que sofrem por causa do atual modelo econômico e cultural, a fim de chamar à conversão, à solidariedade, a um novo estilo de vida e a um projeto de desenvolvimento humano baseado nos valores humanos e evangélicos.

V. Fraternidade e a vida no planeta (2011): "A Criação geme em dores de parto" (Rm 8, 22). Cooperar na conscientização de todos da gravidade do aquecimento global e das mudanças climáticas, motivando-os a participar dos debates e das ações de enfrentamento do problema, para preservar as condições de vida na Terra.

VI. Casa comum, nossa responsabilidade (2016): "Quero ver o direito brotar como fonte e correr a justiça qual riacho que não seca" (Am 5, 24). Buscar por políticas públicas e atitudes responsáveis

CARTA ENCÍCLICA *LAUDATO SI'*: UM DIÁLOGO COM A CIÊNCIA SOCIOAMBIENTAL

que garantam a integridade e o futuro de nossa Casa Comum, incluindo garantias ao direito de saneamento básico para as pessoas, à luz da fé.

VII.Fraternidade: biomas brasileiros e defesa da vida (2017): "Cultivar e guardar a Criação" (Gn 2, 15). Cuidar dos dons do Criador e promover relações fraternas com a vida e a cultura dos povos, à luz do Evangelho, em especial dos biomas brasileiros.

Segundo os comentários de Nahra *et al.*, fica evidente a sintonia desses documentos com a "ética, com o intuito de despertar, valorizar a formação da consciência que se revela no agir ético", sobretudo com "a preservação do meio ambiente, que significa o cuidado com a Criação, que busca também estimular o desenvolvimento e o fortalecimento do *modo-de-ser-cuidado*" (2014, p. 75), mesmo porque, "a Igreja no Brasil deixou de ser uma Igreja reflexo para ser uma Igreja fonte" (Villas Boas, 2012, p. 230).

Os textos das CF são uma forma de a Igreja nacional colaborar com a sociedade civil, em resposta às necessidades de mitigação dos impactos ambientais, como forma de dialogar com o mundo, contribuindo para um melhor encaminhamento para as crises e os problemas que permeiam a sociedade de modo localizado, mesmo quando a questão avança para o restante da humanidade, visto ser um instrumento para tratamento das condições localizadas e específicas. São meios importantes para a "construção de caminhos para uma cultura de paz com a natureza" (Nahra *et al.*, 2014, p. 75-76), papel não somente da Igreja, mas também da família, da escola, dos governos, da sociedade civil organizada e empresas da inciativa privada. Há a necessidade de considerar a condição de vanguarda da CF de 1979, que ao propor a reflexão sobre a preservação ambiental, trouxe o alerta para a sociedade brasileira da época, antes mesmo de ações concretas no nosso país, com alertas especiais para a superação do egoísmo, o consumismo e a ganância.

Apesar disso, Ronaldo H. G. Rocha (2008) considera que as CF da Igreja não desempenham seu papel de maneira adequada, principalmente no que tange ao tema ambiental e à preservação dos recursos naturais. Para o autor, trata-se de um discurso político e institucional que não alcança as pessoas e atitudes de maneira concreta, e que "as Campanhas da Fraternidade com temas ambientais parecem não entrar no coração dos fiéis mais do que a divulgação das notícias" (Rocha, 2008, p. 257). Enquanto que, para Severino A. da Silva (2018, p. 98), mesmo a Igreja mantendo distância entre teoria e prática, ela tem se esforçado na promoção da conscientização ambiental das pessoas, notadamente pelo desempenho da CNBB com as CF a partir de 1979.

Parece evidente que o discurso e a preocupação com o ambiente natural e urbano e suas repercussões na população cresceram de modo substancial com o tempo, acompanhando a tendência dos discursos da ONU, do Vaticano e das CELAM. Por outro lado, há quem defenda o papel educador e influenciador da Igreja, de sorte que seus discursos e posicionamentos não tenham como objetivo, nem tampouco o poder, de legislar ou executar medidas. Há que se considerar ainda que mesmo os resultados indiretos do processo de influência e de caráter educativo e formador de opinião não são facilmente mensuráveis a ponto de possibilitar julgamento da efetividade dos discursos socioambientais da Igreja.

1.4.11.3 Sínodo para a Amazônia

Um fato recente que merece atenção e, pelo menos uma menção para fins de registro por seu conteúdo e simbolismo, foi a 16ª Assembleia Especial do Sínodo dos Bispos para a Região Panamazônica, realizada no Vaticano entre os dias 06 e 27 de outubro de 2019, cujo objetivo foi tratar de um documento resultante de um ano de consulta a um conjunto de 80 mil pessoas. Esse evento contou com a participação de 184 bispos pertencentes às nove nacionalidades que compõem a macrorregião de interesse, a Região Panamazônica, ou melhor: Bolívia, Brasil, Colômbia, Equador, Guiana, Guiana Francesa, Peru, Suriname e Venezuela.

Segundo Isabel Gnaccarini, esse encontro pode ser considerado como um processo histórico e um marco do papado de Francisco, que está "integrando a rede católica presente neste ponto do mapa ao qual confluem, como em nenhuma outra parte do planeta, as crises ecológica, social e da democracia" (Gnaccarini, 2019, n.p.).

Como resultado desse encontro, foi publicada em 02 de fevereiro de 2020 a Exortação Apostólica Pós-Sinodal Querida Amazônia, dirigido a todas as pessoas do mundo – apesar de a região amazônica ter relação apenas com nove países –, para potencializar o amor pela Criação. O Papa acrescenta ter quatro sonhos para a Amazônia, que são de ordem social, cultural, ecológica e eclesial. Seus sonhos seriam (Francisco, 2020b):

a. uma Amazônia que lute pelos direitos dos mais pobres, dos povos nativos, dos últimos; que sua voz seja ouvida e sua dignidade promovida;

b. uma Amazônia que preserve a riqueza cultural que a caracteriza e na qual brilha de maneira tão variada a beleza humana;

c. uma Amazônia que guarde zelosamente a sedutora beleza natural que a adorna, a vida transbordante que enche os seus rios e as suas florestas;

d. comunidades cristãs capazes de se devotar e encarnar de tal modo na Amazônia, que deem à Igreja rostos novos com traços amazônicos.

No terceiro capítulo, o Papa esclarece seu sonho ecológico ratificando inicialmente o conceito de ecologia humana e social defendido pelo Papa Bento XVI (2006b), que está ligado à ideia da importância do ser humano, aos dons da Criação divina e ao conceito sistêmico tão abordado pelo próprio Francisco na *Laudato Si'* (LS, 16; 70; 90; 92; 117; 120; 137; 138; 142; 240), de sorte que o uso incorreto implica desordem ética e afronta à ordem da Criação.

Além das questões que giram em torno dos problemas hídricos da região, a água, que é definida como a "rainha" da Amazônia, o Papa se preocupa também com o desmatamento e a perda ou o mau uso da biodiversidade, por todas as funções desempenhadas por esses elementos no equilíbrio local, regional e mundial, condenando, portanto, todos os interesses políticos, econômicos, científicos etc. que se impõem contra esse instrumento da natureza criada.

Segundo Francisco, além das demais soluções possíveis, a educação é um dos principais aspectos a ser considerado, pois desenvolve hábitos com potenciais sustentáveis nas pessoas, em substituição ao consumismo e à cultura do descarte. Para ele, "Não haverá uma ecologia sã e sustentável, capaz de transformar seja o que for, se não mudarem as pessoas, se não forem incentivadas a adotar outro estilo de vida, menos voraz, mais sereno, mais respeitador, menos ansioso, mais fraterno" (Francisco, 2020b).

1.5 UM ESTUDO COMPARATIVO POR TIPOLOGIAS

Um argumento paralelo que acredito ter importância para ao menos servir como elemento adicional à comparação geral de compreensões entre a Igreja e a comunidade científica é o que consta no artigo elaborado por

Andrew Downs e Andrew Weigert (1999, p 45-58), cujo resultado poderá ser observado a seguir e teve como título original: *Scientific and religious convergence toward an environmental typology? A search for scientific constructs in papal and episcopal documents.*

Os resultados foram alcançados por meio da apresentação de uma tipologia científica derivada da ciência natural, da ecologia, da ciência ambiental, da antropologia, sociologia ambiental e da psicologia ambiental. A partir disso, Downs e Weigert (1999) procuraram esses argumentos em documentos da Igreja, cujos resultados foram resumidos a seguir:

a. no geral, existe sobreposição entre as categorias conceituais das tipologias científicas ambientais e os documentos religiosos. Essa sobreposição sugere uma convergência parcial de suas perspectivas para análise das situações ambientais. Além disso, ambos incluem o pensamento holístico e sistêmico.

b. capacidade suporte e população foram os argumentos menos presentes nos documentos da Igreja, sendo que capacidade suporte não é explicitamente indicada em nenhuma das fontes católicas. Para maior clareza, capacidade suporte é o nível de utilização dos recursos naturais que o ambiente pode suportar, sem com isso exaurir tais recursos, garantindo a qualidade ambiental.

c. além da condenação do materialismo, do consumismo e do capitalismo desenfreado, três construções ficaram evidentes: i) todos os seres humanos possuem direito aos recursos ambientais; ii) a cultura vigente é excessivamente materialista e consumista; iii) arranjos internacionais baseados em poderes econômicos e militares são potenciais geradores de injustiças.

d. João Paulo II desenvolveu seus pensamentos sobre as relações humanas e ambientais em uma menção passageira na sua primeira Encíclica com essas ideias fundantes de relações sociais justas e equitativas e aplicando-as às relações homem-ambiente, conforme apresentado anteriormente, quando tratei dos documentos desse Papa.

e. os documentos geralmente mencionam o governo como o único domínio institucional capaz de restringir ou controlar forças institucionais derivadas de ambientes que sustentam a vida.

f. a Igreja usa com muita frequência argumentos para estimular os indivíduos a mudarem seus comportamentos e pensamentos, para produzirem o melhor para o meio ambiente, cuja linguagem principal é moral e teológica.

Mediante o estudo apresentado, *é possível* compreender a congruência e sintonia entre a Igreja e a ciência quando percebem integração do ser humano ao ambiente, estabelecendo uma relação sistêmica entre ambos, de modo que a preservação das condições de vida no planeta requerem um tratamento proporcional, holístico e sistêmico, lançando mão do poder público para combater os comportamentos impactantes das pessoas, especialmente o consumismo e o materialismo, até pelo fato de todos os indivíduos possuírem os mesmos direitos. Apesar de um conjunto importante de congruências, uma questão divergente que os acompanham e não parece que esteja próximo de ser resolvida é a questão demográfica, ao que este estudo concebe como capacidade suporte.

1.6 RESULTADO COMPARATIVO ENTRE OS DISCURSOS DA ONU E IGREJA

Mediante a ordenação de um conjunto amplo e bem robusto de informações da ONU e da Igreja a partir de 1884 e até 2020, foi possível estabelecer algumas comparações com o intuito de compreender como se dá essa relação, proporcionando elementos auxiliadores no resultado procurado neste estudo.

Uma primeira consideração para apresentação é que os objetivos são diferentes, o que não significa que sejam mutuamente excludentes. Ao contrário, posso até entender que são forças complementares e que podem conversar entre elas, unindo-se em benefício do bem comum. Como consta no preâmbulo do seu tratado constitutivo, a ONU tem por objetivo o que apresento a seguir e que está muito relacionado os anseios da Igreja:

> [...] resolvidos a preservar as gerações vindouras do flagelo da guerra [...] e a reafirmar a fé nos direitos fundamentais do homem, na dignidade e no valor do ser humano, na igualdade de direitos dos homens e das mulheres, assim como das nações grandes e pequenas, e a estabelecer condições sob as quais a justiça e o respeito às obrigações decorrentes de tratados e de outras fontes de direito internacional possam ser mantidos, e a promover o progresso social e melhores

> condições de vida dentro de uma liberdade mais ampla. E para tais fins praticar a tolerância e viver em paz uns com os outros, como bons vizinhos, unir nossas forças para manter a paz e a segurança internacionais, garantir, pela aceitação de princípios e a instituição de métodos, que a força armada não será usada a não ser no interesse comum, e empregar um mecanismo internacional para promover o progresso econômico e social de todos os povos (Amorim, 2015, p. 42).

Nesse aspecto, vale a pena retomar o conceito da DSI, visto que esse conjunto de documentos e pensamentos não produz tentativas de interferência nos assuntos seculares, agindo mais com sugestões e princípios e não com medidas de governo e gestão (Ramalhete, 2017, p. 23).

Quando se toma como base o conteúdo do Compêndio da DSI (Pontifício Conselho "Justiça e Paz", 2017), percebe-se mais claramente a congruência entre as instituições em pauta, quais sejam:

a. "Humanismo integral e solidário", que significa uma convivência pacífica e cooperativa;

b. "O desígnio do amor de Deus a toda a humanidade" e "A pessoa humana e seus direitos", que apresenta a ideia de direitos iguais entre as pessoas, portadoras de dignidade e valor em si;

c. "Os princípios da Doutrina Social da Igreja" (bem comum, destinação universal dos bens, subsidiariedade, participação, solidariedade, valores fundamentais da vida social, caridade), cuja relação com a ONU se dá inequivocamente em todos os seus fundamentos;

d. daí seguem "A Família", "O trabalho humano", "A vida econômica", "A comunidade política", "A comunidade internacional", que também apresentam princípios do bem comum para promover o progresso econômico e social de todos os povos;

e. "Salvaguardar o ambiente": tema desse trabalho, articulado pelas duas partes de modo profundo; e

f. "A promoção da paz", ao que mais parece como principal objetivo da ONU.

Como poderá ser observado na tabela que consta no Apêndice A e na argumentação construída neste capítulo, a Igreja se antecipou às iniciativas produzidas pela ONU; mesmo que seus efeitos não tenham logrado resultados diretos, potencialmente auxiliaram na formação de opinião.

Apesar da antecipação frente às ações da ONU, há que se evidenciar um grande evento antes das manifestações da maioria dos Papas citados e da própria criação da ONU, cujo valor é bem expressivo, que ocorreu em Paris no ano de 1923, que foi o I Congresso Internacional para a Proteção da Natureza, com abordagem bem completa dos problemas ambientais, incluindo a luta por criar uma instituição internacional permanente para a proteção ambiental (Acot, 1990, p. 162-167).

Também ocorreram manifestações antecipadas por parte da Igreja em relação ao conceito de desenvolvimento sustentável, visto que em três documentos a ideia foi tratada: na Carta Encíclica *Mater et Magistra* (João XXIII, 1961), na Constituição Pastoral *Gaudium et Spes* (Concílio Ecumênico Vaticano II, 1965) e na Mensagem do Papa Paulo VI para a Conferência de Estocolmo (Paulo VI, 1972).

Paulo VI apresentou mais dois conceitos importantes e inovadores para época e que foram colocados em prática muito depois. Um deles é sobre a necessidade de modificação dos processos produtivos, com vistas a evitar os impactos pelas várias possibilidades de contaminação do meio, ao que será denominado mais tarde como Produção Mais Limpa (P+L). O outro é o conceito *res omnium* (coisa de todos ou bem comum), que se contrapõe à ideia de que o patrimônio ambiental é *res nullius* (de ninguém ou sem dono), como se pensava e eram tratadas as coisas criadas.

Fica claro, também, pelos conteúdos apresentados pela Igreja, que a degradação ambiental não tem relação direta com seus ensinamentos, pois não é possível obter qualquer tipo de licença para usufruir dos bens do planeta da forma mais conveniente. Longe disso, o posicionamento foi sempre contrário ao desperdício, ao consumismo e ao desprezo pela Criação, seja ao ser humano ou à natureza; fomos chamados a ser os custódios da Criação, ou, como diz Domènec Melé (2003, p. 240): "o ser humano é o senhor da Criação material, mas o seu domínio não é absoluto, nem permite tirania". Adicionalmente, as mesmas ações contra o meio ambiente não ficam restritas ao mundo judaico-cristão e podem ser percebidas também no mundo oriental, sendo por isso mais plausível que seja consequência da pegada deixada pelo movimento da indústria, mais que um conceito de dominação resultante de princípios religiosos.

Quanto às motivações das manifestações de cada instituição, é possível dizer que foram se alternando ao longo do tempo, mas sempre considerando que cada uma desenvolve um papel diferente e com formatos e linguagens diversas, o que pode caracterizar uma forma de ajuda em alguns momentos, mas em outros podem se perceber como cobrança.

A cobrança, via de regra, ocorreu da Igreja para a ONU, tendo em vista a grande quantidade de discursos sem efetividade, de um sem-número de reuniões com resultados pífios, que produziu a procrastinação das ações em favor dos mais vulneráveis. Normalmente, às vésperas de cada evento promovido pela ONU, a Igreja encaminhou mensagem de apoio ou cobrança, além de, por vezes, indicar claramente que estava acompanhando as atividades daquela organização.

No que tange à densidade dos conteúdos, é possível entender que os produzidos pela ONU são mais robustos e complexos, o que não significa que sejam mais eficientes, considerando as críticas expressas e os resultados, por exemplo, de uma boa parte das COP, além da falta de resultados na aplicação efetiva dos ODS.

Vale considerar que boa parte do que foi organizado pela Igreja e pela ONU está diretamente ligado aos problemas enfrentados pela humanidade, normalmente posturas mais corretivas que preventivas. Dentre os eventos, existem os grandes movimentos migratórios, as emergências humanitárias resultantes dos conflitos, as tragédias naturais ou provocadas pelas ações humanas, inclusive os grandes desastres ambientais, por exemplo: Hiroshima e Nagasaki (1945), Minamata (1954), Love Canal (1955); Seveso (1976), Amoco Cadiz (1978), Three Miles Island (1979), Bhopal (1984), Tchernobyl (1986), Sandoz (1986), Goiânia - Césio 137 (1987) e Exxon Valdez (1989) (Soares, 2003, p. 48; Bonfiglioli, 2016, p. 65).

Nesse sentido, é preciso esclarecer que o meio ambiente não é o foco da defesa da Igreja, devendo ser considerado como uma ação secundária, já que há uma convicção acerca da centralidade do ser humano e de sua relação com o meio ambiente. Nesse ponto, portanto, surge a primeira diferença entre a visão cristã do meio ambiente e a perspectiva do ambientalismo ideológico[1], que permeia os interesses de tantos. Nessa linha de pensamento, a natureza é elevada a um grau de divindade e o ser humano subjugado ao nível de parasita ou vassalo; naquela, o homem tem reconhecida sua dignidade e especial lugar na Criação.

---

[1] Consultar Bertrand de Orleans e Bragança (2012), Déborah S. de Vasconcelos (2013), Eliene B. Boldrini (2003), Henrique Leff (2006), Juan F. O. Rivera (1999), Rosana L. F. da Silva e Nilva N. Campina (2011) e Valéria G. Iared *et al.* (2011).

Para citar um exemplo do ambientalismo ideológico, há o abate de golfinhos para alimentação na Ilha Faroe, Dinamarca, que se deve ao posicionamento contrário e agressivo do Greenpeace. Esse processo é o único modo de a população local conseguir alimento numa ilha coberta de gelo, onde a agricultura e pecuária são bastante prejudicadas. De fato, pelo senso comum, é uma catástrofe matar golfinhos, mas se não for dessa forma, não há como conseguir alimento. Assim, a quantidade abatida é sustentável em relação à população das espécies e é regulada pelas autoridades. Uma das espécies tem população de 800.000 animais e a caça chega a abater 1.000 animais por ano, o que permite a recuperação e o equilíbrio da espécie.

Ratificando esse pensamento apresentado, é possível compreender que o conceito de desenvolvimento sustentável, sob a ótica do direito internacional, realiza uma junção perfeita entre equilíbrio do meio ambiente e todos os aspectos da vida do ser humano em sociedade, inclusive sua dignidade e aspirações por uma vida sem privações. No fundo, esse conceito representa o reconhecimento de que o ser humano também é um componente do meio ambiente, cuja preservação é manifestamente superior a quaisquer outras formas de vida (Soares, 2005, p. 710-711).

Como registro, a Assembleia da ONU recebeu a visita de um Papa em cinco oportunidades, momento em que fizeram elogios pelos esforços em uma série de aspectos; e, por outro lado, endereçaram aos membros daquele grupo severas críticas, como podem ser verificadas em: Paulo VI (1965), João Paulo II (1979b), João Paulo II (1995b), Bento XVI (2008a) e Francisco (2015e). Nessas visitas, o tema socioambiental somente não foi tratado em duas ocasiões, em 1965 e 1995.

Assim, apesar de uma série de considerações tecidas, ainda prevalece a imagem inicial de duas organizações diferentes entre si, com finalidades diferentes, mas com um conjunto importante de pontos convergentes de real valor para efeito de proteção socioambiental em favor do ser humano; apesar das visões contrárias sobre, por exemplo, controle de natalidade.

1.6.1 Linha do tempo dos documentos da Igreja e da ONU

Com a intenção de apresentar uma linha do tempo para os documentos produzidos pelas instituições destacadas para este estudo, a Igreja e a ONU, foi elaborada uma tabela em ordem cronológica que está localizada no Apêndice A. Além dos documentos relacionados com o tema socioambiental, foram incluídos alguns outros eventos e documentos relevantes, sendo que as linhas da cor amarela contêm os documentos elaborados pela Igreja (69 documentos), enquanto as linhas azuis são os elaborados pela ONU (45 documentos). No campo indicado para observações, por sua vez, há uma breve explicação do conteúdo do documento ou evento relacionado, para conhecimento do seu teor e de sua eventual relação com outro documento ou evento.

A seguir, para fins de ilustração e esclarecimento acerca da questão, consta um gráfico comparativo, com a quantidade de documentos socioambientais relevantes para esta pesquisa, elaborados pela ONU e pela Igreja com sua distribuição ao longo dos anos.

Gráfico 2 – Documentos socioambientais relevantes da ONU e da Igreja entre 1945 e 2015

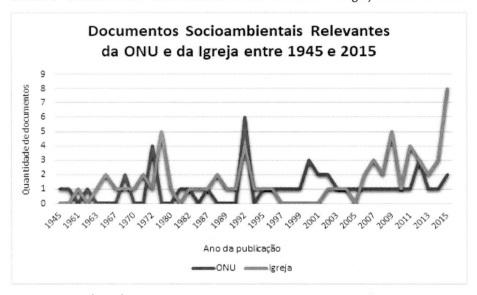

Fonte: o autor (2020)

2

O CARDEAL BERGOGLIO E SUAS PREOCUPAÇÕES NA AMÉRICA LATINA

Jorge Mario Bergoglio, filho mais velho do casal piemontês Regina Maria Sivori Gogna (1911-1981) e Mario Giuseppe Bergoglio Vasallo (1908-1959), nasceu na cidade de Buenos Aires, Argentina, no dia 17 de dezembro de 1936. Apesar de sua formação técnica em Química, escolheu a vida sacerdotal como caminho, sendo admitido inicialmente no seminário diocesano de Villa Devoto, mas acabou migrando para o noviciado da Companhia de Jesus em 1958. Foi ordenado sacerdote em 13 de dezembro de 1969 e fez sua profissão perpétua nos jesuítas na Espanha em 22 de abril de 1973, tendo regressado para sua terra natal pouco tempo depois (Francisco, 2013a).

Em 20 de maio de 1992, o então padre, Jorge Bergoglio, foi nomeado Bispo titular de Auca e Bispo auxiliar de Buenos Aires; em 28 de fevereiro de 1998, com o falecimento do Cardeal Antonio Quarracino (1923-1998), foi conduzido ao posto de Arcebispo de Buenos Aires, primaz da Argentina e ordinário dos católicos de rito oriental na Argentina (maronitas, melquitas, coptas, armênios etc.); três anos mais tarde, em 21 de fevereiro de 2001, foi nomeado Cardeal por João Paulo II, oportunidade que pediu aos fiéis argentinos que não comparecessem para festejar a púrpura, destinando o dinheiro da viagem para os pobres (Francisco, 2013a).

Assim que foi eleito Papa, no dia 13 de março de 2013, apareceu na sacada da Basílica de São Pedro, para fazer a sua primeira saudação àqueles que estavam na praça de São Pedro. O novo Papa apareceu portando um silêncio "eloquente e seu sorriso nos revelava que estava conosco, esperando conosco, do nosso lado. Seu sorriso falou conosco", como descreveu Robert Moynihan (2013, p. 13-14).

Apesar de ser o 266º Papa da Igreja Católica, tratava-se do primeiro Papa jesuíta e o único latino-americano, ou como dito por ele mesmo: do "fim do mundo". Conhecido pelo seu intenso trabalho com os pobres, por andar de metrô e ônibus, morar em um apartamento sozinho e preparar o próprio alimento, fazendo jus ao que sempre declarava: "o meu povo é pobre e eu sou um deles" (Francisco, 2013a).

No que se refere à escolha do seu nome para o exercício papal, em vez das várias outras possibilidades sequenciais – como Bento XVII ou João Paulo III – escolheu Francisco, uma possível sinalização que determinaria seu próprio rumo e abriria novos caminhos, sob a grande simplicidade e amor pelos pobres, pela paz e pela Criação, a exemplo daquele que inspirou sua escolha, Francisco de Assis (1181-1226), padroeiro da Itália e fundador da família franciscana (Moynihan, 2013, p. 25).

Dias depois de sua eleição, no dia 19 de março, um pouco antes de começar a Missa inaugural, o agora Papa Francisco fez um brevíssimo discurso para os fiéis argentinos que estavam aguardando o início da celebração, começando a imprimir sua marca e seus propósitos, seguindo os passos da sua fonte de inspiração; e aqui, em especial, quando pediu pela proteção do meio ambiente. Por meio dessas palavras, fica evidente a essência de suas ideias como sucessor de Pedro, seguindo os passos de Francisco de Assis, renunciando à riqueza e à pompa, exercendo a pregação, amante da paz, defensor dos mais frágeis e da natureza criada.

> Queridos filhos e filhas, sei que estão reunidos na praça. Sei que estão fazendo orações, e eu preciso muito delas. Todos nós caminhamos unidos. Nós nos ajudamos, e vocês continuem a rezar por mim. Rezar é tão bonito. Significa olhar para o céu e para nosso coração. Saber que temos um pai bondoso, que é Deus. Quero pedir um favor a vocês. Quero pedir que caminhem juntos, que nos ajudem e que vocês ajudem uns aos outros. Não provoquem nenhuma ofensa. Protejam a vida. Protejam a família; protejam a natureza; protejam os jovens; protejam os mais velhos. Que não haja ódios ou brigas. Deixem de lado a inveja (Moynihan, 2013, p. 47-49).

É certo que esses atributos estabelecidos como sua marca ou desejo para seu pontificado não deviam ser consideradas como novidade em sua vida, se tratando, portanto, de práticas exercitadas desde muito antes, como os relatos vinculados aos seus antigos desapegos, apesar de conhecidos por poucos e somente, ou principalmente, divulgados após sua eleição como Papa. Segundo Aldo M. Cáceres (2013, p. 134), que avaliou as chaves do seu pensamento social antes de ser eleito, o Cardeal Bergoglio considera urgente uma ética comum baseada no "florescimento humano, o desenvolvimento humano integral, em que ninguém é excluído.".

Um importante e representativo exemplo de suas preocupações pelos mais vulneráveis pode ser considerado quando avaliada sua percepção dos migrantes. Tomando como base os documentos oficiais analisados entre

1998 e 2018, que detalharei mais adiante, passando inclusive pela *Laudato Si'*, foi possível entender que Jorge Bergoglio sempre esteve preocupado com esse tema e que essa angústia não diminuiu após ter assumido o posto de Papa, de modo que seu posicionamento sobre o tema não sofreu qualquer contaminação política, não assumiu parcialidades políticas ou conveniências pragmáticas. Pode-se dizer isso com propriedade, tanto no período que antecede seu pontificado quanto após 2013, quando foi escolhido como novo Papa, baseando-se nos documentos avaliados, e, principalmente, pela sua argumentação, que enfatiza a necessidade de um respeito consequente e que precisa ficar longe da omissão e letargia comumente observadas. Sua argumentação permanece bem parecida quando comparada antes e depois; demonstrando ser uma preocupação genuína de sua parte, sempre pedindo ações palpáveis e lembrando de que se trata de pessoas concretas e não aspectos teóricos da história humana, que não podem continuar sendo observados com distância; tudo isso será mais detalhado adiante, no item 2.1.2.

Bem se pode entender em suas palavras, antes e depois de assumir a Cátedra de Pedro, a presença viva do "respeito da pessoa humana" tratado na *Gaudium et Spes*, visto que "cada um deve considerar o próximo, sem exceção, como um 'outro eu'". Especialmente no momento presente, quando há a obrigação de sermos mais próximos das pessoas e de servi-las efetivamente quando caminham ao nosso encontro, seja esse próximo o ancião abandonado, o operário estrangeiro injustamente desprezado ou o exilado. Além disso, são indispensáveis os monitoramentos e as ações mediante tudo o que viola e ofende a integridade ou a dignidade humana, como "condições de vida infra-humanas, as prisões arbitrárias, as deportações, a escravidão, a prostituição, o comércio de mulheres e jovens" (GS, 27).

Mesmo antes da LS o tema ambiental já era fonte de sua preocupação, como foi possível notar no Dia Mundial do Meio Ambiente de 2013, quando o Papa lamentou o custo ambiental de atividades industriais insustentáveis e enfatizou que devemos estar dispostos a estabelecer limites em nossa busca por lucros e resultados (Francisco, 2013c). Da mesma forma, no Natal do mesmo ano, diante de uma audiência com 70.000 pessoas, Francisco exortou os ouvintes a ajudarem a proteger o meio ambiente da "ganância" de uma cultura social e econômica descontrolada (Disorbo, 2017, p. 49).

2.1 AS HOMILIAS DO CARDEAL BERGOGLIO

O Cardeal Bergoglio, enquanto Arcebispo de Buenos Aires, teve registrado pelo *Arzobispado de Buenos Aires* 198 homilias entre os anos de 1999 e 2013, e nesse período foi possível identificar que 5,56% delas tiveram alguma citação sobre o tema socioambiental; enquanto as citações a respeito dos migrantes estiveram presentes em 11,20% dos documentos; ou seja, o dobro de homilias.

Dessa forma, abordarei a seguir essas homilias em dois blocos, sendo o primeiro com as citações e os comentários sobre as menções a respeito dos aspectos socioambientais e o segundo tratando das questões relacionadas à migração, que é um tema relevante para o estudo em questão, como será possível verificar mais à frente.

2.1.1 Os discursos socioambientais

O primeiro discurso do Cardeal que faz menção ao tema socioambiental foi por ocasião do *Te Deum*, em 25 de maio de 1999, momento em que fez duras críticas à globalização, a qual é responsável, dentre tantas consequências, pela valorização exagerada da economia, pelo desemprego, pelo declínio e pela deterioração dos serviços públicos, pela destruição do meio ambiente e da natureza, pelo aumento da diferença entre ricos e pobres e a concorrência desleal que coloca as nações pobres em situação de inferioridade cada vez mais acentuada (Bergoglio, 1999).

Sua homilia continua tratando também da desilusão e falta de esperança das pessoas em geral, que se traduz em incapacidade de enfrentar problemas reais e cotidianos. Além disso, há uma crescente desconfiança e perda de interesse pelo compromisso com o bem comum, culminando com atitudes consumistas e hedonistas (Bergoglio, 1999).

Em março do ano 2000, no Encontro Arquidiocesano de Catequeses, Bergoglio proferiu uma exaltação a Jesus, criador e recriador de todas as coisas, cujo convívio com a natureza sempre acontece de maneira absolutamente harmoniosa (Bergoglio, 2000a), considerando o amor pelos seres humanos e com todas as coisas criadas, como se tratando de uma referência ao livro do Gênesis, que se referia ao todo como algo "muito bom" (Gn 1, 31).

Na mensagem às Comunidades Educativas, proferida em 29 de março de 2000, Bergoglio afirmou que a crise vivida é histórica e com grande potencial de destruição, notadamente relacionada com deterioração ambiental, nos desequilíbrios sociais, nos processos bélicos e na expansão do consumismo. Especificamente sobre o meio ambiente, seu discurso reafirmou mais adiante que os recursos energéticos tradicionais estão esgotados e que o atual modelo de desenvolvimento é incompatível com a preservação do ecossistema (Bergoglio, 2000b).

Em 2003, por ocasião do *Te Deum*, o Arcebispo de Buenos Aires fez uso da Parábola do Bom Samaritano (Lc 10, 25-37), especialmente sobre as atitudes de indiferença e desprezo demonstradas pelos personagens do levita e do sacerdote. Um modo de ser cidadão que desconsidera os demais e, por consequência, produz a preferência pelas vantagens ilícitas, especulações financeiras e a pilhagem da natureza, que significa a pilhagem do próprio povo, de modo que acabam por diminuir a qualidade de vida das pessoas e possibilidades reais de sobrevivência com o mínimo de dignidade (Bergoglio, 2003b).

Na sua mensagem de 2004 para as Comunidades Educativas, Bergoglio indicou seu entendimento de que a ciência e a fé são complementares, de modo que precisamos das coisas naturais e das sobrenaturais para viver de maneira equilibrada. E é por meio dessa condição que o ser humano pode exercer seu papel diante da natureza criada por Deus (Bergoglio, 2004a).

Alguns meses depois, o Arcebispo indicou a necessidade de uma renovação radical – tanto pessoal quanto social – capaz de garantir a justiça, a solidariedade, a honestidade e a transparência, visto toda uma série de problemas que a sociedade moderna está enfrentando e que não é compatível com os princípios geradores de dignidade humana, que são as inúmeras formas de "injustiça social e econômica, corrupção política, abusos étnicos, extermínio demográfico e destruição do meio ambiente sofrido por povos e nações inteiros" (Bergoglio, 2004b).

No ano seguinte, em 2005, por ocasião da 31ª peregrinação juvenil à Lujan, quando tratou da infância, argumentou sobre dados da realidade que apresentavam que a maioria das crianças é pobre e que cerca de 50,00% dos pobres são crianças. Esses níveis de pobreza e miséria são expressos dramaticamente no presente e em um futuro próximo, gerando consequências relacionadas à nutrição, ao meio ambiente, à insalubridade, à violência e à promiscuidade, que condicionam seu crescimento, problematizam seu relacionamento pessoal e dificultam sua inserção social (Bergoglio, 2005).

No ano de 2007, dirigindo-se também às Comunidades Educativas, o Cardeal Bergoglio apresentou o conceito de que o processo educativo é um compromisso compartilhado por todas as partes interessadas. Além de uma série de argumentações apresentadas sobre o tema da educação, Bergoglio se utilizou de um item inteiro para posicionar o ser humano como parte e centro de toda a Criação. De uma maneira didática, fez uma afirmação e em seguida apresentou seus argumentos. A afirmação é que: "a transcendência da pessoa humana ocorre com relação à natureza" (Bergoglio, 2007).

Como argumento, afirma que "somos parte do todo" e que a "terra é a nossa casa. A terra é o nosso corpo. Nós também somos a terra". Apesar da pressão da sociedade atual de separar os indivíduos do mundo, de tal sorte que a natureza acabou se tornando um mero objeto de dominação e de exploração econômica. "Assim nossa casa, nosso corpo, alguns de nós, degrada. A civilização moderna carrega consigo uma dimensão biodegradável" (Bergoglio, 2007).

A ciência e a tecnologia, por sua vez, possuem papel importante na compreensão dos fatos e das leis naturais, mas ao mesmo tempo não podem "atropelar" essas leis naturais. Portanto, se as leis da natureza não são respeitadas, a atividade humana será destrutiva e geradora do caos. Dessa forma, a atitude de confiar cegamente na tecnologia como garantidora do progresso, sem a mínima ponderação ética, poderá redundar em violência contra a natureza humana, produzindo consequências importantes para todos os indivíduos (Bergoglio, 2007).

Diante dessa condição, há a necessidade premente de os educadores se posicionarem, contribuindo "para uma nova sabedoria ecológica que entende o lugar do homem no mundo e respeita o mesmo homem que faz parte do mundo". Trata-se, portanto, de uma forma menos ruidosa e prática, exercitando nas escolas algumas atitudes, por exemplo: o pensamento sobre os hábitos de consumo; as melhores maneiras de nos alimentar, celebrar, descansar (Bergoglio, 2007).

No ano seguinte ao da realização da CELAM de Aparecida, precisamente em 19 de janeiro de 2008, o Cardeal Bergoglio falou sobre a cultura e a religiosidade popular no "espírito de Aparecida". Nessa oportunidade, evocou os encontros anteriores, especialmente o ocorrido em Santo Domingo, momento em que tratou de maneira dura o espírito que os leigos usualmente assumem no desempenho de seu papel na sociedade, ou melhor: "Os leigos devem deixar de ser 'cristãos da sacristia' em cada uma de suas paróquias e devem assumir seu compromisso na construção da sociedade política, econômica, trabalhista, cultural e ambiental" (Bergoglio, 2008a).

Foi nesse mesmo documento, um pouco mais à frente, que expressou sua confiança nos resultados apresentados pelo Concílio Vaticano II, e se ancorou em um dos seus documentos resultantes, a Constituição Pastoral *Gaudium et Spes*: sobre a Igreja no mundo atual, que estabeleceu que a cultura inclui todo o cultivo pessoal do homem, em suas qualidades espirituais e corporais. Um conceito objetivo de cultura que inclui a manutenção de três relações básicas do ser humano: i) a relação com a natureza, para modificá-la, dominá-la e retirar dela bens de consumo e serviço; ii) o relacionamento com o ser humano, para tornar a convivência mais humana, melhorando costumes e instituições; e iii) o relacionamento com Deus, por meio da prática religiosa (GS, 53).

Inspirado no DAp, esclareceu que existem vários desafios para a Igreja, especialmente quando o que se propõe é uma obra cujo tema maior é a vida, a vida em abundância (Jo 10, 10) promovida por Jesus Cristo; ocorre que:

> Aparecida coloca diante de nossos olhos a realidade de uma cultura da morte, alguns de cujos sinais mais óbvios são: aumento da pobreza e extrema pobreza, concentração de riqueza, falta de equidade, leis de mercado, neoliberalismo, paraísos financeiros, crise da democracia, corrupção, migração, discriminação social, terrorismo, poluição ambiental, crise familiar, aborto, eutanásia, subjetivismo, consumismo, imposição da cultura moderna e desprezo pelas culturas ancestrais, individualismo, crise de valores, relativismo moral, distanciamento entre fé e vida. (Bergoglio, 2008a).

Por último, em 16 de outubro do ano de 2010, o Cardeal Bergoglio, durante a XIII Jornada Arquidiocesana da Pastoral Social, falou sobre justiça e solidariedade no segundo centenário da Pátria (Argentina), quando argumentou sobre a construção da história ao longo do tempo pelas várias gerações, consequência de esforços individuais e coletivos que foram produzindo melhorias por meio de acertos e erros, "um povo lutando por um significado, lutando por um destino, lutando para viver com dignidade" (Bergoglio, 2010).

No entanto, apesar das melhorias, há que se ter consciência do que não está bem; e, por isso, se concebe a necessidade de uma autoavaliação para continuar em marcha para uma vida com dignidade, por força de um conjunto de valores com origem em "Deus e são fundamentos sólidos e verdadeiros sobre os quais podemos avançar para um novo projeto da Nação, que possibilita um desenvolvimento justo e solidário da Argentina". Esses valores são, entre tantos, a fé, a amizade, o amor pela vida, a busca pelo respeito à dignidade de homens e mulheres, o espírito de liberdade, a educação das crianças, o apreço pela família, o amor pela terra, a sensibilidade ao meio ambiente, a justiça e solidariedade (Bergoglio, 2010).

Por três anos consecutivos, entre 2011 e 2013, foram registrados 35 pronunciamentos, sendo que em nenhum deles houve qualquer menção às questões socioambientais; mas, a despeito disso, há uma percepção de que sua preocupação sobre o tema está presente desde o princípio de suas atividades cardinalícias, bem anterior ao seu pontificado; mesmo que esse meio ambiente e natureza sejam considerados como o local de estada do ser humano, de onde as pessoas podem obter seu refúgio e proteção, além de poder retirar dessa mesma natureza o alimento, a saúde e a vida.

Para efeito de demonstração visual e estatística dessas homilias, durante seu período como Arcebispo de Buenos Aires, apresento a seguir um gráfico contendo as quantidades totais de homilias por ano e a quantidade de homilias com referências socioambientais por ano, possibilitando uma comparação entre ambas, além da percepção da existência do argumento socioambiental diluído ao longo dos anos, desde o primeiro ano, em 1999.

Gráfico 1 – Homilias socioambientais de Bergoglio

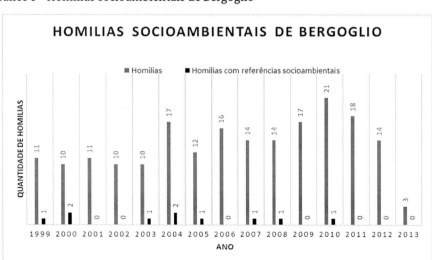

Fonte: o autor (2020), com base em Arzobispado (2019)

2.1.2 Migração

Uma outra preocupação social e que terá relevância mais adiante na *Laudato Si'*, assumindo em muitos momentos características socioambientais, é o tema da migração. Essa é uma questão que preocupava Bergoglio e que tem recebido uma atenção especial do Papa Francisco. Dessa forma, entendo como importante a apresentação do assunto migração como uma premente preocupação do Cardeal Bergoglio. Assim, após efetuar uma busca em todas as suas homilias pelas palavras *extranjero, refugiado, migrante, inmigrante,* ou *migración*, foi possível encontrar esses termos em 20 desses documentos, ou melhor, em 11,20% de todo o conjunto de pronunciamentos, o que representa o dobro de homilias contendo o tema socioambiental.

Para fins de observação, apresento a seguir o Gráfico 2, contendo a distribuição ao longo dos anos das homilias e as citações em questão. Assim, pode-se perceber que em apenas três dos 16 anos como Arcebispo de Buenos Aires, o Cardeal Bergoglio deixou de comentar a respeito do tema, sendo que em 2008, comentou sobre o assunto em três ocasiões.

Gráfico 2 – Homilias sobre migração de Bergoglio

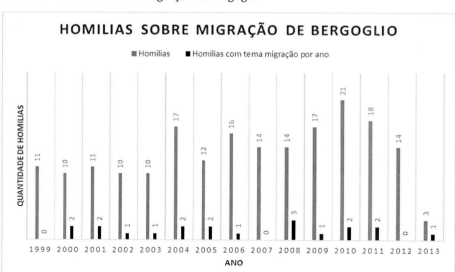

Fonte: o autor (2020), com base em Arzobispado (2019)

As palavras mencionadas anteriormente aparecem 48 vezes. Destacarei mais adiante algumas das oportunidades em que foram proferidas, para compreender o pensamento do então Cardeal Bergoglio e atual Papa Francisco sobre o tema em destaque.

A primeira menção ocorre durante a comemoração da Vigília Pascal, no dia 22 de abril de 2000, momento em que ele apresenta a condição do migrante como o indivíduo desprezado, ou seja:

> Dê o primeiro passo em sua família, dê o primeiro passo nesta cidade; torne-se vizinho daqueles que vivem apartados do que é necessário para subsistir: todos os dias há mais. Nós imitamos o nosso Deus que nos precede e ama primeiro, fazendo gestos de aproximação aos nossos irmãos que sofrem de solidão, indigência, perda de trabalho, exploração, falta de abrigo, desprezo por serem migrantes, doença, isolamento na velhice (Bergoglio, 2000c).

Quase um mês depois, no dia 25 de maio, disse que o povo precisava restabelecer os elos e vínculos sociais, inclusive, sendo solidários e incluindo aos imigrantes despossuídos, "que chegam e devem continuar chegando" (Bergoglio, 2000d).

Um ano mais tarde, em 2001, durante a celebração do *Te Deum*, os *inmigrantes* são citados quando pede aos cidadãos argentinos de "ontem e de sempre" que produzam ações de solidariedade em favor das pessoas, mas com especial atenção aos "aborígenes e espanhóis, crioulos e imigrantes, de todos os credos", em busca do bem comum (Bergoglio, 2001).

Em 2002, por ocasião da celebração da Vigília Pascoal, em um discurso bastante enfático, o Cardeal Jorge Bergoglio pediu que as minorias fossem devidamente incluídas na sociedade argentina, de sorte que "todos tenham um lugar", abrangendo aqui todos *inmigrantes*; em seguida, fez uma menção especial ao papel desempenhado pela educação básica na integração das pessoas, especialmente dos migrantes provenientes do interior do país e com destino para as cidades maiores e, também, das pessoas estrangeiras em condições bem semelhantes (Bergoglio, 2002).

Falando novamente sobre educação, o Cardeal Bergoglio fez um apelo em 2003 para que as escolas funcionassem como um local onde se ensinasse e aprendesse a igualdade e o respeito a todos, combatendo todas as formas de preconceito e discriminação, relacionando de modo especial os estrangeiros, pobres e indigentes (Bergoglio, 2003a).

Vale notar o pensamento de Alfonso Martínez-Carbonell López (2015), também compartilhado por Óscar Lozano Rios (2013, p. 40-47), que Bergoglio sempre tratou a educação como algo necessário e precioso. Esse autor entende que o Cardeal fala sobre a educação sempre "por um mesmo fio condutor que os unifica e que constitui a ideia central de seu discurso educativo. Este fio condutor é a esperança na educação" (López, 2015, p. 85), o que ficará bem claro na proposta da *Laudato Si,* como analisarei mais adiante.

No ano seguinte, em setembro de 2004, o Cardeal Bergoglio discorreu sobre as condições que os grandes movimentos migratórios e a diversidade religiosa apresentam para a evangelização, e o delicado desafio do encontro entre diferentes culturas e o diálogo inter-religioso (Bergoglio, 2004b).

No seu discurso sobre a cultura e religiosidade em 2008, Bergoglio afirmou que o santuário, esse lugar sagrado, é onde aprendemos a abrir o nosso coração aos demais, principalmente aos que são diferentes, os estrangeiros, os imigrantes, os refugiados, os que professam outras religiões e os que não são crentes. Trata-se de um local de acolhimento, cuja característica principal é estar sempre aberto para a humanidade inteira (Bergoglio, 2008a).

Ainda no ano de 2008, no dia 07 de setembro, por ocasião da data em que se comemora o dia do migrante, o Cardeal Arcebispo de Buenos Aires pronunciou uma homilia (Bergoglio, 2008b) no santuário dedicado à Nossa Senhora Mãe dos Imigrantes. Nessa oportunidade ele iniciou com um fragmento da Carta de São Paulo aos Romanos, "não fiqueis devendo nada a ninguém a não ser o amor que deveis uns aos outros" (Rom 13, 8). A partir dessa afirmação, discorreu sobre a necessidade da abertura do coração para todas as pessoas, amando--as de maneira concreta e não apenas com palavras e boas intenções, considerando que o tratamento mais profundo para a dignidade das pessoas é o respeito.

Nessa mesma homilia, afirmou que muitos dos fiéis presentes deveriam ter pais que são originários de outros lugares (inclusive por perseguições) e convocou que todos permanecessem vigilantes às próprias atitudes, tendo em vista a sutil xenofobia que acomete as sociedades de modo geral, tendo em conta as circunstâncias "que nos levam a perguntar: como posso usufruir melhor? Como posso me aproveitar deste ou daquele imigrante ilegal? Que foi contrabandeado? Que não conhece a língua? Ou que é menor de idade e não tem ninguém para protegê-lo?" (Bergoglio, 2008b).

Continuou em tom de reclamação por meio de uma pergunta e uma afirmação: "o que acontece com meu povo, que tinha braços abertos para receber tantos migrantes e agora eles estão fechados e fez com que criminosos os explorem e os submetam ao tráfico?". E afirmou que todos são cúmplices desse silêncio. Terminou a homilia pedindo para todos serem sentinelas dessa condição a que os migrantes foram submetidos, "Porque na frente dos seus olhos seu irmão foi explorado e você calou a boca. Seu irmão foi submetido ao tráfico e você calou a boca, seu irmão foi escravizado e você calou a boca!". Reafirmou a condição de que temos uma "dívida do amor" e que seja esta ocasião o momento para uma guinada para alterar a condição passiva que foi adotada, para que fosse possível evitar que todos os irmãos migrantes, os menores de idade, sejam submetidos a uma condição injusta e colocados no "moedor de carne" (Bergoglio, 2008b).

E é dessa forma que o Cardeal Bergoglio continua nas demais seis homilias, entre os anos 2009 e 2013, considerando a necessidade de acolhimento e proteção dessa minoria menos favorecida e indefesa diante das adversidades produzidas nos mais inóspitos ambientes urbanos.

Como nos relata Óscar Lozano Rios (2013), o Cardeal Bergoglio escreveu em seu livro *Educar: exigencia y passion,* lançado em 2003, uma importante análise que denota um "rigor intelectual e uma grande competência acadêmica, em particular filosófica e pastoral", que conseguiu com isso "esquadrinhar com olhos proféticos e mirada pastoral a situação do mundo atual" (Rios, 2013, p. 31-32).

Para o Cardeal Jorge Mario Bergoglio, há uma série de componentes relevantes que produzem a estrutura da crise na sociedade atual (Rios, 2013, p. 32-33), os quais apresento a seguir e que posteriormente foram ratificados no seu discurso como Papa Francisco e, depois, em especial, na Carta Encíclica *Laudato Si',* como será possível verificar mais à frente:

a. os avanços tecnológicos, como a informática, a robótica e a descoberta de novos materiais que estão modificando radicalmente os modos de produção; a ciência da computação e a multimídia, as consequências do avanço tecnológico, que estão gerando uma verdadeira revolução porque não apenas tocam a economia e a sociedade, mas também, e de maneira bem profunda, a cultura dos povos;

b. a onda da globalização que faz com que o capital não tenha e nem respeite fronteiras e seus consequentes desequilíbrios internacionais e sociais que, ao invés de diminuir, tendem a aprofundar as desigualdades entre ricos e pobres, entre países e continentes, além do aumento sem fim do desemprego em nível mundial, fato que configura a condição de ser um problema estrutural e conjuntural;

c. o agravamento do problema ecológico do planeta, "que, sem dúvida, é o que mais está crescendo";

d. a queda dos regimes totalitaristas, os crescentes esforços de democratização e a desmilitarização de vários países unidos ao renascimento de nacionalismos e xenofobias em conjunto com uma grande crise de participação dos cidadãos, o sentimento de não representação pelas instituições tradicionais e o incipiente nascimento dos novos atores;

e. as mulheres e o processo de transformação de seu papel na sociedade, na família e no local de trabalho com a reestruturação do núcleo familiar;

f. a revolução biotecnológica e a manipulação genética; e

g. o empoderamento da religião de diferentes maneiras, que se manifesta do modo mágico e elementar no fundamentalismo das grandes tradições religiosas.

No mês de fevereiro de 2012 foi publicado um diálogo entre o Cardeal Bergoglio e o Rabino Abraham Skorka, originariamente em língua espanhola, nomeado *Sobre el cielo y la tierra*, que depois foi lançado em língua portuguesa sob o título *Sobre o céu e a terra*. Dentre os tantos temas tratados por eles nesse diálogo, há um trecho que posso considerar como relevante e que demonstra claramente o alinhamento de seu discurso com a questão ambiental, antes mesmo da Encíclica *Laudato Si'*, ou de modo mais preciso:

> O homem recebe a Criação em suas mãos como um dom. Deus a dá, mas ao mesmo tempo lhe impõe uma tarefa: que domine a Terra. Aí aparece a primeira forma de incultura, o que o ser humano recebe, a matéria-prima que deve ir dominando para criar a cultura: transformar uma tora em uma mesa. Mas há um momento em que o homem se

> excede nessa tarefa, entusiasma-se demais e perde o respeito pela natureza. Então, surgem os problemas ecológicos, o aquecimento global, que são novas formas de incultura. O trabalho do homem diante de Deus e de si mesmo deve se manter em uma tensão constante entre o dom e a tarefa. Quando o homem fica só com o dom e não faz a tarefa, não cumpre seu preceito e fica primitivo; quando o homem se entusiasma demais com a tarefa, esquece o dom, cria uma ética construtivista: pensa que tudo é fruto de suas mãos e que não há dom. É o que eu chamo de síndrome de Babel" (Bergoglio; Skorka, 2013, p. 17-18).

No mesmo encontro entre esses líderes religiosos, a ciência também foi um assunto debatido, e que nos interessa para esta discussão. Como resultado ao tratarem desse tema, entenderam que o ser humano recorre ao espiritual no mesmo momento em que se chega ao limite da ciência. Além disso, o cientista que "pretende refutar o fenômeno religioso com base em seus conhecimentos, assim como o religioso que pretende refutar a ciência com base em sua fé, não deixam de ser ignorantes". Logo, entendem que o diálogo deve ser a ferramenta para o avanço da humanidade "em busca de uma ética profunda" (Bergoglio; Skorka, 2013, p. 104).

Mediante ao que apresentado neste capítulo, que abordou parte da história do Cardeal Jorge Mario Bergoglio no período anterior à sua eleição como Papa, acredito que seja possível proporcionar algumas considerações mais relevantes da pesquisa em curso.

Inicialmente, entendo a necessidade pela abordagem de uma declaração sua que é reconhecidamente recorrente: "o meu povo é pobre e eu sou um deles" (Francisco, 2013a); que pode ser entendida como atitude. Uma condição que, no geral, foi constatada também após sua eleição como Papa; de modo que se pode entender como um modo de viver e com um nível de coerência. Essa preocupação com os pobres e com os mais vulneráveis ficou evidente em seus discursos e atitudes, manifestando-se mais tarde de modo simbólico quando fez a escolha pelo nome de Francisco, demonstrando sua afeição pela simplicidade, o amor pelos mais pobres, pela paz e por todas as coisas criadas por Deus, de modo que a Encíclica *Laudato Si'* se revelou como uma consequência.

Essa afirmação é plausível na medida em que são observados os passos de Bergoglio nas tantas citações que produz ao longo de sua vida, mas em especial na sua postura adotada enquanto relator na CELAM de Aparecida, quando há a possibilidade de observar evidências seminais da

LS. Uma outra evidência importante para a LS contida potencialmente no pensamento de Bergoglio consta em um de seus livros abordados, *Educar: exigencia y passion* (Bergoglio, 2003c), cuja principal qualidade foi listar uma série de componentes relevantes que geram a estrutura da crise na sociedade da época e que foram confirmados no seu discurso como Papa Francisco e em especial na *Laudato Si'*, documento este que analisarei a seguir, momento que será possível confirmar a continuidade do discurso de Jorge Bergoglio.

Um aspecto que considero como importante por se tratar de alicerce de sua vida religiosa é a sua formação jesuíta, que está balizada nos *Exercícios Espirituais* de seu fundador, Inácio de Loyola (1491-1556), que a partir de sua interioridade poderia servir para outras pessoas, conforme o próprio autor explica em sua autobiografia (Loyola, 2013, p. 99). Faz parte dos *Exercícios Espirituais* um texto, "Princípio e Fundamento", que foi um dos últimos a serem juntados aos demais, cuja ideia era "expressar em palavras a inefável experiência que seu autor fez antes de iniciar seus estudos eclesiásticos" (González-Quevedo, 2007, p. 17). A partir desse texto, deve-se ponderar a importância de duas premissas, que são: i) o fim do ser humano e a finalidade das coisas criadas; e ii) uma consequência, que é o uso ordenado das criaturas (Loyola, 2015).

Essa implicação está diretamente associada à DSI quando defende a destinação universal dos bens criados, de modo que todas as pessoas possam satisfazer suas necessidades mínimas, tendo em vista que os recursos naturais são limitados. Assim, a ordenação do uso do que a natureza oferece a todos pode ser considerada um conceito bem presente e necessário na formação dos jesuítas, e aqui, em especial, para os princípios utilizados por Bergoglio. Ou como defende Luís González-Quevedo (2007, p. 34-35), a apresentação atualizada para os dias de hoje passa necessariamente pela questão ecológica, mediante os riscos impostos pela humanidade pela forma desordenada que os seres humanos estão utilizando os dons da Criação, uma "questão de vida ou morte". Para ele, essa questão ecológica não pode ser considerada como uma nova disciplina para efeito de conhecimento, "mas uma atitude que deve impregnar todo o sistema de valores e comportamentos" (González-Quevedo, 2007, p. 34).

Trata-se de um assunto relacionado à nossa vida ou morte, considerando como a sociedade capitalista fomenta o consumismo, que provoca o mau uso dos recursos naturais. Assim, para González-Quevedo, os *Exercícios Espirituais* devem ser "orientados a partir dessa perspectiva ecológica" (2007, p. 35), considerando aquilo que Inácio de Loyola estabeleceu como Princípio e Fundamento.

Ademais, segundo Paul A. Schweitzer (2007, p. 81), pelas condições estabelecidas no *Princípio e Fundamento* dos *Exercícios Espirituais*, pode-se chegar à visão holística do mundo, que está "baseada na interdependência de tudo o que existe", fato que nos remete a uma "atitude de respeito e de responsabilidade diante da natureza", discurso que está muito relacionado ao que nos foi apresentado na LS, por Francisco, raiz do pensamento de um jesuíta.

A CARTA ENCÍCLICA *LAUDATO SI'* E SUAS RECEPÇÕES

Na solenidade de Pentecostes do terceiro ano do Pontificado do Papa Francisco, mais precisamente no dia 24 de maio de 2015, foi publicada a Carta Encíclica *Laudato Si'*, abordando o cuidado com a "casa comum" (LS, 1), "uma reflexão ampla, de perspectiva antropológica, em que a questão ecológica ocupa o lugar central" (Souza, 2016, p. 145).

Posso entender essa Encíclica como um documento que está na continuidade do Concílio Ecumênico Vaticano II, situando-se "nesse nascedouro conciliar e constitui seu fruto mais maduro em termos de DSI" (Passos, 2016b, p. 14), ou, pelo que está apresentado de maneira explícita na própria Encíclica, ela pode e precisa ser acolhida, antes de mais nada, como parte constituinte do "magistério social da Igreja" (LS, 15).

Esse documento da Igreja Católica pode ser considerado como fundacional para o magistério (Sorondo, 2017, p. 21), pois inscreve o novo conceito de "ecologia integral" (LS, 137) no pensamento social da Igreja, juntamente com a dignidade humana, a liberdade de consciência, a fraternidade, o destino universal dos bens, o bem comum e a solidariedade. Trata-se de um "portal dialógico inspirado em uma igreja em saída que pretende um discurso plenamente católico, ou seja, universal" (Altemeyer Jr., 2016, p. 52). E, ainda pelas palavras de Gaël Giraud (2015, p. 44), essa Carta "é provavelmente o texto magisterial mais importante que a Igreja Católica escreveu desde o Concílio Vaticano II.".

Em entrevista publicada em 03 de agosto de 2015, Michael Czerny tratou sobre esse documento da Igreja. Para ele, a elaboração da LS passou por um ritual complexo até a publicação, uma sequência de equipes, a apreciação de um conjunto de profissionais, obra fruto de um esforço coletivo, até que foi encaminhado para Congregação para a Doutrina da Fé, à segunda seção da Secretaria de Estado e ao teólogo da Casa Pontifícia, "pedindo que o estudassem bem para não dizer 'tolices'". E, apesar dos inúmeros participantes durante a elaboração da Carta, o "pai" da Encíclica é o Papa Francisco. (Czerny, 2015, p. 72-73).

Vale aqui o registro sobre solidariedade e economia, por conta do que escreveu o Papa Francisco em seu primeiro livro, *A Igreja da misericórdia*, que foi lançado em abril de 2014, cerca de um ano antes da publicação da LS, e cujos conteúdos estão intimamente ligados. Nesse livro, o Pontífice nos escreve:

> Essa palavra, solidariedade, não é bem vista pelo mundo economista – como se fosse um palavrão –, merece retomar sua merecida cidadania social. A solidariedade não é somente uma atitude, não é uma esmola social, é um valor social. E requer cidadania.
>
> A crise atual não é só econômica e financeira, mas tem suas raízes numa crise ética e antropológica. Seguir os ídolos do poder, do lucro, do dinheiro, acima do valor da pessoa humana, se tornou norma fundamental de funcionamento e critério decisivo de organização. Esquecemos no passado e ainda hoje de que acima dos negócios, da lógica e dos parâmetros de mercado, está o ser humano e que algo se deve ao homem enquanto homem, em virtude da sua dignidade profunda: oferecer a possibilidade de viver dignamente e de participar de modo ativo do bem comum (Francisco, 2014a, p. 99).

Muito embora a *Laudato Si'* esteja se integrando à Doutrina Social da Igreja (DSI) e em consonância com seus antecessores (LS, 3-11), esse tema como tal e com essa robustez deve ser considerado algo novo em uma encíclica. Assim, pelo que nos apresenta nesse documento, divisa-se a condição de um planeta ameaçado por um colapso em decorrência da ação humana, com o consequente aumento da pobreza e da exclusão social, precipitando a necessidade de uma "conversão ecológica", englobando a justiça social, o equilíbrio ecológico e a responsabilidade espiritual, cuja ação precisa ser imediata (Sorondo, 2017, p. 21).

Considerando que as demais encíclicas ressaltavam a alteridade face às relações humanas no momento presente, pode-se dizer que a Carta Encíclica *Laudato Si'* nasce diferente pela preocupação extensiva às futuras gerações, visto elas estarem ameaçadas a não usufruírem dos bens naturais se as medidas de preservação e conservação dos bens e recursos naturais não forem tomadas com a maior brevidade possível, visando alcançar a tão conclamada sustentabilidade (Souza, 2016, p. 147).

Apesar dessa constatação, Jaime Tatay (2018, p. 530) entende que a Encíclica *Laudato Si'* acaba por ser uma forma de caminho natural percorrido pela Igreja Católica, decorrente e em continuidade com o que preconiza e defende o Magistério Social da Igreja.

O documento de Francisco "é um anúncio utópico de um mundo necessário e possível", apesar de distante de realidade vivida, assim como uma série de outras proposições também foram. Apesar do conceito de falência do mundo, não há sinais importantes de mudança, produzindo urgência para a tomada de novas decisões. "O anúncio de novos rumos é, por essa razão, ainda mais urgente: mantém acesa a chama do bem comum, da vida comum e da casa comum" (Passos, 2016a, p. 191).

A Carta é "um dos documentos mais importantes do século" e "é também uma referência bibliográfica básica para todos", especialmente para quem deseja "educar para a esperança e promover valores, tais como: solidariedade, compreensão, compaixão, amorosidade, generosidade, cultura de tolerância, de não violência e de paz" (Leite, 2015). Reforçando o argumento sobre a educação para valores, Alex Villas Boas (2012, p. 239) afirma que o cuidado com as questões ambientais em uma sociedade tão ensimesmada e relativista somente "terá chance de enraizar as sementes de uma nova sociedade se for integrado a uma educação de valores essenciais", possibilitando avançarmos na "busca de sermos mais humanos e, assim, percebermos que cuidar do lugar onde vivemos é profundamente humano.".

A Encíclica tem início e é finalizada com uma invocação e uma resposta de louvor a Deus, da mesma forma que tradicionalmente se faz em ritos e cerimônias católicas: "Louvado sejas, meu Senhor" (LS, 1), "que Ele seja louvado!" (LS, 245). Essa invocação, "Louvado sejas, meu Senhor", por sua vez, é inspirada no "Cântico das Criaturas" de São Francisco de Assis e nos conduz ao entendimento de um amplo agradecimento a tudo que o meio ambiente proporciona aos seres humanos, desde o alimento do corpo até o alento da alma, por meio da beleza daquilo que nos cerca (Teixeira, 2004).

De acordo com Gilson M. Morandin (2015, p. 19-20), essa obra de Francisco de Assis pode ser considerada uma das primeiras obras da língua italiana, que já rompia com a tradição visto não ter sido escrita em latim, língua que somente as pessoas letradas tinham acesso. Assim, por meio de uma linguagem simples e popular, acabou alcançando, inclusive, um público mais vulnerável e menos privilegiado.

Assim, objetivando a melhor compreensão e representatividade desse documento papal, além de sua validade para efeito científico, pragmático, social e até do ponto de vista ecumênico, entre outros, apresentarei mais adiante sua estrutura, conteúdo e recepções sob vários pontos de vista.

Quanto à sua acolhida e recepção, discorrerei a partir da visão das Ciências Sociais, da Filosofia, do pensamento de evangélicos, da visão ambientalista, sob a ótica do Direito, da Economia, do ecumenismo, do ensino religioso, da abordagem e divulgação pelos meios de comunicação e, inclusive, pelo olhar marxista.

3.1 A CARTA ENCÍCLICA *LAUDATO SI'* – CONSIDERAÇÕES PRELIMINARES

Em primeiro lugar, para situá-la, o próprio Papa Francisco, em um encontro organizado pelo Vaticano com uma série de prefeitos de cidades situadas ao redor do mundo, disse que a sua Encíclica não deve ser considerada como essencialmente ambientalista, mas sim uma Carta social, pois não se pode separar dessa vida o cuidado com o meio ambiente (Rádio Vaticano, 2015c), ou ainda pelo que consta na própria Encíclica: "não podemos deixar de reconhecer que uma verdadeira abordagem ecológica sempre se torna uma abordagem social" (LS, 49). Essa declaração foi ratificada por Francisco em 2018 em uma conversa com Fernando Prado e que foi registrada como livro: "Fala-se da *Laudato Si'* como de uma encíclica verde, mas eu diria que é, antes de mais, uma encíclica social" (Francisco, 2019a, p. 97).

Reiterando o posicionamento apresentado pelo próprio Papa Francisco, Michael Czerny (2015, p. 72), cardeal jesuíta, indicou que a *Laudato Si'* não é "verde" ou de "ecologia católica". Ao contrário, "é a mais recente da série de encíclicas que desenvolveram a Doutrina Social da Igreja desde a *Rerum Novarum*". E, tal como os demais documentos magisteriais sociais anteriores, "lança a luz eterna do Evangelho, da fé cristã, sobre as circunstâncias desafiantes e cambiantes dos nossos temas.".

Na mesma linha, como argumenta Wagner F. de S. Carvalho (2017, p. 3), a Encíclica não se resume em um "cuidado com o meio ambiente em si", mas inclui a dimensão social, na qual "deve integrar a justiça nos debates sobre o meio ambiente, para ouvir tanto o clamor da terra como o clamor dos pobres" (LS, 49). Assim, pode-se afirmar que "não há duas crises separadas: uma ambiental e outra social; mas uma única e complexa crise socioambiental" (LS, 139).

Assim, pode-se entender que essa abordagem, combinando tanto a justiça ambiental quanto a justiça social, continua a ser o objeto subjacente que permeia, atravessa e domina a Encíclica. Essa justiça social não pode ser perseguida sem levar em conta a justiça ambiental, do respeito ao planeta, do cuidado de seus ciclos e de toda forma de vida. Pode-se perceber nessa Carta um conteúdo que reposiciona de maneira radical as prioridades e perspectivas da política, da cultura e da forma habitual de agir (Viale, 2017).

Trata-se de uma Encíclica "com a força de uma *Rerum Novarum* de 1891, que à época trouxe a mensagem sobre os direitos do trabalhador, impulsionando a criação da Organização Internacional do Trabalho em 1919 e influenciando outros organismos do mundo todo", pressionando, por sua vez, a elaboração de legislações mais rígidas em favor do trabalhador (Pierre, 2015).

A Carta Encíclica *Laudato Si'* possui em sua estrutura, além da introdução (parágrafos 01 a 16) e de duas orações no final ("Oração pela nossa terra" e "Oração cristã com a Criação"), seis capítulos, os quais são intitulados da forma apresentada a seguir, adicionados os números dos parágrafos que os compõem:

I. O que está acontecendo com nossa casa (17-61)

II. O evangelho da Criação (62-100)

III. A raiz humana da crise ecológica (101-136)

IV. Uma ecologia integral (137-162)

V. Algumas linhas de orientação e ação (163-201)

VI. Educação e espiritualidade ecológicas (202-246)

O roteiro da Encíclica é colocado no parágrafo 15, quando indica e estabelece que no primeiro capítulo será feita a análise da situação a partir das melhores aquisições científicas disponíveis; no segundo, o confronto com a Bíblia e a tradição judaico-cristã; mais adiante, no terceiro capítulo, será realizada a identificação da raiz dos problemas na tecnocracia e no excessivo fechamento autorreferencial do ser humano; no capítulo quatro, apresenta-se a proposta da "ecologia integral" (LS, 137), incluindo "claramente as dimensões humanas e sociais" (LS, 137), absolutamente ligadas às questões ambientais; no quinto capítulo, o Papa propõe empreender em todos os níveis da vida, um diálogo honesto para os melhores resultados; e, no último capítulo, recorda que nenhum projeto pode apresentar resultados adequados se não for animado por uma consciência formada e responsável, sugerindo ideias em nível educativo, espiritual, eclesial, político e teológico (Rádio Vaticano, 2015b).

Uma observação importante é que esse documento papal foi elaborado utilizando o método "Ver, Julgar e Agir", consagrado pelo Papa João XXIII e fundamental para o Concílio Ecumênico Vaticano II. Trata-se de um método que consiste em harmonizar essas três fases: observar a situação, que é o "Ver"; ponderar à luz dos princípios e diretrizes cristãs, o "Julgar"; e determinar as ações de acordo com a urgência e exigências da realidade, o "Agir" (Miranda, 2016; Pierre, 2015; Souza, 2016, p. 146; Tavares, 2016b, p. 63; Zampieri, 2016, p. 5; Passos, 2016a, p. 100; Ferreira, 2016, p. 215-228).

A Encíclica, mesmo sem explicitar a utilização desse método, permite percebê-lo ao longo do texto. Sob o movimento do "Ver": a natureza é considerada como vulnerável e sua exploração tende ao completo desequilíbrio, produzindo graves problemas para a humanidade. Para o movimento do "Julgar": pondera a crise ambiental, especialmente – mas não só – sobre as mudanças climáticas, e busca sentir a mesma misericórdia praticada e sentida por Jesus ao lidar com os mais pobres. Para o "Agir": busca ações no sentido de uma consciência global e integral, valorizando o diálogo, a educação e a espiritualidade (Souza, 2016, p. 159-160).

De acordo com Luiz Pierre (2015), os passos estabelecidos pelo método ficam especialmente bem claros na seguinte condição dos capítulos: Capítulo I – Ver; Capítulo II – Julgar teológico; Capítulo III – Julgar científico; Capítulos V e VI – Agir.

Ao utilizar o método em questão, o Papa Francisco não o faz de modo automático e repetitivo, ao contrário, aplica-o de uma maneira pedagogicamente mais adequada, conforme diz Reuberson Ferreira:

> O Ver não é apenas um diagnóstico, é um contemplar a realidade. Julgar não é um amalgamado de teorias para iluminar uma situação, mas um caminho que conduz a um discernimento e juízo realista sobre o próprio mundo. O último passo, por sua vez, propõe um diálogo franco e realista em vista de soluções. Em síntese, seguir uma pedagogia como a que Francisco segue favorece uma assimilação mais contundente do documento e se o método não soluciona os problemas, facilita a compreensão da problemática e a busca real de soluções (Ferreira, 2016, p. 226).

Outra observação sobre o método presente na LS é o que Wagner F. de S. Carvalho percebe como interdisciplinar (Carvalho, 2017, p. 6), ou seja, para observarmos as ocorrências em nosso planeta e propor soluções para elas "nenhum ramo das ciências e nenhuma forma de sabedoria pode ser transcurada, nem sequer a sabedoria religiosa com a sua linguagem própria" (LS, 63).

Trata-se de uma dimensão interna da Carta, mostrando a condição de seu conteúdo não essencialmente teológico, mas com uma carga importante de estudos e pesquisas científicas, diferentemente das Encíclicas anteriores, demonstrando a possibilidade real de um diálogo fecundo entre ciência e religião, como apontado por Carvalho (2017, p. 6).

3.1.1 Primeiro capítulo da *Laudato Si'* – O que está acontecendo com nossa casa

Como forma de não tornar a reflexão como um todo vazia ou sem sentido, esse capítulo da Encíclica produz um conjunto de considerações sobre "o que está acontecendo com nossa casa comum" (LS, 17), justificando e estabelecendo parâmetros para a composição dos demais capítulos.

Dessa forma, o primeiro capítulo proporciona uma importante avaliação das condições ambientais atuais por meio das informações científicas disponíveis, estruturando em sete tópicos, especialmente: Poluição e mudanças climáticas (LS, 20-26); A questão da água (LS, 27-31); Perda da biodiversidade (LS, 32-42); Deterioração da qualidade de vida humana e degradação social (LS, 43-47); Desigualdade planetária (LS, 48-52); A fraqueza das reações (LS, 53-59); Diversidade de opiniões (LS, 60-61).

Nesse capítulo, segundo Eugênio B. Leite (2015), o Papa articula de maneira habilidosa a desigualdade planetária, a deterioração da vida humana e os impactos ambientais. Apresenta também uma descrição da condição atual da crise ambiental enfrentada pelo mundo, tomando como base os resultados das pesquisas publicadas, como um apoio concreto, de modo a aumentar a possibilidade de influenciar as pessoas a seguirem um percurso ético e espiritual.

Indica que, atualmente, se produziu um modo de vida junto à natureza que não consegue respeitar o tempo próprio e proporcional dos seus ciclos e processos, de modo que essa aceleração não confere o tempo necessário para recuperação natural da vida e dos recursos, um conceito denominado em espanhol como *"rapidacion"* (LS, 18). Mas, com essa afirmação, não se pretende invalidar a necessidade e os benefícios das mudanças e das dinâmicas da vida e dos negócios, mas sim produzir a ponderação, o devido questionamento com vistas ao desejável padrão de "desenvolvimento humano sustentável e integral" (LS, 18), ou como nos apresentam Nascimento e Campos (2016, p. 3): "Embora a mudança faça parte da dinâmica de sistemas complexos, a velocidade das ações humanas contrasta com a lentidão natural da evolução e adaptação ambiental, totalmente desconexa do uso comum, sustentável e integrado.".

O Papa, então, termina a introdução desse capítulo afirmando não ter como objetivo "recolher informações ou satisfazer a nossa curiosidade, mas tomar dolorosa consciência, ousar transformar em sofrimento pessoal aquilo que acontece ao mundo" (LS, 19), nos impelindo a dar atenção especial aos sete temas abordados.

De modo geral, os modos de poluição destacados estão todos ligados à cultura do descarte, que deve ser enfrentada por um modelo circular de produção, moderando o consumo desenfreado, além da adoção de condutas em prol da reutilização e reciclagem efetivas (Zampieri, 2016, p. 6).

O Papa já demonstrava preocupações relacionadas ao tema desde o início de seu Pontificado, percebendo-se bem especialmente em dois trechos destacados a seguir e que foram extraídos da Exortação Apostólica *Evangelii Gaudium* – EG (Francisco, 2013d). O primeiro trata do comportamento ensimesmado que produz o consumismo: "O grande risco do mundo atual, com sua múltipla e avassaladora oferta de consumo, é uma tristeza individualista que brota do coração comodista e mesquinho, da busca desordenada de prazeres superficiais, da consciência isolada". (EG, 2). O outro fragmento exprime sua aversão à forma de tratamento que os indivíduos mais frágeis são submetidos, que são considerados descartáveis:

> O ser humano é considerado, em si mesmo, como um bem de consumo que se pode usar e depois lançar fora. Assim teve início a cultura do "descartável", que aliás chega a ser promovida. Já não se trata simplesmente do fenômeno de exploração e opressão, mas duma realidade nova: com a exclusão, fere-se, na própria raiz, a pertença à sociedade onde se vive, pois quem vive nas favelas, na periferia ou sem poder já não está nela, mas fora. Os excluídos não são "explorados", mas resíduos, "sobras" (EG, 52).

É por meio dessa Exortação, segundo Emilce Cuda (2016, p. 247), que o Papa Francisco pretende introduzir na Igreja Católica uma onda de alegria e entusiasmo. Estabelece nela a existência de dois grandes modos de vida, dois tipos de cultura: a cultura do encontro ou a cultura autorreferencial (cultura do descartável), sendo a primeira um caminho para a alegria e a outra um caminho para a tristeza.

Aliás, sobre essa questão, como mencionado anteriormente, antes mesmo da publicação da Encíclica *Laudato Si'*, o Papa já havia se pronunciado a respeito por meio do livro *A Igreja da misericórdia: minha visão para a Igreja*, momento em que interliga esse modo de viver com a condição da fome e alimentação inadequada para uma parcela significativa da população mundial, cujo trecho reproduzimos a seguir:

> Essa cultura do descarte nos tornou insensíveis também aos desperdícios e aos restos alimentares, que são ainda mais repreensíveis quando em todas as partes do mundo, infelizmente, muitas pessoas e famílias sofrem devido à fome e à subalimentação. [...] O consumismo nos deixou acostumados com o supérfluo e o esbanjamento cotidiano dos alimentos, aos quais às vezes não somos capazes de atribuir justo valor, que vai além dos meros parâmetros econômicos. Mas recordemos bem que a comida que se descarta é como se fosse roubada da mesa de quem é pobre, dos que têm fome! (Francisco, 2014a, p. 89).

Referindo-se ainda à "cultura do descarte" (LS, 22), o Papa Francisco pede que sejam destacados tanto o valor como também a dignidade de cada ser vivo, recordando um pensamento do Papa Bento XVI, insistindo que somos guiados pela soberba da dominação, da posse, da manipulação e da exploração (Rádio Vaticano, 2015a).

Francisco alerta existirem algumas formas de poluição que afetam diretamente a saúde das pessoas e atingem os bens necessários à manutenção da vida. Dessa forma, o Papa trata de maneira clara essa questão observando que o ar e a água, quando expostos aos poluentes produzidos pelos meios de transportes, indústrias, defensivos agrícolas e toda diversidade de resíduos perigosos, podem produzir um sem-número de males aos indivíduos. Chama a atenção também para a interferência direta dessa poluição nas mudanças climáticas, agravando mais a condição de manutenção da biodiversidade do planeta, pois tem a ver com a grande quantidade de gases de efeito estufa, os GEE, lançados na atmosfera por ação antrópica (Souza, 2016, p. 148).

Os resíduos, efluentes líquidos e as emissões atmosféricas acarretam muitos problemas ao meio ambiente e aos seres humanos, que podem ser evidenciados por indicadores, dentre os quais estão a destruição da camada de ozônio, as chuvas ácidas, as mudanças climáticas e uma série de outros problemas (Siqueira, 2005, p. 53).

Especificamente sobre as mudanças climáticas, ele afirma: "o clima é um bem comum, um bem de todos e para todos" (LS, 23), porém, o maior impacto recai sobre os mais pobres, mas muitos "daqueles que detêm mais recursos e poder econômico ou político parecem concentrar-se, sobretudo, em mascarar os problemas ou ocultar os seus sintomas" (LS, 26), assim "a falta de reações diante destes dramas dos nossos irmãos e irmãs é um sinal da perda do sentido de responsabilidade pelos nossos semelhantes, sobre o qual se funda toda a sociedade civil" (LS, 25).

Como indicado por Gustavo Beliz (2017, p. 22), é a primeira referência ao clima como bem comum no Magistério da Igreja. Adotando de maneira inédita também noções e palavras das ciências, a *Laudato Si'* sustenta que "há um consenso científico muito consistente, indicando que estamos perante um preocupante aquecimento do sistema climático" (LS, 23).

O mesmo autor continua em seu texto tratando das várias afirmações feitas pelo Papa tomando emprestados os conteúdos técnicos, até o ponto de afirmar que: "Assim, na LS, não somente fé e razão, senão também saberes filosóficos e saberes científicos, se misturam por primeira vez em uma Encíclica papal de modo tão central" (Beliz, 2017, p. 22).

Essas duas realidades tratadas no início do primeiro capítulo, a poluição e as mudanças climáticas, compõem um problema de nível global com sérias implicações nos mais diversos âmbitos: ambientais, sociais, econômicas, distributivas e políticas. Estabelecem, assim, um dos principais desafios para a humanidade, especialmente para os mais pobres (Carvalho, 2017, p. 7).

Segundo José N. Souza (2016, p. 149), para o Papa não há recursos necessários para afrontar essa crise ecológica. Explica-se dizendo que, de um lado persiste o mito do progresso sem limites e, do outro, um pessimismo pacato que não vê outra solução senão aguardar pelo fim, já que qualquer intervenção do ser humano é inadequada e produz prejuízos.

Avançando um pouco mais, será abordada também a questão da água, em que o Papa Francisco afirma claramente que "o acesso à água potável e segura é um direito humano essencial, fundamental e universal, porque determina a sobrevivência das pessoas e, portanto, é condição para o exercício dos outros direitos humanos". Assim, privar os pobres do seu acesso significa "negar-lhes o direito à vida radicado na sua dignidade inalienável" (LS, 30).

As palavras de Francisco apontam para o fato de que a produção das riquezas tende a controlar e privatizar a água, tornando-a, no futuro, uma mercadoria geradora de sérios e grandes conflitos de ordem mundial, visto que, atualmente, mais de dois bilhões de pessoas enfrentam escassez de água e, até 2025, esse número deve chegar a cerca de quatro bilhões de seres humanos (Souza, 2016, p. 149).

Assim, sem o privilégio do acesso a uma fonte de água confiável, as pessoas mais vulneráveis ficam suscetíveis a uma série de doenças como, entre tantas, cólera e diarreia. (Carvalho, 2017, p. 8). Dentre tantas formas possíveis de contaminação, as mais significativas são aquelas produzidas por despejos de esgotos industriais, água de escoamento superficial, contaminações acidentais durante o transporte, manuseio ou armazenagem de materiais perigosos, esgotos domésticos e pela disposição de resíduos de maneira inadequada (Siqueira, 2005, p. 54).

O Papa apresenta considerações sobre a perda da biodiversidade e sobre sua necessária preservação, pois a sua degradação "faz com que esta terra onde vivemos se torne realmente menos rica e bela, cada vez mais limitada e cinzenta" (LS, 34).

Esse tema inicia-se com a questão do desflorestamento e de não termos qualquer direito de provocar a extinção das espécies. Argumenta também que as outras espécies não devem se colocar em subordinação à espécie humana para uma livre exploração, um fundamento teológico que é também bastante inovador. O Papa apresenta a ideia de parte de nosso código genético ser compartilhada com outras espécies – "irritação garantida para os fundamentalistas cristãos" (OC, 2015).

Sobre a matéria, o Papa nos recorda de que a perda decorrente da depredação dos recursos naturais em geral, além daquilo que seria de importância fundamental para o desenvolvimento de uma série de pesquisas em benefício do próprio ser humano, há de se considerar ainda o valor intrínseco de cada ser vivo, de cada espécie, apesar do seu proveito, culminando na necessidade de uma drástica revisão dos valores utilitaristas que norteiam a relação do ser humano com a natureza.

Para o Papa, o ser humano é parte da Terra, não podendo se contrapor aos mecanismos que regulam os ciclos e equilíbrios de maneira desproporcionada. Trata-se de dizer um não à arrogância da dominação sobre a natureza e sobre os seres de modo geral, como foi a interpretação bíblica, inclusive, mas um sim que torna o gênero humano como guardião da Criação, sancionando essencialmente o abandono da concepção antropocêntrica (Viale, 2017).

Pelos mais diversos locais pelo mundo afora, é possível notar com o passar do tempo o desaparecimento de uma quantidade significativa de espécies animais e vegetais. O ser humano, mesmo com uma série de atitudes preservacionistas, acaba perpetuando a deterioração da vida, pois há uma pressão maior e desproporcional advinda do sistema financeiro e do consumismo (Carvalho, 2017, p. 8).

De acordo com José Souza (2016, p. 150), a deterioração dos bens naturais se estende à degradação da qualidade de vida e Francisco propõe uma consciência mais crítica frente a esse fato. Produz a percepção de que o inchaço das cidades, verdadeiras selvas de pedra, é um sinal de que a vida não está em primeiro plano: "Alguns destes sinais são ao mesmo tempo sintomas duma verdadeira degradação social, duma silenciosa ruptura dos vínculos de integração e comunhão social" (LS, 46).

Essa degradação produz como resultado uma perda significativa da qualidade de vida das pessoas, especialmente dos mais vulneráveis, além da grave elevação da desigualdade. Ao citar a Carta Pastoral da Conferência Episcopal da Bolívia, o Papa estabelece que: "tanto a experiência comum da vida quotidiana como a investigação científica demonstram que os efeitos mais graves de todas as agressões ambientais recaem sobre as pessoas mais pobres" (LS, 48). Esse fato pode ser constatado também em relação às nações subdesenvolvidas, visto não ser raro empresas multinacionais, sem o devido cuidado com o ambiente natural, quando se retiram, deixam desastres ambientais e danos humanos (Souza, 2016, p. 150).

A tudo isso adicionam-se os efeitos positivos e negativos do mundo digital, que na sua função própria tem produzido mudanças capitais na convivência social; aproximando as pessoas entre si, mas não contribuindo para a cultura do encontro, gerando uma cultura fria ou alheia ao sofrimento do outro (Carvalho, 2017, p. 9).

Sobre a desigualdade planetária, fica esboçado um elemento importante da "ecologia integral" ao dizer que é preciso escutar tanto o grito da terra quanto o das pessoas excluídas; essas pessoas não são ouvidas por ficarem longe dos centros de poder, das vistas dos profissionais liberais e dos meios de comunicação. Trata-se de um isolamento social apadrinhado pela fragmentação das cidades, que por vezes convive com o discurso ambiental. Discurso que somente poderá ter efetiva validade à medida que se torna uma abordagem também social (OC, 2015).

A desigualdade planetária perpetua cada vez mais indivíduos excluídos e esquecidos, e as autoridades, sem o contato físico com as situações reais, não possuem condições de oferecer soluções adequadas, visto a desigualdade não afetar os indivíduos, mas nações inteiras, e obriga a pensar em uma ética das relações internacionais (Pierre, 2015). "Com efeito, há uma verdadeira 'dívida ecológica', particularmente entre o Norte e o Sul, ligada a desequilíbrios comerciais com consequências no âmbito ecológico e com o uso desproporcionado dos recursos naturais efetuado historicamente por alguns países" (LS, 51).

Conforme Luiz A. A. Pierre (2015), trata-se de um debate muito frequente entre os países desenvolvidos e não desenvolvidos, cuja preocupação é saber quem é o verdadeiro culpado. De um lado há a crítica pelo consumo insustentável do mundo mais abastado, feita pelos países não desenvolvidos; do outro lado, os países desenvolvidos indicam a superpopulação dos demais países como a principal responsável pela crise.

Falar de fraqueza das reações, "mesmo diante dos dramas de tantas pessoas e populações" (Radio Vaticano, 2015b), significa dizer sobre a ausência de líderes e da cultura necessária para o adequado enfrentamento da crise instaurada. A política internacional é marcada pela letargia, da mesma forma que é submissa à economia e à tecnologia, submergindo em parcialidades e interesses particulares (Carvalho, 2017, p. 9). O Papa indica ainda que, mesmo com uma consciência ecológica cada vez maior, não é suficiente para modificar hábitos nocivos de consumo das pessoas, como explica o Observatório do Clima (OC) (2015).

Por sua vez, como argumentado por Zampieri (2016, p. 7), o Papa elabora uma contestação importante. A reação da política internacional diante dos problemas observados se manifesta demasiadamente insuficiente e tímida, provocando preocupações reais. Causam, portanto, a impressão de interesses particulares de âmbito econômico se sobrepondo ao interesse comum que somente a política poderia estabelecer, mas não o faz porque a política tornou-se refém da economia e da lógica do "paradigma tecnoeconômico" (LS, 53) e do "mercado divinizado" (LS, 56).

Segundo Luiz A. A. Pierre (2015), o reflexo dessa falta de reações atesta-se pela ausência de projetos de "paz, beleza e plenitude" (LS, 53); da cultura necessária para enfrentar a crise e de uma urgência de se criar lideranças fortes; "criar um sistema normativo que inclua limites invioláveis e assegure a proteção dos ecossistemas" (LS, 53).

Apesar de tantas condições adversas já estabelecidas e das preocupações advindas dessas circunstâncias, ainda assim se pode notar efeitos contrários e muito positivos de melhorias ambientais, carregando avanços muito significativos às populações, as quais são indicadas na Carta:

> [...] tais como o saneamento de alguns rios que foram poluídos durante muitas décadas, a recuperação de florestas nativas, o embelezamento de paisagens com obras de saneamento ambiental, projetos de edifícios de grande valor estético, progressos na produção de energia limpa, na melhoria dos transportes públicos. Estas ações não resolvem os problemas globais, mas confirmam que o ser humano ainda é capaz de intervir de forma positiva. Como foi criado para amar, no meio dos seus limites germinam inevitavelmente gestos de generosidade, solidariedade e desvelo (LS, 58).

Ao terminar de tratar essa questão, o Papa esclarece que há uma espécie de tentação no ar de acreditar em uma espécie de "ecologia superficial ou aparente" (LS, 59), cuja função é manter as consciências tranquilas diante dos nossos usos e costumes, ou "é a forma como o ser humano se organiza para alimentar todos os vícios autodestrutivos: tenta não os ver, luta para não os reconhecer, adia as decisões importantes, age como se nada tivesse acontecido" (LS, 59).

Como para o Papa Francisco não existe solução única para resolver os problemas socioambientais instaurados, entende-se que o momento é de reflexão para a identificação das possíveis soluções. Assim, os extremos precisam ser desconsiderados, visto que, por um lado entende-se que a população precisaria ser reduzida e ainda diminuída suas intervenções no ambiente; ou, no outro extremo, a condição do progresso e das tecnologias seriam os grandes salvadores.

Nesse aspecto, mais uma vez o Papa enfaticamente convida ao diálogo para tratar de um problema que atinge a todos, de modo a produzir um grande exercício para descobrir soluções e alternativas para que se possa sair da crise estabelecida. Ou, pelas palavras de Zampieri

(2016, p. 7), "o Papa aponta para uma terceira [opção] aberta, dizendo que em casos complexos 'não existe só um caminho de solução'" (Zampieri, 2016, p. 7).

A Igreja, por seu lado, não deve apresentar uma "palavra definitiva e entender que deve escutar e promover o debate honesto entre os cientistas, respeitando a diversidade de opiniões" (LS, 61). Todavia, cabe à Igreja, "como a outros agentes sociais, propor o debate, respeitando as opiniões diversas, para soluções mais viáveis e duradouras. O Papa não é pessimista" (Zampieri, 2016, p. 8). E é desse modo que Francisco se apresenta, dizendo: "A esperança convida-nos a reconhecer que sempre há uma saída, sempre podemos mudar de rumos, sempre podemos fazer alguma coisa para resolver os problemas" (LS, 61).

3.1.2 Segundo capítulo da *Laudato Si'* – O Evangelho da Criação

Pela exposição anterior, ou melhor, mediante todas as problemáticas apresentadas no primeiro capítulo, o Papa Francisco faz uma releitura das narrações bíblicas, oferecendo uma visão global oriunda da tradição judaico-cristã, indicando que "o meio ambiente é um bem coletivo, patrimônio de toda a humanidade e responsabilidade de todos" (LS, 95).

Ao longo desse capítulo, fica clara a condição de uma interpretação equivocada da sentença "subjugai a terra" (Gn 1, 28), que deve ser reconsiderada mediante o "cultivar e guardar" o jardim do mundo (Gn 2, 15; Jó 38-41; Sl 104; Sl 147) e o "reinar com Cristo", a quem foi dado todo o poder sobre o céu e a terra (Mt 28, 18) e que está "presente em toda a Criação com o seu domínio universal" (LS, 100).

O Capítulo II, além de sua apresentação no parágrafo 62, é composto por sete itens: "A luz que a fé oferece" (LS, 63-64); "A sabedoria das narrações bíblicas" (LS, 65-75); "O mistério do universo" (LS, 76-83); "A mensagem de cada criatura na harmonia de toda a Criação" (LS, 84-88); "Uma comunhão universal" (LS, 89-92); "O destino comum dos bens" (LS, 93-95); e "O olhar de Jesus" (LS, 96-100).

Segundo José N. Souza (2016, p. 151), o Papa Francisco propõe uma nova hermenêutica para interpretar a doutrina da Criação sob a ótica do cuidado, uma atenção que é ecumênica. Uma análise acurada dispensa qualquer tipo de fundamento bíblico ou doutrinal, visto importar a causa da injustiça e a falta de amor em relação aos mais vulneráveis.

A proposta do Papa é para uma visão teológica cuja premissa seja: "o Deus dos cristãos, além de ser o Criador do universo, manifestado no Antigo Testamento, é o libertador dos pobres e oprimidos revelado no Novo Testamento e anunciado pela Igreja como salvação" (Souza, 2016, p. 152).

Esse Deus Criador e Libertador, continua José N. Souza (2016, p. 152), se põe em manifesto por meio da pessoa e proposta de Jesus Cristo, visto que durante o seu ministério, Jesus deixa clara sua missão no Evangelho segundo Lucas (4, 15-21), especialmente quando faz a leitura do livro de Isaías: evangelizar os pobres, curar os que sofrem, libertar os cativos, devolver a visão aos cegos e libertar os oprimidos.

Dessa forma, segundo Zampieri (2016, p. 8), mesmo que a Encíclica tenha como alvo todas as pessoas, não somente católicos, o Papa não deixa de falar também, e sobretudo, a partir do Evangelho, certo de que "ciência e religião, que fornecem diferentes abordagens da realidade, podem entrar num diálogo intenso e frutuoso para ambas" (LS, 62). Ou, como observado por Villas Boas (2012, p. 116-117), o encontro dos ecologistas com as pessoas que buscam por uma fé inteligente precisa ser pautado pela humanidade.

Ainda, de acordo com a Arquidiocese de Washington (2015, p. 7), o coração dos ensinamentos do Papa está no significado de o gênero humano ser parte do plano de Deus para a Criação. Diz também que para se obter uma compreensão correta da relação entre os seres humanos e o mundo devemos analisar a antropologia cristã, segundo se revela de forma divina no Livro dos Gênesis. Aqui aprendemos que a Terra não é nossa para se fazer o que quiser, senão para cuidar dela e de tudo que nela existe.

Na Bíblia, "o Deus que liberta e salva é o mesmo que criou o universo. [...] n'Ele se conjugam o carinho e a força" (LS, 73). Como foi dito na Rádio Vaticano (2015b), a narração da criação é central para se conjecturar sobre a relação entre o ser humano e as outras criaturas e sobre como o pecado rompe o equilíbrio de toda a Criação no seu conjunto: "Essas narrações sugerem que a existência humana se baseia sobre três relações fundamentais intimamente ligadas: as relações com Deus, com o próximo e com a terra. Segundo a Bíblia, essas três relações vitais romperam-se não só exteriormente, mas também dentro de nós. Essa ruptura é o pecado" (LS, 66).

Por isso, mesmo que os cristãos ainda interpretem de maneira incorreta as Escrituras, devem se esforçar por rejeitar que se deduza um domínio absoluto sobre as outras criaturas, apesar do fato de serem criados à imagem e semelhança de Deus e do mandato de dominarem a Terra. Ao ser humano cabe a responsabilidade de cuidar e guardar o mundo, sabendo que o fim último das criaturas remanescentes não somos nós. "Todas avançam, juntamente conosco e através de nós, para a meta comum, que é Deus" (LS, 83).

A Bíblia não dá lugar a um "antropocentrismo despótico, mas já descreve a convicção atual de que tudo está inter-relacionado" (LS, 70), sendo que o cuidado legítimo da nossa própria vida e das nossas relações com a natureza é inseparável da fraternidade, da justiça e da fidelidade aos outros. Com essa visão holística, a Encíclica descreve "o mistério do universo" (LS, 76-83), em que cada criatura é potencializada pela docilidade do Espírito Santo de Deus com sua importância e seu significado, sendo, porém, o ser humano a novidade em si com sua "identidade pessoal, capaz de entrar em diálogo com os outros e com o próprio Deus" (LS, 81). É uma incumbência exclusiva ao qual o encarrega de maior compromisso em reconduzir junto consigo toda a Criação para a meta comum alcançada em Jesus Cristo, a plenitude transcendente (Carvalho, 2017, p. 10).

A Encíclica, quando propõe essa visão holística do ser humano, do mundo e da utopia cristã: "fala de ecologia, mas não se prende ao seu sentido raso"; "fala do humano sem cair em antropocentrismos redutivos ou excludentes"; "fala de Deus, mas o pensa como Criador, redentor e partícipe da aventura cósmica" (Altemeyer Jr., 2016, p. 53).

Toda Criação tem em si uma mensagem refletida do amor de Deus que revela, portanto, a harmonia do universo (LS, 84-88) e a interdependência entre si. Os Bispos do Brasil, cita o Papa, sublinharam que toda a natureza, além de manifestar Deus, é lugar da sua presença. Em cada criatura habita o seu Espírito vivificante, que nos chama a um relacionamento com Ele (GS, 2017, p. 11).

É certo que o ser humano não é dono do universo, mas isso não significa igualar todos os seres vivos e tirar dos indivíduos o seu valor característico; por outro lado, "também não requer uma divinização da terra, que nos privaria de nossa vocação de colaborar com ela e proteger a sua fragilidade" (LS, 90). Nessa perspectiva, toda crueldade contra qualquer criatura é contrária à dignidade humana (LS, 92), mas "não pode ser autêntico um sentimento de união íntima com os outros seres da natureza, se ao mesmo tempo não houver no coração ternura, compaixão e preocupação pelos seres humanos" (LS, 91). Necessita-se da consciência de uma comunhão universal: "criados pelo mesmo Pai, estamos unidos por laços invisíveis e formamos uma espécie de família universal, [...] que nos impele a um respeito sagrado, amoroso e humilde" (LS, 89), conforme proferido na Rádio Vaticano (2015b).

Essa comunhão universal com tudo aquilo que circunda os seres humanos, inclusive os próprios seres humanos, possui consequências concretas, que é a destinação comum de todos os bens da terra. A família humana recebeu de Deus como herança a terra para dela se abastecer e partilhar seus frutos sem produzir diferenças entre os indivíduos. Trata-se de uma questão de fidelidade, diz o Papa Francisco, quando se refere ao destino comum dos bens e a questão da propriedade privada (GS, 2017, p. 11).

Na conclusão desse capítulo, remete-se ao fato de o Novo Testamento não nos falar somente de um Jesus terreno e da sua relação tão concreta e amorosa com o mundo. O Evangelho também nos apresenta o Jesus glorioso e ressuscitado, presente em toda a Criação com o seu domínio universal. Isso lança-nos para o fim dos tempos, quando o Filho entregar ao Pai todas as coisas "a fim de que Deus seja tudo em todos" (1 Cor 15, 28). Dessa forma, as criaturas deste mundo já não nos aparecem como uma realidade meramente natural, porque Jesus ressuscitado as envolve misteriosamente e guia para um destino de plenitude. As próprias flores do campo e as aves que Ele, admirado, contemplou com os seus olhos humanos, agora estão cheias da sua presença luminosa (Rádio Vaticano, 2015b).

3.1.3 Terceiro capítulo da *Laudato Si'* – A raiz humana da crise ecológica

Nesse capítulo, aparecem "as causas mais profundas" (LS, 15) para a situação em que nos encontramos, ou melhor, a tecnologia, a globalização e a crise antropocêntrica; ou ainda se pode entender esse capítulo como o "Julgar científico" apontado por Luiz A. A. Pierre (2015).

Para tratar do tema, o Papa Francisco construiu sua argumentação em três itens, além da introdução (LS, 101), ou seja: "A tecnologia: criatividade e poder" (LS, 102-105); "A globalização do paradigma tecnocrático" (LS, 106-114); e "Crise do antropocentrismo moderno e suas consequências" (LS, 115-136).

Ao se buscar as respostas para a crise ecológica, podemos estar tentados a buscar na tecnologia, na ciência ou na economia, áreas que, de muitas formas, contribuem para melhorar a qualidade de vidas das pessoas (Arquidiocese de Washington, 2015, p. 7). Não se pode negar que a tecnociência bem orientada produz grandes benefícios para a sociedade e concede-lhe a oportunidade de progressos na vida e nas atividades rotineiras (GS, 2017, p. 13). No entanto, essas áreas não nos salvarão no final, nos adverte o Papa Francisco, destacando que também podem causar danos relevantes. A relação humana com a natureza não pode ser renovada sem uma renovação da própria humanidade e sem uma compreensão adequada de nosso verdadeiro lugar no planeta (Arquidiocese de Washington, 2015, p. 7).

Na raiz da crise ambiental está a herança de dois séculos de um sem-número de mudanças decorrentes da Revolução Industrial, que não foram suficientes para satisfazer as expectativas de uma vida melhor para todas as pessoas. Nem as mais avançadas descobertas foram capazes de trazer dignidade para toda a humanidade, mas apenas para uma parte dela (Pierre, 2015).

Um diagnóstico possível da nossa época, segundo o que se encontra em Rádio Vaticano (2015b), é o excesso de antropocentrismo, em que o ser humano não consegue reconhecer seu papel adequado diante do mundo, assumindo uma posição autorreferencial, centrada em si mesmo e no próprio poder. Decorre disso a lógica que justifica qualquer tipo de descarte, podendo ser de coisas, resíduos e até pessoas. Uma lógica, um conceito que leva à exploração de crianças, ao abandono dos idosos, à escravização, a superestimar a capacidade do mercado de se autorregular, ao tráfico humano, ao comércio ilegal de animais, suas peles e demais partes.

De maneira especial, além de outras possíveis observações sobre esse posicionamento das pessoas, uma menção interessante está no "relativismo prático", que é "quando o ser humano se coloca no centro" e assim "acaba dando prioridade absoluta aos seus interesses contingentes, e tudo o mais se torna relativo" (LS, 122).

Considerando a abordagem de Carvalho (2017, p. 13), esse relativismo acaba sendo mais perigoso que o doutrinal, no qual se desenvolve um conceito de preservação e cultivo de espécies em extinção (por exemplo), ao passo que não reconhece como um real problema o aborto e as práticas com embriões humanos.

Segundo Zampieri (2016, p. 12), "cabe ao ser humano, numa antropologia responsável, tanto cuidar da natureza, quanto cultivá-la para que produza frutos". O trabalho, se bem orientado, responde à vocação humana que é ser participante da Criação em favor da vida e a técnica não pode simplesmente substituir o trabalho, sob pena da perda do "sentido da vida" (LS, 128).

3.1.4 Quarto capítulo da *Laudato Si'* – Uma ecologia integral

Para tratar do tema abordado no quarto capítulo, o Papa Francisco escolheu a seguinte sequência, precedida por um parágrafo introdutório, o número 137: "Ecologia ambiental, econômica e social" (LS, 138-142); "Ecologia cultural" (LS, 143-146); "Ecologia da vida cotidiana" (LS, 147-155); "O princípio do bem comum" (LS, 156-158); e "A justiça intergeracional" (LS, 159-162).

Apesar de ser o mais curto dos capítulos, pode ser considerado como o "coração da Encíclica" (Zampieri, 2016, p. 12), visto nele se revelar o que o Papa entende como solução para a crise: uma ecologia "que integre o lugar específico que o ser humano ocupa neste mundo e as suas relações com a realidade que o circunda" (LS, 15). Assim, "isto impede-nos de considerar a natureza como algo separado de nós ou como uma mera moldura da nossa vida" (LS, 139). Dessa forma, há o entendimento de que "Tudo e todos têm sua importância, mesmo que tal importância só se constate no futuro" (Cardoso, 2016, p. 3).

Pode-se avaliar que se trata da primeira vez que um sucessor de Pedro aborda o tema da ecologia no sentido de uma ecologia integral de forma tão robusta, complementando a reflexão inovadora do teólogo alemão Jürgen Moltmann, de acordo com o que nos apresenta Altemeyer Jr. (2016), o que para Severino A. da Silva (2018, p. 90) significa uma "revisão do antropocentrismo à luz da Bíblia.".

O Cardeal Turkson, Presidente do Dicastério de Desenvolvimento Humano Integral, que é um dos principais arquitetos da Encíclica, identificou vários princípios por trás da ecologia integral: o imperativo moral de todos os povos consiste em proteger o meio ambiente; cuidar da Criação como uma virtude em si mesma; e a necessidade de uma nova solidariedade global para direcionar nossa busca pelo bem comum. A ecologia integral significa que a integridade ecológica e a justiça social estão ligadas, visto que os seres humanos e a natureza fazem parte de sistemas de vida sustentáveis e interdependentes. Dado que os pobres e vulneráveis são mais adversamente afetados por um sistema planetário enfermo, os dois devem ser abordados em conjunto. Embora isso se apoie nos ensinamentos cristãos tradicionais sobre o cuidado com os pobres, também marca uma mudança importante na concepção da Igreja sobre o relacionamento dos seres humanos com a natureza e os seres humanos com o trabalho (Tucker; Grim, 2016, p. 267).

Esse conceito de ecologia integral, segundo João D. Passos (2016a, p. 151), agrega as diversas ciências (que são os meios analíticos) e a casa comum (que são os fins éticos) como "posturas inseparáveis que afirmam duas dimensões humanas fundamentais, a da racionalidade e a dos valores". Pode-se dizer também que agrega a "perspectiva místico-poética com a racional, que segura a objetividade do discurso, salvaguardando o humano que sente e pensa". O autor ainda esclarece que o teocentrismo, o antropocentrismo e o biocentrismo, que são três grandes categorias que definem as interpretações humanas, "são retiradas de seus isolamentos e de uma sequência linear e colocadas numa relação de complementariedade mútua e numa sincronicidade integradora", onde "Deus é a transcendência que tudo integra em seu mistério" (Passos, 2016a, p. 151).

Além de uma categoria analítica, a expressão ecologia integral é uma categoria hermenêutica que aponta para duas direções interligadas e interdependentes: aponta para "uma consciência gnosiológica que se desperta a partir da análise que leva a verdades resultantes da explicação" ou "aponta para uma consciência, não apenas de conhecimento, mas de internalização de um entendimento que poderá transformar e modificar valores, atitudes e comportamentos de sujeitos". Dessa forma, pelo caminho analítico, as pessoas chegam ao conhecimento da lógica dos fenômenos, ao passo que pelo caminho hermenêutico, os indivíduos não permanecem apenas numa consciência gnosiológica, podendo integrar uma consciência ético-moral (Cervi; Hahn, 2017, p. 150).

Dessa forma, inicialmente o Papa adota como premissa a condição de que "tudo está intimamente relacionado" e a necessidade de um "olhar que leve em conta todos os aspectos da crise mundial", para assim propor uma reflexão sobre a ecologia integral, incluindo as "dimensões humanas e sociais" (LS, 137).

Decorrente dessa afirmação inicial e daquilo que significa ecologia, o Papa recorda a necessidade de se pensar e discutir as condições de vida da sociedade mediante aos modelos de desenvolvimento, consumo e produção, haja vista que tais modelos não conseguiram atender à necessidade de bem comum e produzir as mínimas condições de vida e dignidade para a humanidade em geral.

O meio ambiente é, portanto, uma relação entre natureza e sociedade, que produz efeitos de parte a parte, que influenciam e sofrem influências por essa relação, de modo que qualquer resolução de problemas não pode ocorrer sem considerar toda essa relação complexa estabelecida desde a existência do ser humano no planeta. Daí a afirmação do Papa Francisco de que não existe uma crise ambiental separada da crise social, "mas uma única e complexa crise socioambiental. As diretrizes para a solução requerem uma abordagem integral para combater a pobreza, devolver a dignidade aos excluídos e, simultaneamente, cuidar da natureza" (LS, 139).

Assim, devido ao grande número de interações e variáveis existentes, entende-se que as tomadas de decisões não podem ser eminentemente políticas, exigindo a melhor compreensão científica possível acerca das relações entre o ser humano e a natureza.

O Papa Francisco continua sua explanação considerando também os aspectos culturais da sociedade, afirmando a existência de uma ecologia cultural que coexiste com os demais modos de se entender a ecologia e que está ameaçada da mesma forma. Essa ameaça se explica pela própria condição de a cultura ser o resultado da interação das pessoas dentro da sociedade, e da sociedade contemplando a natureza, uma natureza que vai se esvaindo ao longo do tempo e levando consigo as melhores condições de vida das pessoas e seu equilíbrio junto ao meio em que se habita e de onde surge o patrimônio histórico, artístico e cultural.

Manter, portanto, as condições do patrimônio natural é condição vital para manter o patrimônio cultural "salvaguardando a sua identidade original" (LS, 143), por meio da integração da história, cultura e arquitetura do lugar onde se vive. No mesmo sentido de preservar identidades, o Papa faz severas críticas às tentativas de globalização da cultura, que tem como principal mecanismo o consumismo que padroniza e torna homogêneos as pessoas e os grupos sociais, corroendo a ideia de variedade cultural como "tesouro da humanidade" (LS, 144); ainda, segundo o Papa Francisco, "o desaparecimento de uma cultura pode ser tanto ou mais grave do que o desaparecimento de uma espécie animal ou vegetal" (LS, 145).

Outra questão levantada é a ecologia da vida cotidiana, que constitui a mais concreta e menos teórica da vida das pessoas, considerando especialmente a vida nas cidades com o mínimo equilíbrio e que produza uma qualidade de vida adequada, conduzindo para uma "identidade integrada e feliz" (LS, 147), afastados do caos urbano que é movido pela poluição ambiental, visual e sonora.

Não se trata de um mundo ideal e totalmente planejado, mas de um mundo real conduzido pela promoção da dignidade humana e não pelos "comportamentos desumanos e a manipulação das pessoas por organizações criminosas" (LS, 149).

O Papa Francisco conclui a ideia da ecologia da vida cotidiana com uma reflexão mais profunda sobre a ecologia humana, quando trata da aceitação do próprio corpo como condição de aceitação do dom de Deus e, também, para se evitar a sutil vontade de domínio sobre a Criação, de maneira que não se pretenda "cancelar a diferença sexual" (LS, 155).

Sobre o princípio do bem comum, o Pontífice entende como algo inseparável da ecologia humana pelo papel unificador na ética social, produzindo o devido respeito às pessoas por si, "com direitos fundamentais e inalienáveis orientados para o seu desenvolvimento integral" (LS, 157). O ideal de bem comum assume um papel determinante mediante o que se pode observar atualmente, na forma como vive boa parte da população, haja vista as grandes desigualdades e privações de mínimos direitos, "pessoas descartadas", como se fossem sub-humanos. (LS, 158).

Por fim, ao terminar o quarto capítulo, o Papa Francisco abre espaço para as futuras gerações, de modo que o que fazemos hoje precisa levar em conta todas as demais pessoas "que virão depois de nós" (LS, 159), pois o nosso nível de degradação e consumo extrapolou os limites da natureza, comprometendo o abastecimento das próximas gerações, "por isso, já não basta dizer que devemos preocupar-nos com as gerações futuras: exige-se uma consciência de que é a nossa própria dignidade que está em jogo" (LS, 160).

Segundo o argumento de Fernando Altemeyer Junior (2016, p. 54), a fundamentação do discurso integral por parte do Papa é decorrente de uma série de pensadores e intelectuais, tais como: o mestre sufi Ali Al-Khawwas, Dante Alighieri, Juan Carlos Scannone, Marcelo Perine, Teilhard de Chardin, Paul Ricoeur, Romano Guardini, Santo Tomás de Aquino, São Basílio Magno, São Boaventura, São Francisco, São Justino, Tomás de Celano, Vicente de Lerins, São Bento de Núrsia e Santa Teresa de Lisieux.

O contato com os pensamentos dessas pessoas se dá na medida em que o Papa Francisco escolhe o caminho do diálogo por meio da história, em busca de pensamentos, conceitos e critérios que tornem a vida das pessoas mais adequadas e em comunhão com a natureza – que é fonte de vida –, independentemente de seu papel na Igreja Católica, reiterando sua visão ecumênica e ao mesmo tempo buscando um discurso com propriedades universais, católicas, portanto.

Por meio da ecologia integral, pode-se entender que o Papa Francisco "operou uma grande virada no discurso ecológico ao passar da ecologia ambiental para a ecologia integral", que "inclui a ecologia político-social, a mental, a cultural, a educacional, a ética e a espiritual" de acordo com o pensamento de Leonardo Boff (2016, p. 19). A ecologia integral tem por princípio se responsabilizar, "não somente pelas espécies animais e vegetais, mas pelos direitos dos povos e das culturas" (Souza, 2016, p. 155).

Não se pode separar vida humana e bem comum, e onde existe esse afastamento, essa separação, quem mais sofre são os mais vulneráveis. Ou, por outras palavras, "se tudo está relacionado, também o estado de saúde das instituições de uma sociedade tem consequências no ambiente e na qualidade de vida humana" (LS, 142), sendo assim, "toda a lesão da solidariedade e da amizade cívica provoca danos ambientais" (Bento XVI, 2009a). Dessa forma, conforme Boff (2016, p. 22), "se tudo é relação, então a própria saúde humana depende da saúde da Terra e dos ecossistemas", de forma que "todas as instâncias se entrelaçam para o bem ou para o mal", de tal sorte que se pode considerar que "essa é a textura da realidade, não opaca e rasa, mas complexa e altamente relacionada com tudo.".

Para Cardoso (2016, p. 2), "é preciso incluir as pessoas e povos no conceito de ecologia. É preciso dar voz a todos e não só a alguns". Assim, a Terra ou partes significativas do nosso planeta podem ser destruídos e "isso não será desconhecido pela consciência dos seres humanos ou de parte significativa deles". Diante disso, a nossa liberdade e inteligência são convocadas em causa quando o assunto é ecologia. O cuidado e a preocupação com a sustentabilidade do planeta exigem a emancipação e promoção de todos os seres humanos. O conceito da ecologia integral, que é o cerne da Encíclica "insere o bem comum entre os seres humanos no coração do discurso a respeito da ecologia.".

Conforme Carvalho (2017, p. 14), a ecologia integral é um "desfecho natural da argumentação crítica desenvolvida por Francisco nos capítulos anteriores", indo além das ideias da ecologia ambiental, tratando dos aspectos: econômico, social, cultural, espiritual e da vida cotidiana, sem deixar de lado os "pobres que testemunham também sua forma de ecologia humana e social, vivendo laços de pertença e de solidariedade de uns para com os outros" (GS, 2017, p. 14).

Para Hart (2017, p. 52-53), a consciência humana desse conceito de ecologia integral, que se expressa na conduta humana incorporando a ética da prática socioecológica em nossa comunidade global produziria um futuro com mais justiça e ecologicamente benéfico para tudo e para todos. No diálogo entre teoria e prática, entre uma visão presente de uma nova Terra e sua atualização na Terra, a ecologia integral e a prática socioecológica ética serão mutuamente enriquecidas e estimularão o bem-estar socioecológico e espiritual da Terra, do presente e das futuras gerações, da sociedade e de tudo o que vive e venha nascer.

O Papa concorda com modernos conceitos de ecologia e restauração que consideram as interações humanas com os sistemas naturais como a chave para a sustentabilidade global. Ele faz uma convocação para a formação de uma "ecologia econômica" que, no contexto do humanismo, seria sustentável; que praticada em escala mundial e envolvendo todas as nações ajudaria a desenvolver a sustentabilidade global. A exploração intensiva dos recursos naturais em áreas específicas tende a destruir as culturas das populações locais, dependendo em parte dos recursos que estão sendo explorados. A estrutura das áreas urbanas e suas necessidades, produtos e resíduos têm um impacto enorme na vida das pessoas que vivem nessas áreas, bem como na sustentabilidade do campo circundante (Raven, 2016, p. 258).

Em síntese, esse capítulo "descortina um horizonte articulado, extenso e desafiador", onde a ecologia é um "mosaico vivo", em que as "pedras principais" são a justiça social e a manutenção do ciclo da vida no planeta, que estão associadas às culturas vivas dos povos e à qualidade de vida das pessoas. Tudo isso estreitamente ligado ao conceito de bem comum (Murad, 2017, p. 475).

3.1.5 Quinto capítulo da *Laudato Si'* – Algumas linhas de orientação e ação

Como consequência do apresentado anteriormente, o quinto capítulo expõe nossas possibilidades e deveres, o "Agir" (Pierre, 2015), cuja construção se faz por meio de cinco tópicos e a introdução no parágrafo 163, divididos da seguinte forma: "O diálogo sobre o meio ambiente na política internacional" (LS, 164-175); "O diálogo para novas políticas nacionais e locais" (LS, 176-181); "Diálogo e transparência nos processos decisórios" (LS, 182-188); "Política e economia em diálogo para a plenitude humana" (LS, 189-198); e "As religiões no diálogo com as ciências" (LS, 199-201).

Segundo o Papa, "precisamos de um acordo sobre os regimes de governança para toda a gama dos chamados bens comuns globais" (LS, 174), já que "a proteção ambiental não pode ser assegurada apenas com base no cálculo financeiro de custos e benefícios. O ambiente é um dos bens que os mecanismos de mercado não estão aptos a defender ou a promover adequadamente" (LS, 190).

Tomando em conta que a ecologia tem o efeito e a condição de abranger a todos, a busca de respostas e implementação de estratégias também precisam acontecer pela união de todos. Nesse capítulo, o Papa Francisco descreve alguns dos principais caminhos de diálogo e possíveis soluções práticas com vista a tratar, evitar e mitigar os problemas ambientais. "O objetivo de obter lucro não pode prevalecer sobre nossa obrigação de cuidar da Criação" (Arquidiocese de Washington, 2015, p. 10).

Fazendo jus à sua raiz jesuíta, o Papa Francisco pede discernimento quando afirma que "em qualquer discussão sobre um empreendimento" seria necessário responder um conjunto de perguntas, de modo que seja possível "discernir" se o empreendimento será sustentável e integral: "Para que fim? Por qual motivo? Onde? Quando? De que maneira? A quem ajuda? Quais os riscos? A que preço? Quem paga as despesas e como o fará?" (LS, 185); como uma exortação por transparência e honestidade nas decisões.

Segundo a Rádio Vaticano (2015b), frequentemente nesse capítulo o Papa Francisco insiste sobre o desenvolvimento de processos de decisão honestos e transparentes, para que haja clareza sobre quais políticas e iniciativas empresariais poderão levar a um verdadeiro desenvolvimento integral. Em particular, o estudo do impacto ambiental de um novo projeto necessita de processos políticos cristalinos e sujeitos ao diálogo, "enquanto a corrupção, que esconde o verdadeiro impacto ambiental dum projeto em troca de favores, frequentemente leva a acordos ambíguos que fogem ao dever de informar e a um debate profundo" (LS, 182).

Especialmente no parágrafo 165, o Papa Francisco abandona por um momento sua linha mais sonhadora e faz uma concessão ao pragmatismo, admitindo que é preciso haver soluções transitórias na

CARTA ENCÍCLICA *LAUDATO SI'*: UM DIÁLOGO COM A CIÊNCIA SOCIOAMBIENTAL

passagem entre os combustíveis fósseis e as energias renováveis. "Ele não diz o nome do santo que causaria esse 'mal menor', mas o gás natural e a energia nuclear (pela qual Francisco declara antipatia) costumam ser invocados quando os políticos falam em soluções transitórias". Não pode ser caracterizada como uma defesa do gás natural, "mas é um ponto importante da Carta" (OC, 2015).

Conforme Pierre (2015), não obstante a Declaração de Estocolmo de 1972, a ECO-92 e Rio+20, entre tantos eventos com as mesmas finalidades, o Papa diz que "as negociações internacionais não podem avançar significativamente por causa das posições dos países que privilegiam os seus interesses nacionais sobre o bem comum global" (LS, 169), além de alertar contra os mercados de carbono como uma panaceia, visto que podem levar os países a não modificarem seus padrões de consumo (OC, 2015).

Utilizando-se da Exortação Apostólica *Evangelii Gaudium*, que trata do chamado à santidade no mundo atual, o Papa Francisco alerta que, na acusação recíproca entre política e economia pela responsabilidade da pobreza e da degradação ambiental, vale também o princípio de que "a unidade é superior ao conflito" (LS, 198), ou pelo que expressa a Exortação:

> Deste modo, torna-se possível desenvolver uma comunhão nas diferenças, que pode ser facilitada só por pessoas magnânimas que têm a coragem de ultrapassar a superfície conflitual e consideram os outros na sua dignidade mais profunda. Por isso, é necessário postular um princípio que é indispensável para construir a amizade social: a unidade é superior ao conflito. A solidariedade, entendida no seu sentido mais profundo e desafiador, torna-se assim um estilo de construção da história, um âmbito vital onde os conflitos, as tensões e os opostos podem alcançar uma unidade multifacetada que gera nova vida. Não é apostar no sincretismo ou na absorção de um no outro, mas na resolução num plano superior que conserva em si as preciosas potencialidades das polaridades em contraste (EG, 228).

Vale esclarecer que o conceito de que a unidade é superior ao conflito é um dos princípios estratégicos da DSI, raízes encontradas em Leão XIII, no parágrafo 9 da Carta Encíclica *Rerum Novarum* (Leão XIII, 1891): "A concórdia traz consigo a ordem e a beleza; ao contrário, dum conflito perpétuo só podem resultar confusão e lutas selvagens". Ou ainda, anos mais tarde, durante o Concílio Ecumênico Vaticano II, por meio da

Constituição Pastoral *Gaudium et Spes* (Concílio Ecumênico Vaticano II, 1965), que no parágrafo 74 estabelece que os homens "que se reúnem na comunidade são muito diferentes, e podem legitimamente divergir de opinião.".

Assim, mediante o conceito da interdependência explicitado ao longo da Carta, urge a obrigação de se "pensar em um único modelo, em um projeto comum, isso não se faz tendo em mente países isolados, mas em consenso mundial" (GS, 2017, p. 15). Essa interdependência leva-nos a pensar objetivamente sob a luz do conceito de *casa comum* (DAp, 125; LS, 1), cujas soluções e ações propostas precisam ser feitas a partir de uma perspectiva mundial, sob a interlocução da ONU, dos Conselhos Ecumênicos etc. (Murad, 2017, p. 473).

Para o Papa, todas as instâncias de poder precisam usar do diálogo em favor do nosso planeta. As religiões, por sua vez, também devem assumir esse papel, principalmente em relação às ciências. Não se pode resignar diante da ideia de que a ciência, a partir de seu método experimental, possui a verdade sobre a vida e sobre a morte (Souza, 2016, p. 157).

Dessa forma, "o Papa apela para a humildade da ciência e sua metodologia em reconhecer que nem tudo ela é capaz de dar conta" (Zampieri, 2016, p. 17), mesmo porque, como já tratei desse tema anteriormente, a ciência tem como objetivo buscar a verdade, porém é necessário admitir como premissas que: "à medida que o tempo passa, essa verdade pode ter sido construída de maneira inadequada"; ou "que, consciente ou inconscientemente, essa verdade pode estar contaminada"; ou "a objetividade absoluta é uma miragem"; ou ainda, que "a atividade científica está em constante inacabamento" (Siqueira, 2017, p. 67).

Ainda acerca da questão da ciência, o Papa Francisco em uma entrevista concedida ao Padre Antonio Spadaro, declarou, com a ajuda do pensamento de São Vicente de Lérins (Francisco, 2013f, p. 35): "a compreensão do homem muda com o tempo, e assim a consciência do homem se aprofunda". [...] "Os exegetas e os teólogos ajudam a Igreja amadurecer o próprio juízo. Também as outras ciências e a sua evolução ajudam a Igreja nesse crescimento na compreensão.".

Dessa maneira, entende-se como importante as contribuições, até as não científicas, que duvidem ou instiguem a construção das ditas verdades e, com isso, entende-se, pela contribuição de José Souza (2016,

p. 157), que a religião apresenta um papel carregado de significado na sua proposta de sentido para a existência humana.

É de fundamental importância, continua Souza, que as religiões reconheçam os avanços das ciências e que estas reconheçam a lógica da linguagem religiosa perante a vida. O Papa Francisco exorta aos crentes para que perseverem numa fé sem incoerências, nutrindo-se das convicções sobre o amor, a justiça e a paz, mas que se abram também para o diálogo com as demais crenças, mirando o cuidado com a natureza (Souza, 2016, p. 157).

3.1.6 Sexto capítulo da *Laudato Si'* – Educação e espiritualidade ecológicas

Como "toda mudança tem necessidade de motivações e de um caminho educativo" (LS, 15) e o que está perceptível nos problemas ambientais são as questões envolvendo o comportamento humano, o último capítulo trata da educação e espiritualidade ecológicas. De acordo com Carvalho (2017, p. 16-17), nesse capítulo "Francisco apresenta a educação e a espiritualidade como que duas asas que levam o homem a uma mudança radical capazes de criar novos estilos de vida e uma nova aliança da humanidade com o meio ambiente.".

Para nos apresentar suas argumentações, o Papa Francisco lança mão da seguinte estrutura: "Apontar para outro estilo de vida" (LS, 203-208); "Educar para a aliança entre a humanidade e o ambiente" (LS, 209-215); "A conversão ecológica" (LS, 216-221); "Alegria e paz" (LS, 222-227); "Amor civil e político" (LS, 228-232); "Os sinais sacramentais e o descaso celebrativo" (LS, 233-237); "A Trindade e a relação entre as criaturas" (LS, 238-240); "A Rainha de toda a Criação" (LS, 241-242); "Para além do Sol" (LS, 243-245); vele mencionar que o capítulo em questão é apresentado pelo parágrafo 202 e as duas orações que finalizam a Carta são apresentadas no parágrafo 246, sendo uma "pela nossa terra" e a outra com o título "Oração cristã com a Criação".

A premissa está na "mudança nos estilos de vida" (LS, 203), conduzindo, por sua vez, "à mudança do comportamento das empresas, forçando-as a reconsiderar o impacto ambiental e os modelos de produção" (LS, 206). Ou, como indicado pela Arquidiocese de Washington (2015, p. 11), "nosso Santo Padre propõe uma conversão ecológica; uma mudança no estilo de vida e de pensamento que se afasta da cultura individualista do consumismo e da posse de coisas e se aproxime de um estilo de vida mais altruísta.".

Além disso, as nossas atividades mais simples precisarão ser repensadas de modo a produzir cada vez menos impactos ambientais, incluindo atitudes como "apagar as luzes desnecessárias" (LS, 211), pois "uma ecologia integral é feita também de simples gestos quotidianos, pelos quais quebramos a lógica da violência, da exploração, do egoísmo" (LS, 230).

No capítulo final, que está "dentro da perspectiva do agir" (GS, 2017, p. 16), se repete que o dano ecológico percebido se deve a uma falta de consciência de nossa origem comum, nossa pertença mútua e ao fato de que o mundo e seus conteúdos devem ser compartilhados com todos os presentes e, também, com as gerações futuras, o que nos apresenta um desafio educacional, assim como um chamado à ação, bem como uma necessidade de renovação espiritual. O Papa pede que orientemos nossos corações aos demais e renovemos nosso compromisso com a prática da solidariedade e da interdependência. Além disso, indica que mediante pequenos gestos, podemos fazer um mundo melhor (Arquidiocese de Washington, 2015, p. 11).

Em tempo, a solidariedade é apontada pelo Papa Francisco como elemento fundamental que deve estar presente nas relações mundiais, além de ser um antídoto ao sistema econômico vigente que gera exclusão, pobreza e a cultura do descarte para a maioria da população do planeta (Carletti, 2015, p. 234).

Uma educação cristã, comprometida com a sustentabilidade do planeta, leva a uma conversão ecológica integral, isto é, não só a uma consciência crítica acerca da realidade, mas uma transformação prática nos hábitos, nos costumes, na forma de agir e no modo de existir no mundo. Há uma necessidade premente de um programa de educação ambiental que não transmita apenas informações de riscos, mas que seja crítico às afirmações equivocadas acerca do progresso e do poder do capital (Souza, 2016, p. 157).

Mediante essa preocupação do Papa com a educação de pessoas e não de processos formativos organizacionais, ele situa o ser humano como protagonista e com potencial real de modificação de si e do seu entorno, manifestando que a crise ecológica tem raiz humana, mas com potencial de superação por ele mesmo, segundo destaca Carvalho (2017, p. 17).

"Para os cristãos o Evangelho pode ser fonte de uma espiritualidade ecológica que muda a forma de pensar, sentir e viver" (Zampieri, 2016, p. 18). Ou como nos apresenta Leite (2015), "essas linhas de ações para a educação ambiental estão inspiradas no tesouro da experiência espiritual cristã". Entretanto, apesar de os cristãos possuírem uma rica tradição em favor de uma espiritualidade ecológica, infelizmente estão tomados por um torpor paralisante que precisa ser vencido, condição que produz passividade e os impede de mudar hábitos. Considerando isso, essa guinada será possível por meio do encontro com Jesus Cristo, fonte de conversão. Em paralelo, não se pode desconsiderar a figura de São Francisco de Assis como aquele que encarnou a conversão ecológica.

Como expõe José Souza (2016, p. 158), para o autor da Encíclica, Papa Francisco, "Jesus trouxe de volta o senso de filiação, lembrando que Deus é Pai e, por isso, o amor fraterno só pode ser gratuito e universal". Afirma ainda que "vale a pena ser bom e honesto, quebrando a lógica da injustiça e fortalecendo uma cultura do cuidado em relação ao criador e todas as criaturas.".

3.1.7 Considerações sobre o conteúdo da *Laudato Si'*

Como forma de fechar a apresentação da Carta Encíclica *Laudato Si'*, entendo como importante apresentar algumas considerações sobre o seu conteúdo, além de oferecer considerações que alguns pesquisadores fizeram para finalizar seus textos que funcionaram como guias de leitura do documento, não se tratando do processo de recepção propriamente dito.

Inicialmente, vale destacar que um dos pontos centrais da Encíclica é a pergunta: "Que tipo de mundo queremos deixar a quem vai suceder-nos, às crianças que estão crescendo?" (LS, 160). Uma pergunta intrinsecamente ligada à ideia de desenvolvimento sustentável anunciada pela onda verde que atingiu o mundo há algumas décadas, ou mais precisamente: "desenvolvimento sustentável é aquele que atende às necessidades do presente sem comprometer a possibilidade de as gerações futuras atenderem a suas próprias necessidades" (Brundtland *et al.*, 1991, p. 46); um conceito inicialmente desenvolvido em 1987 no documento intitulado *Nosso futuro comum,* também conhecido como Relatório de Brundtland e consolidado na Conferência sobre Meio Ambiente e Desenvolvimento, realizada na cidade do Rio de Janeiro no ano de 1992, a ECO-92.

Outro ponto fundamental da LS é uma frase repetidas em dez oportunidades no texto, mesmo com pequenas variações, mas sempre preservando o mesmo sentido: "tudo está estreitamente interligado no mundo" (LS, 16), ou "tudo está inter-relacionado" (LS, 70); ou "tudo está interligado" (LS, 90; 117; 138; 240); "tudo está relacionado" (LS, 92; 120; 142); e "tudo está intimamente relacionado" (LS, 137).

Corroborando com essa compreensão de que tudo está conectado, o Observatório do Clima publicou um artigo intitulado *Entenda ponto a ponto a encíclica "Laudato Si", do Papa Francisco* (OC, 2015), apresentando seu entendimento acerca da Encíclica, estabelecendo se tratar de uma mensagem central do documento. Assim, pode-se perceber que o ser humano não deve estar dissociado do planeta ou da natureza existente, pois destruir essa natureza equivale a destruir o próprio ser humano, por conta da sua real dependência. Da mesma forma, continua o Observatório do Clima (2015), não é possível tratar da proteção do meio ambiente sem envolver também a proteção do ser humano, em especial os mais pobres e vulneráveis, raciocínio este denominado de "ecologia integral", o qual permeia o texto, sendo citado 10 vezes (LS, 10; 11; 13; 62; 124; 137; 156; 159; 225; 230).

Por outras palavras, Guido Viale, ao analisar o pensamento do Papa Francisco, exprime que fica evidente o conceito de não ser "possível destruir ou retirar dos seres humanos campo, trabalho e moradia", ou melhor, "um ambiente saudável" com a "possibilidade de agir na história e convivência baseada na justiça sem anular as possibilidades de sobrevivência de todo gênero humano" (Viale, 2017).

Apesar de sermos provenientes de uma mesma base, nosso comportamento ao longo do tempo foi assumindo um papel de distanciamento de nossas origens constitutivas, ao ponto de se colocar em risco e de maneira reiterada, apesar dos constantes avisos produzidos pelas várias teorias e pelos fatos continuamente surgidos ao longo da história da humanidade, mais especialmente na década de 1960.

O Papa Francisco aponta na introdução desse documento que não está apresentando nenhuma novidade e nada de radical ao abordar a necessidade de se respeitar o mundo onde vivemos, senão a reafirmação dos ensinamentos da Igreja Católica, visto seus três antecessores tratarem da necessidade de atuação frente às ameaças e aos danos ao meio ambiente natural e social (Arquidiocese de Washington, 2015, p. 5).

É perante essa premissa que o Papa Francisco pede pela conversão ecológica de todos, engrossando o coro de tantos e fazendo uso das palavras do Papa João Paulo II, de sua Catequese de 2001, sensibilizando todos a uma adesão livre e responsável ao modo de vida pautado no desenvolvimento sustentável e integral, haja vista a condição de interdependência sistêmica de todas as coisas, enfim a responsabilidade para "proteger a nossa casa comum" (LS, 13).

Ratificando esse entendimento, algo posto em evidência e já no terceiro parágrafo é o pedido de "diálogo com todos" (LS, 3), de modo que o "Ver, Julgar e Agir" sejam estabelecidos em conjunto, em consenso. Aliás, ela, a palavra diálogo, poderá ser observada 25 vezes ao longo do documento, mas, de acordo com Rádio Vaticano (2015b), especialmente no quinto capítulo se torna instrumento para enfrentar e resolver os problemas socioambientais.

Ainda, para Carvalho (2017, p. 3), quando o Papa Francisco evoca o conceito da ecologia integral, na qual todos se unem como uma "única família na busca de um desenvolvimento sustentável e integral" (LS, 13), não se trata de um discurso normativo, mas sim propositivo, que tem no diálogo o melhor instrumento para essa mudança.

Mesmo mediante um cenário bastante degradado, o Papa Francisco declara sempre haver esperança no horizonte, tendo em vista que há uma crescente sensibilização para o problema enfrentado por todos, além da capacidade do próprio ser humano.

Esse sentimento de esperança encontra-se bem colocado em alguns parágrafos da LS, mas em especial no 13, 58, 61, 71, 205 e 244, ou melhor:

- "A humanidade possui ainda a capacidade de colaborar na construção da nossa casa comum" (LS, 13);

- "O ser humano ainda é capaz de intervir de forma positiva" (LS, 58);

- "A esperança convida-nos a reconhecer que sempre há uma saída, sempre podemos mudar de rumo, sempre podemos fazer alguma coisa para resolver os problemas" (LS, 61);

- "Basta um homem bom para haver esperança!" (LS, 71);

- "Nem tudo está perdido, porque os seres humanos, capazes de tocar o fundo da degradação, podem também superar-se, voltar a escolher o bem e regenerar-se" (LS, 205);

- "Caminhemos cantando; que as nossas lutas e a nossa preocupação por este planeta não nos tirem a alegria da esperança" (LS, 244).

Fica implícito na forma como o Papa Francisco trata a questão da confiança no ser humano, nessa esperança nas ações dos indivíduos, posto que, se a forma inadequada de tratarmos a casa comum se deu com a entrada do pecado (LS, 2), por outro lado, Jesus Cristo "carregou nossos pecados em seu próprio corpo, sobre a cruz, a fim de que, mortos para os pecados, vivamos para a justiça" (1Pd 2, 24).

Muito embora a Encíclica seja dirigida aos católicos, seu propósito é bem mais amplo, tão universal como é a própria salvação para a Igreja Católica, ecumênico em essência, pedindo a todos, agradecendo a muitos e convidando a humanidade a reconhecer "a riqueza que as religiões possam oferecer para uma ecologia integral e o pleno desenvolvimento do gênero humano" (LS, 62).

Ao final da introdução, o Papa explica que embora os capítulos carreguem abordagens próprias, a Encíclica é atravessada por alguns eixos temáticos, analisados por uma variedade de perspectivas, conferindo uma forte unidade: a relação entre os pobres e a fragilidade do nosso planeta; a convicção de tudo estar interligado; a crítica do novo conceito e das formas de poder derivados da tecnologia; o convite para buscar outras maneiras de compreensão da economia e o progresso; o valor próprio de cada ser vivente; o sentido humano da ecologia; a necessidade de debates sinceros e honestos; a grave responsabilidade da política internacional e local; a cultura do descarte e a proposta de um novo estilo de vida (LS, 16; Rádio Vaticano, 2015b).

Para Viale (2017), o pensamento do Papa Francisco contido na Encíclica não pode ser comparado ao de qualquer líder político ou grupo de governo, haja vista a grandeza de seu pensamento, que consegue abranger o global e o local, a experiência cotidiana e as perspectivas históricas, o comportamento individual e as escolhas em níveis políticos mais amplos.

Wagner Carvalho (2017, p. 21) estabelece a condição de que a Carta é a continuidade de sua proposta, visto o tema ser constantemente tratado pelo Pontífice. Nesse documento, fica efetivamente clara a complexidade do problema ambiental em contraponto com a simplicidade de sua raiz, que é o ser humano. Assim, não se pode desenvolver um discurso ecológico sem uma adequada antropologia.

Por seu lado, Zampieri (2016, p. 20-23) estabelece cinco chaves de leitura como interpretação da *Laudato Si'*, ou seja: 1 – Não é uma Encíclica verde. É uma Encíclica de ecologia integral ou orgânica; 2 – Não é uma Encíclica ideológica. É uma Encíclica entre teologia, ética e ciências; 3 – Não é uma Encíclica para fechar o debate, mas para estimulá-lo; 4 – Não é uma Encíclica datada. É uma Encíclica para o futuro; 5 – Não é uma Encíclica para os amantes da ecologia. É uma Encíclica de provocações para todos.

Consideram alguns que, após a publicação da Carta Encíclica *Laudato Si'*, o exame de consciência recomendado pela Igreja Católica precisará incluir uma nova dimensão, "considerando não apenas como se vive a comunhão com Deus, com os outros, consigo mesmo, mas também com todas as criaturas e a natureza" (Rádio Vaticano, 2015b).

Por fim, considera-se que o Papa Francisco, ao estabelecer contato com as principais Encíclicas dos seus antecessores e que são tangentes à Doutrina Social da Igreja, percebeu que havia "a necessidade de observar não só o mundo do trabalho, mas o lugar de onde se retira a matéria prima do trabalho: o meio ambiente. Em outras palavras, quis ressaltar a relação sustentável entre o ser humano e natureza" (Souza, 2016, p. 158).

3.2 AS RECEPÇÕES DA CARTA ENCÍCLICA *LAUDATO SI'*

A partir do momento em que um texto se torna público, "inicia--se seu processo de recepção" (Tavares, 2016a, p. 8), especialmente documentos com a envergadura de uma Carta Encíclica, e nesse caso mais especialmente por se tratar de um tema tão relacionado às pessoas e suas condições de vida.

De acordo com o mesmo autor, Sinivaldo S. Tavares, a recepção "revela o legítimo direito do Povo de Deus de não apenas receber a verdade inteira da fé, mas compreendê-la integralmente, reelaborando-a no horizonte de sua situação histórica atual", sendo uma fidedigna (ou mais próxima possível) apropriação do sentido que é transmitido, enfim sua compreensão e não uma "espécie de obediência cega" (Tavares, 2016a, p. 8).

Vale observar que houve um grande esforço por parte do Vaticano em potencializar a difusão do conteúdo da Carta, de modo que o seu conteúdo foi traduzido para oito idiomas diferentes: inglês, espanhol, italiano, francês, alemão, polonês, árabe e português (Disorbo, 2017, p. 6).

Diante dessa premissa, portanto, serão apresentadas recepções do documento do Papa Francisco, a Carta Encíclica *Laudato Si'*, com uma diversificação significativa, possibilitando uma melhor compreensão de seu sentido, evitando-se ao máximo possível as parcialidades.

Inicialmente, vale considerar que a cobertura da mídia para esse documento foi inédita, incluindo a cobertura em todos os principais jornais e meios de comunicação nos Estados Unidos, que se deu pela popularidade do Papa Francisco, sua autoridade moral e, também, pela gravidade das questões ambientais, especialmente as mudanças climáticas, tendo em vista as divulgações de dados pelo Painel Intergovernamental sobre Mudanças Climáticas (Tucker; Grim, 2016, p. 261).

Partindo da condição que a Encíclica passou pelo processo de recepção imediatamente após a sua publicação tendo como confirmação a "larga difusão no universo midiático" (Tavares, 2016b, p. 8), foi possível iniciar a apresentação de algumas dessas recepções, visto que em Luiz (2016, p. 1-12) foi feita uma verificação da forma como os meios de comunicação abordaram a divulgação.

Esse artigo realizou a análise das reportagens veiculadas em meios de comunicação durante os meses de junho e julho de 2015, ou seja, logo após a sua publicação. Como resultado, o artigo apurou que as reportagens "não corresponderam à amplitude dos assuntos trabalhados" na *Laudato Si'*. Pelo contrário, "prevaleceu a abordagem de um único tema – as mudanças climáticas" (Luiz, 2016, p. 1).

O estudo apresentado considerou as repercussões nas mídias (rádio, televisão, revista, jornal e internet) de abrangência nacional (Brasil), desde a publicação de maneira não autorizada da versão da Carta, que ocorreu em 15 de junho de 2015, pela revista italiana *L'Espresso*, passando pela divulgação oficial em 18 de junho de 2015, abrangendo ainda a viagem à América do Sul entre os dias 5 e 12 de julho daquele ano, e o encontro com os prefeitos de 60 cidades de diferentes partes do mundo (Luiz, 2016, p. 6-8).

Segundo o autor, apesar de uma quantidade robusta de matérias que trataram do documento do Papa Francisco, "curiosamente, nenhuma reportagem discutiu o papel de influência do Vaticano sobre a temática ambiental", além de "não demonstrarem curiosidade em querer saber sobre a posição de outros líderes religiosos sobre o tema" (Luiz, 2016, p. 10-11).

Assim, deixaram de incluir, entre tantos temas, os sociais acerca do acesso à água e à pobreza, focando esforços em tratar das mudanças climáticas, excetuando raríssimas exceções. Condição que pode ter como principal fator a proximidade com a Conferência do Clima que seria realizada em Paris, no mês de dezembro daquele mesmo ano, fato que explica, mas não justifica a postura dos meios de comunicação, quando se tem como princípio a divulgação imparcial de informações, principalmente diante de um tema tão aderente à humanidade (Luiz, 2016, p. 11).

Vito Mancuso, teólogo italiano, em seu artigo publicado no periódico *La Repubblica*, em 16 de junho de 2015, considerou a existência de três conceitos, segundo ele "decisivos na complexa interpretação bergoglina do cristianismo como serviço e defesa do homem" (Mancuso, 2015):

a. o louvor, ou a dimensão contemplativa, segundo a espiritualidade jesuíta;

b. o cuidado, que é uma prática voltada para o bem e para a justiça;

c. a casa comum, como dimensão comunitária da vida humana, que é sempre vida de uma pessoa pertencente a um povo.

Ainda segundo o teólogo, "tem-se uma sensação de autêntica novidade" ao menos por três motivos (Mancuso, 2015):

a. o estilo simples e imediato que recorda a água de que fala o Papa que "nos vivifica e restaura";

b. a atenção dada às contribuições que normalmente não constituem as fontes do magistério papal, tais como as obras de outros líderes religiosos e as análises dos cientistas, sociólogos e economistas; e

c. a força surpreendentemente "laica" dos argumentos e da argumentação.

Também foi possível colher argumentos teológicos sobre a Encíclica em Mario F. Miranda (2016, p. 9), extraídos das linhas subjacentes à Carta. Assim, o autor nos indica que decorre de uma crise que se enraíza na perda de sentido do projeto salvífico do ser humano, a perda da importância de tratar a natureza com devido respeito e cuidado.

Para o autor, "a novidade deste grito de alerta do Papa Francisco" é que: "danificar a natureza implica também prejudicar o ser humano, gerando pobreza, desigualdades sociais, marginalizações", fator este que está centrado na "atual cultura", que confere "privilégios ao lucro em detrimento do ser humano e da natureza", uma "chave de leitura deformada que não consegue enxergar todas as dimensões da questão" (Miranda, 2016, p. 10-11; 2017, p. 92).

O ser humano é de fundamental importância para a solução das questões socioambientais, mas não submisso à cultura vigente, mas "enquanto consciente de sua responsabilidade diante da natureza e de seus semelhantes", uma perspectiva cristã da pessoa humana e da natureza, visto que as melhores atitudes diante dos demais e do que nos rodeia é resultado de uma certeza de origem comum e de um futuro partilhado (Miranda, 2016, p. 11-12).

À luz da fé cristã, a Criação é uma realidade qualificada, visto estar totalmente inserida no desígnio salvífico do Deus Criador. "Toda ela se encontra vocacionada para uma finalidade que a transcende, toda ela é dotada de um dinamismo interno voltado para uma plenitude querida pelo próprio Deus". Como o ser humano é espírito e matéria, somente pode se realizar de maneira plena quando conserva seu corpo, considerando que o espírito somente se realiza como tal na matéria, a qual possibilita a interação com Deus, com os outros e com a natureza (Miranda, 2016, p. 12-15; 2017, p. 98).

Dessa forma, é possível entender que a ruptura do ser humano com o desígnio salvífico de Deus incide sobre o próprio indivíduo, seus semelhantes e, também, sobre a natureza. O pecado acaba por se consagrar também como negação do mundo criado e se manifesta na crise ecológica, não se respeitando a vocação e o tempo da natureza, e "no fim o próprio ser humano será vítima de sua insânia" (Miranda, 2016, p. 15; 2017, p. 99).

Na esteira do pensamento teológico, há que se considerar também o exposto por Ribeiro Neto (2016, p. 18-19), quando argumenta a condição de a Encíclica estar inserida no ideário original do movimento ecológico, pregando uma forma de organização social de maneira mais sóbria e não aderente ao consumismo, de modo que seja possível recuperar a beleza da vida e a real alegria. Diante dessa e tantas outras premissas apresentadas, o autor entende que a *Laudato Si'* foi considerada como algo de extrema importância. Um ponto manifesto, em função da recepção da *Laudato Si'*, "é a adesão tanto da Igreja institucional como da comunidade dos fiéis aos pontos que o discernimento da fé aponta como justos na pauta ambientalista". Não obstante, para que sejam possíveis os frutos, entende-se como necessária que a "inteligência da fé se torne uma inteligência da realidade capaz de iluminar os desafios vividos pela sociedade atual" (Ribeiro Neto, 2016, p. 8).

Em Tavares (2016b), ainda pela via da Teologia, se apresenta uma avaliação da Carta, em que há a consciência de que desafios complexos demandam práticas e saberes integrais. Por vezes, o Pontífice menciona seus pressupostos, dos quais merecem destaque: que todas as coisas, instâncias e saberes estão interligados; que não se trata de várias crises, mas de uma única crise complexa e global; que é preciso articular o local ao global.

Conforme nos apresenta o autor, a leitura da Carta Encíclica nos convence "sempre mais de que o Papa Francisco esteja interpelando-nos a pensar juntos com o intuito de curar as feridas abertas de nossa realidade humana, histórica e cósmica". Parecendo ser essa a grande motivação do "apelo à aliança entre os vários saberes tendo em vista o cuidado do planeta, nossa casa comum" (Tavares, 2016b, p. 78).

Será possível perceber que o "adjetivo integral é a marca característica não apenas das vias alternativas à crise, mas também das dimensões constitutivas da fé cristã". Dessa forma, a complexidade dos acontecimentos que, juntos, constituem a crise socioambiental não possibilitam soluções diferentes das denominadas integrais (Tavares, 2016b, p. 78-79).

Do mesmo modo, há que se estabelecer que uma evangelização integral, inspirada e sustentada por Jesus, nunca poderá se descuidar de todos os seres humanos e, por extensão, de todas as criaturas, nem tampouco satisfazendo-se com pregações menores e práticas parciais. A espiritualidade cristã não pode se conformar em se tornar "refém de partes dos seres humanos, das criaturas e do mundo". Precisará passar por uma conversão que vá ao encontro de uma espiritualidade integral. "Portanto, a partir da integralidade constitutiva de sua própria tradição de fé, o cristão buscará discernir e reconhecer a complexidade inerente à vida e corresponder a ela mediante propostas e iniciativas igualmente integrais", argumenta Tavares (2016b, 79).

Monsenhor Giampetro Dal Toso (2015a), em sua percepção cristológica da *Laudato Si'*, entende que, da mesma forma que o ambiente de maneira geral está configurado pela necessidade da troca entre seus elementos, como se nos apresentam a condições da ecologia com suas cadeias e ciclos, todo ser humano não pode estar fechado em si, sendo necessárias as devidas aberturas para o Criador, para os demais seres humanos e, também, para o meio ambiente. Sem um olhar teológico para a natureza, entretanto, corre-se o risco de essa abertura reduzir nossa percepção do ambiente para um ambientalismo que, por vezes, considera mais valioso um animal que a vida do ser humano. Assim, o Papa Francisco, com sua Carta, nos encoraja para uma mudança pessoal, para que os grandes processos também mudem, mesmo que lentamente.

A propósito do conceito de ambientalismo, que também pode ser conhecido por ecologismo ou preservacionismo, Carlos Ramalhete (2017, p. 38-39) comenta que se trata de uma ideologia que prega que o ser humano é uma praga que devasta o planeta e a natureza pela sua própria existência, considerando que o ideal para o mundo seja a diminuição radical do número de pessoas e condenam qualquer modificação do meio ambiente natural.

A propósito, Domènec Melé (2003, p. 243-244) afirma que é inaceitável a posição desse grupo de ambientalistas, sem qualquer desejo de desvalorizar as atitudes relacionadas à preservação das demais espécies, entretanto, "o homem – cada homem – não é só um indivíduo de uma espécie zoológica, mas também é *pessoa.*".

A Encíclica carrega consigo dois fenômenos importantes que possuem forte conexão com a relação entre o ser humano e o meio ambiente, que é o desprezo com o meio ambiente e o desprezo com as pessoas, que o Papa denomina como "cultura do descarte", que pode ser constatada sob a utilização sem cuidado dos bens da natureza e da exclusão de pessoas ao acesso às condições mínimas de dignidade, cuja raiz está na ganância (Dal Toso, 2015b).

No que se refere ao processo de acolhimento e compreensão do documento papal pela comunidade evangélica, foi lançado como um livro (Ribeiro, 2016), com um conjunto de artigos escritos por diversos evangélicos das mais variadas denominações, cujo tema é a própria Encíclica. Essa publicação foi organizada por Claudio de Oliveira Ribeiro, pastor metodista.

Para Claudio Ribeiro, a Encíclica sinalizou o estilo pastoral do Papa Francisco como "mais aberto, progressista e despojado para a Igreja", não sendo um documento isolado, mas sim recriando a atmosfera conciliar dos anos de 1960. Produz também grande contribuição

CARTA ENCÍCLICA *LAUDATO SI'*: UM DIÁLOGO COM A CIÊNCIA SOCIOAMBIENTAL

que aumenta a força dos grupos progressistas e ecumênicos das igrejas cristãs. "O mesmo se dá com o diálogo inter-religioso e com a sociedade em geral, incluindo os setores científicos e movimentos em defesa do meio ambiente" (Ribeiro, 2016, p. 12).

Na Carta do Papa Francisco, a dimensão ecumênica pode ser destacada de duas maneiras: pelo fato de tratar de situações que afetam toda a humanidade e por conta de referências explícitas no próprio texto de contribuições de outras religiões. E, paralelamente, "há o reconhecimento do papel e da contribuição de outros setores religiosos" (Ribeiro, 2016, 14).

Para o organizador desse trabalho acerca do documento do Papa, o cuidado com a Criação está diretamente vinculado à expressão de que "Deus é amor", significando que a relação que as pessoas estabelecem com Deus e aquelas que firmam com outras pessoas e com a natureza não podem ser relações autoritárias. Ao contrário, como explica Claudio de Oliveira Ribeiro:

> O Deus bíblico, porque se revela em amor, estabelece uma relação e comunhão. Aliás, a doutrina da Criação também poderia ser chamada de doutrina da comunhão, e seria um excelente exercício para reflexão sobre a igreja, uma vez que se as pessoas e grupos seguissem o exemplo de Deus, que é amor e que estabelece relações, estariam sendo um modelo para as igrejas, para as religiões e para a sociedade. Isto é a alteridade: respeito e valorização do outro e da terra (Ribeiro, 2016, p. 19).

Continuando em seu conteúdo e por meio dos vários artigos, destaco uma série de comentários e formas de compreensão e acolhimento da Carta Encíclica *Laudato Si'*. Inicialmente, Cunha (2016, p. 49) compara o pronunciamento do secretário geral do Conselho Mundial de Igrejas, *Olav Fykse Tveit*, ao sentido que o Papa apresenta para o movimento ecumênico, incluindo não somente as igrejas, mas também as pessoas de boa vontade, "amadas e valorizadas por Deus."

Em Mattos (2016, p. 57-58), é possível observar uma primeira crítica à condição de que o Papa Francisco teria omitido na Carta o ecumenismo entre cristãos, além de uma segunda questão, que para o autor é "tão sintomática quanto a primeira", que é a não nomeação explícita do "sujeito histórico que está por detrás de tais políticas que divinizam a ditadura do mercado", ou melhor, "o capitalismo financeiro transnacionalizado e globalizado, que não reconhece o direito de todas as pessoas a usufruírem a vida de forma digna e justa num saudável e sustentável ambiente". Mattos (2016, p. 58) não se demonstra satisfeito também com ausência do vocábulo "democracia" e pergunta: "será que por detrás dessa omissão não está a ainda não resolvida questão do poder religioso, especialmente na Igreja de Roma?".

Posição parecida com a segunda questão é a apresentada por Bortolleto Filho (2016, p. 101), visto parecer "que a Encíclica, ainda nesse sentido, não foi tão específica em relação aos vilões dessa história". Assim, para ele "É preciso que todos tenham maior clareza a respeito do comportamento e das decisões dos diversos países, quando, em âmbito mundial, a temática ambiental é discutida.".

Apesar disso, a Encíclica é um bom sinal de esperança nesse momento crítico que vive a humanidade e, pelas palavras do autor: "creio que todas as pessoas que têm assumido o desafio do ecumenismo devem ser gratas a Deus por essa bem-vinda surpresa que se chama Papa Francisco" (Mattos, 2016, p. 59).

Paralelamente, o teólogo metodista Helmut Renders (2016, p. 75-79) apresenta uma pergunta para desenvolver seu argumento: "por que metodistas brasileiros (as) deveriam ler a Encíclica papal *Laudato Si*?". Um questionamento que tem relevância especialmente pela decisão tomada no Conciliar Metodista de 2006, pela saída da Igreja Metodista dos organismos ecumênicos com a participação da Igreja Católica. Assim, após uma série de argumentos apresentados, a resposta ao final é: "porque *Laudato Si* abre uma nova porta ao diálogo e articula o nosso interesse comum no bem comum da Nossa Casa Comum, com foco nos mais pobres e nos países mais pobres."

Como contribuição por parte dos pentecostais, David Mesquiati de Oliveira (Oliveira, 2016, p. 81-85) expõe que está em curso uma abertura importante para a integralidade e termina acrescentando "que possamos todos celebrar a diversidade e a vida de Deus em nós, no outro e na criação como um todo" e, continua, "que nossa consciência do mundo partilhado em respeito ao próximo e às próximas gerações nos motive a cantar juntos 'Louvado sejas, meu Senhor'" (Oliveira, 2016, p. 85).

No que tange à visão dos presbiterianos, há a ênfase de Deus quanto aos efeitos do pecado na história da humanidade e os cristãos são chamados a atuar em prol da justiça e defender os necessitados ou, "como se diz atualmente, os vulneráveis" (Klein, 2016, p. 88-89).

CARTA ENCÍCLICA *LAUDATO SI'*: UM DIÁLOGO COM A CIÊNCIA SOCIOAMBIENTAL

Aliás, acerca do pecado, Alessandro Rocha entende que o documento papal dá densidade teológica aos atentados contra tudo o que se vive, chamando de pecado a ruptura que o ser humano experimenta com relação a si, ao outro, a Deus e ao Cosmo. Portanto, é preciso perceber as raízes éticas e espirituais dos problemas ambientais. "Identificando tais crises como pecado emerge a possibilidade da convocação do Evangelho à conversão" (Rocha, 2016, p. 124).

Há que se ressaltar a forma peculiar da recepção pelos anglicanos por Kawano (2016, p. 51-54) e Calvani (2016, p. 96-97). O primeiro esclarece que teríamos que ser responsáveis pela Criação pelo simples fato de ser obra de Deus, sendo pecado as atitudes que entram em conflito com essa afirmação. Calvani, por sua vez, enfatiza o aspecto produzido pela Carta do Papa Francisco sobre a defesa de outro estilo de vida. Por esse aspecto, o autor entende que o documento do Papa deve "desafiar a considerar a arquitetura dos templos protestantes", entendendo que, ao longo do tempo, o espaço litúrgico foi perdendo a importância por força dos argumentos financeiros, de sorte que se deixou de ter o "vislumbre do sol", inexistindo áreas verdes e jardim ao redor dos templos, prevalecendo a cultura da otimização do espaço e a diminuição dos custos, tendo como resultado "edifícios que parecem caixotes ou prisões, com tetos baixos e pouca ventilação" e a "escolha pelo ar-condicionado é a preferência pela tecnologia.".

Como prossegue Calvani em sua argumentação, as consequências podem ser observadas também na "espiritualidade tão marcada hoje pela tecnologia – microfones, telões, *datashows* e os endemoninhados celulares que insistem em se manifestar no culto protestante". Assim, o grande desafio de fé para os nossos tempos é pensar e agir na arquitetura religiosa integrando o templo à natureza, refletindo, portanto, em um novo estilo de vida por meio de um longo processo educacional com as novas gerações (Calvani, 2016, p. 96-97).

A Encíclica é "sem dúvida, um dos mais belos e desafiadores documentos eclesiásticos de nosso tempo", mostrando, dentre tantas coisas, que estamos completamente fragmentados, apesar da necessidade de nossa unidade, o que se reflete no nosso entorno. Esse documento é "um convite gentil, generoso e sensível ao diálogo e à reflexão" que foi apresentado para todas as religiões, igrejas e organismos ecumênicos; e aceitar esse convite "com responsabilidade e profundidade pode ser 'promessa de vida' em nossos corações e para o nosso futuro" (Calvani, 2016, p. 96-97).

Ainda dentro das recepções dos evangélicos, Edson Fernando inicia seus comentários dizendo sobre sua boa impressão e que o Papa "transforma um tema complexo, um emaranhado de nós – como é a questão ecológica – em um texto simples, poético, direto e clarificador" e termina agradecendo ao "pastor Francisco" por sua maneira de viver o seu trabalho e o "vigor das suas palavras e atitudes" que possibilitará a abertura de "janelas para uma espiritualidade capaz de ir além do grito 'Salva-nos, ó Deus'; uma espiritualidade alimentada pelo milagre da gratidão" (Fernando, 2016, p. 105-106).

Por fim, Ströher e Bencke (2016, p. 113) acrescentam que o princípio ecumênico deveria ser tratado como condição para a preservação da humanidade, tendo em vista a condição da unidade na diversidade ser o fator principal para fortalecer e gerar o equilíbrio inclusive fora do meio humano. Assim, a ideia de casa comum nos remete à perspectiva ecumênica e, por consequência, nos apresenta a condição da liberdade. "Sob o ponto de vista cristão, é imperativo o retorno às fontes primordiais de nossa teologia, identificada pelos valores do cuidado, da justiça, da paz e da solidariedade e do desejo permanente de ir além daquilo que se vê.".

Saindo da perspectiva dos evangélicos, ao tratar do documento do Papa Francisco em sua publicação de dezembro de 2015, Marcial Maçaneiro faz uma avaliação com vista ao favorecimento de uma recepção crítica e propositiva da Encíclica na América do Sul. Assim, o autor apresenta duas "chaves de análise: elemento paradigmáticos e elementos programáticos", sendo que a primeira tem como fundamento a avaliação de ponderações no "nível civilizacional das referências socioculturais", enquanto na segunda chave de análise se apresentam as vias de solução socioambiental. Os elementos programáticos, por sua vez, são situados no cenário brasileiro, apontando para uma recepção da Carta em diálogo com as políticas públicas do Brasil (Maçaneiro, 2015, p. 435).

Sobre a primeira chave de análise, são apresentadas considerações sobre o valor das criaturas e responsabilidade humana; concepção ecológica do bem comum e da justiça social; limites do paradigma tecnocrático e conversão ecológica; e a "ecologia integral": paradigma em construção. No que tange à segunda chave, são tratados como elementos programáticos: economia e desenvolvimento sustentável; política, gestão e educação; quando então o autor faz um paralelo entre a LS e as condições brasileiras, de sorte que fica explícita a aplicabilidade dos conceitos, demonstrando mais que um pensamento, e sim uma realidade (Maçaneiro, 2015, p. 435-458).

Segundo Maçaneiro (2015, p. 458), a extensão do tema e a articulação complexa da Carta apontam para uma recepção promissora do posicionamento do Papa Francisco, pois o documento é bastante firme, entre tantos, na defesa dos pobres e vulneráveis, no primado do bem comum, no alerta das mudanças necessárias de comportamento etc. Dessa forma, transformar as propostas em projetos demandará empenho nos mais diversos níveis de governança, educação e cidadania, envolvendo sujeitos, sociedades e religiões.

Por meio de uma leitura filosófica, é possível compreender um pouco mais do documento de Papa Francisco em Bavaresco (2016), quando em seu artigo apresenta a estrutura do documento papal, demonstrando sua abordagem interdisciplinar articulando política, economia, teologia e ética. O texto indica que existem quatro princípios que atravessam e estruturam a *Laudato Si'*: teleológico, metodológico, epistemológico e sistemático, os quais "já foram explicitados na Exortação Apostólica *Evangelii Gaudium* e na Carta Encíclica são retomados para fundamentar e compreender a natureza e os problemas ambientais do planeta" (Bavaresco, 2016, p. 35).

Entre os quatro princípios listados há uma "complementariedade inclusiva", de modo que apresento da forma que segue (Bavaresco, 2016, p. 37-38):

I. o princípio teleológico mantém a tensão entre tempo e espaço, ou seja, os governos e cidadãos precisam garantir a continuidade e a implementação de políticas ambientais, pois os resultados requerem tempo e responsabilidades que nem sempre correspondem à lógica da economia de mercado.

II. o princípio metodológico da unidade e do conflito apresenta que o processo de construção da unidade entre política e economia é melhor para o desenvolvimento sustentável se for comparado ao conflito de somente procurar o ganho econômico ou apenas preservar e aumentar o poder político.

III.o princípio epistemológico da realidade e da ideia convida ao diálogo entre os diferentes atores sociais, políticos e econômicos, de forma a superar ideologias em vista do bem comum, compreendendo que a realidade é superior à ideia.

IV. o princípio sistemático da relação entre o todo e as partes propõe uma ecologia integral em que o meio ambiente implica a relação entre a natureza, seus ecossistemas e a sociedade, na influência mútua entre os ecossistemas e os diferentes mundos sociais, pois tudo está relacionado e interligado.

Por sua vez, Volschan e Paiva (2018) apresentam uma análise da Encíclica, mostrando como esse documento está em diálogo com as questões da Filosofia e da Antropologia/Sociologia, além de buscar esclarecer como a mensagem do Papa se abre para a colaboração fraternal entre cosmovisões conservadoras e progressistas com vistas à preservação da vida.

De acordo com esses pesquisadores, o texto do Papa Francisco constitui em "importante ferramenta/síntese do posicionamento da Igreja Católica Apostólica Romana sobre sérias questões ambientais, humanas e, até, estéticas", demonstrando "como o texto papal parece apontar para o exercício de colaboração de ideias, em meio a um mundo marcado por polarizações" (Volschan; Paiva, 2018, p. 61).

O artigo em questão aponta para o fato de que preservar o que se ama é uma pauta típica tradicionalista/conservadora, fazendo com que a ideia de preservação ambiental seja entendida como tal, apesar de o debate ambiental ter sido apropriado pelas fileiras progressistas (Volschan; Paiva, 2018, p. 63). O mesmo princípio de conservação pode ser encontrado no discurso do Papa Francisco, quando nos propõe um modelo de sociedade mais humana. Algo tão caro para o Papa é a questão estética, quando menciona a contemplação do mundo e das paisagens, condição que se encontra "perfeitamente com o pensamento de Scruton", especialmente quando o filósofo nos apresenta como movimentos conservadores históricos, com vistas à preservação da beleza natural, tornaram-se importantes precursores da ecologia, fato que também é notável na filosofia da natureza de Friedrich Schelling (Volschan; Paiva, 2018, p. 70).

Paralelamente, pela visão da Sociologia, Antropologia e Ciência Política, Mariosa, Pareto Jr. e Elias (2017, p. 67) apresentam que as Ciências Sociais se relacionam com a *Laudato Si'* de maneira convergente acerca do tema que é o meio ambiente, haja vista que desde a década de 1960 passou a considerar os danos causados pelo ritmo acelerado de produção econômica e com isso estava afetando os estoques de recursos naturais presentes na Terra, aprofundando as desigualdades econômicas e sociais, reduzindo a expectativa de usufruto de uma vida saudável e de qualidade para a grande parte da população mundial.

Para os autores, a partir da contextualização histórica e social da formação de conceitos propostos por Émile Durkheim, Max Weber e Karl Marx, autores contemporâneos das Ciências Sociais, como Foladori e Taks, discutem a temática ambiental com as mesmas perspectivas teóricas e de ação semelhantes à *Laudato Si'*. Percebe-se que em ambas se reiteram a falência do progresso e da sociedade de consumo, além de assegurar a obrigação por mudança de postura, de hábitos e comportamentos de cada indivíduo e da coletividade, caso aspiremos preservar e garantir a sobrevivência do planeta e de seus habitantes, atuais e futuros (Mariosa; Pareto Jr.; Elias, 2017, p. 75).

Diante da premissa de que a "Encíclica possui muitos pontos convergentes ao da análise proposta por Marx quanto ao estudo do capitalismo e os seus efeitos, muitas vezes, nefastos à sociedade", os autores Efing, Freitas e Bauer (2016) elaboraram um estudo aplicando o método dialético de Marx, baseado no materialismo histórico. Assim, elaboraram uma análise da evolução da sociedade de consumo e de seus efeitos, abordando a Carta e relacionando-a aos conceitos marxistas de apropriação da terra como propriedade privada e originária dos meios de exploração, de modo que, ao fim, entenderam que o individualismo consagrado na propriedade privada aliada ao consumo insustentável são os principais responsáveis pelos danos socioambientais, fato este que exige ação global não apenas em relação à forma de consumir, mas ao resgate de valores coletivos, como a solidariedade (Efing; Freitas; Bauer, 2016, p. 1983).

De acordo com os autores, entre os principais pontos convergentes entre a Encíclica e as obras de Karl Marx há: a propriedade privada e a relação com a deterioração ambiental; a relevância do trabalho para a dignificação do ser humano; a luta de classes (ricos e pobres) e o acesso aos bens de consumo; a responsabilidade social; e a hegemonia imposta pelo capital. Desse modo, acredita-se que a Encíclica, ao evidenciar a questão socioambiental por uma conotação ética e moral, é um "verdadeiro manifesto", voltando-se a uma análise ecocêntrica, inserindo o ser humano como um elemento dentro da análise do meio ambiente e não como o elemento (Efing; Freitas; Bauer, 2016, p. 1909).

É possível observar a recepção da Carta pelo viés da ética ambiental por Rafaela S. Brito (2015), que afirma haver um estreito relacionamentos entre a LS e a ecologia integral, requerendo a abertura de categorias que transcendem a linguagem das ciências e nos coloca em contato com a essência do ser humano. "A ecologia integral pressupõe a ecologia ambiental, ética, política e social da vida cotidiana, isto é, inclui a participação de todos, de uma consciência compartilhada" (Brito, 2015).

Para Brito (2015, n.p.), a Encíclica "pode e deve servir como uma ferramenta educacional", conduzindo as pessoas a quebrar o ciclo vicioso que isola os problemas e encontra soluções para cada um deles, sem qualquer preocupação com os diferentes ecossistemas e a visão ética integral. A Carta encoraja a busca de um novo padrão de visão integradora e global por meio de iniciativas ousadas e urgentes.

A Encíclica *Laudato Si'*, de acordo com Martínez (2015, p. 1479), em sua recepção pela visão da bioética, apresenta a inseparável ligação entre os temas ambientais e questões sociais e humanas, por meio da categoria de ecologia integral e a aposta na ética do cuidado. Trata-se de um excelente exercício de diálogo honesto e determinado do pensamento teológico e filosófico com as contribuições das Ciências Naturais e Sociais para preservar a vida na Terra.

Há mais de 40 anos, ideias parecidas moveram a bioética do americano Van Rensselaer Potter, e hoje a Encíclica produziu um importante impulso para reorientar o tema e ressaltar a necessidade de diálogo tanto interdisciplinar quanto intercultural/inter-religioso, dos quais o nosso mundo não pode prescindir. A injustiça e desigualdade adotam novas formas neste tempo da interdependência global, exigindo da ética uma nova perspectiva social, com a ampliação da moralidade que inclua a natureza e de uma justiça social que alcance o global e se pense de modo intrageracional e intergeracional, nos aponta Martínez (2015, p. 1479).

A bioética e a justiça exigem ser repensadas com uma abordagem global conhecendo as novas condições da experiência humana e as contribuições do pensamento até agora. A injustiça não está na desigualdade em si, mas no fato de que alguma pessoa ou grupo é tratado ativamente ou abandonado passivamente como se não fosse um membro da humanidade. Esse esquema serve tanto para as relações dentro da sociedade como para o conjunto de países pelo mundo, impedindo as pessoas de participar da ordem econômica e, por consequência, da social e cultural.

Dizer que o bem comum exige justiça para todos significa que exige a proteção dos direitos de todos (Martínez, 2015, p. 1497).

O principal compromisso com os pobres deverá ser o de os conduzirem à participação social ativa, de modo que possam contribuir para o bem comum da sociedade. A pobreza não é um nível de renda ou condições de vida, mas a negação de direitos humanos, essencial para proteger as necessidades básicas, as liberdades fundamentais e as relações humanas primordiais. É desnecessário dizer que a bioética como diálogo interdisciplinar não deixou de ser válida, devendo atualmente ser socioambiental e ecosolidária e é por isso que o documento do Papa Francisco permite uma leitura em uma chave bioética (Martínez, 2015, p. 1497).

No contexto do Direito Internacional Ambiental, existe a avaliação da LS elaborada por Reis e Bizawu (2015), que foi feita pelo método dedutivo quanto às afirmações e preocupações do Papa Francisco e da pesquisa exploratória abarcada no levantamento bibliográfico. O estudo propõe uma reflexão sobre a responsabilidade universal e a solidariedade planetária, considerando a importância de diálogo diante dos danos causados ao planeta por causa do lucro econômico e da falta de efetividade das convenções internacionais sobre o meio ambiente.

Apesar da indiferença dos países desenvolvidos no que se refere às questões ambientais, visto serem os grandes poluidores com a emissão de gases do efeito estufa e violadores das convenções, dos tratados e atos internacionais sobre o meio ambiente e o desenvolvimento sustentável, a Encíclica do Papa Francisco veio reforçar a luta para a preservação e a conservação do meio ambiente. Entretanto, sabe-se que a redução de emissão de carbono é um assunto complexo, mas diante da urgência que se impõe com relação ao aquecimento global, devem-se tomar medidas concretas, de acordo com Reis e Bizawu (2015, p. 62).

Do ponto de vista do Direito Internacional do Meio Ambiente, por meio da Encíclica foi possível notar que a exploração dos recursos naturais produziu o aumento da pobreza e a exploração dos pobres em detrimento do crescimento econômico, "colocando-os em situação de vulnerabilidade e descartabilidade, levando-os a migrações forçadas" (Reis; Bizawu, 2015, p. 63).

Perante os danos ao meio ambiente e da realidade das mudanças climáticas, já cientificamente comprovadas, os governos não podem permanecer indiferentes ao perigo proveniente das ações humanas irresponsáveis e destruidoras. Defender a humanidade é uma obrigação de todas as pessoas e de todos os povos, e não apenas dos católicos. A Encíclica do Papa "é um grito profético", que trata da questão socioambiental "com mais firmeza e convicção para despertar a responsabilidade universal e a solidariedade planetária como valores a serem resgatados em um mundo em transformação e em crise ecológica" (Reis; Bizawu, 2015, p. 63).

Ainda sob a abordagem do Direito Ambiental, existe também a contribuição de Barreto e Machado (2016), cujo artigo objetiva demonstrar que a relação do ser humano com o meio ambiente é pressuposto indissociável da concepção universal dos direitos humanos, utilizando como método a pesquisa dos princípios do Direito Ambiental e da discussão dicotômica entre antropocentrismo e biocentrismo, apurando os limites da solidariedade e fraternidade, como direitos-garantias para uma proteção efetiva e primordial do meio ambiente ecologicamente equilibrado e da sadia qualidade de vida para as presentes e as futuras gerações.

Para os autores, a partir de todas as argumentações apresentadas e construídas, foi possível perceber uma verdadeira correlação entre a sustentabilidade e o desenvolvimento, porém o que parece contraditório é que o desenvolvimento sustentável abriga os princípios orientadores de todo um sistema cosmogônico de percepção da natureza e dos seres vivos. Apresenta-se, portanto, para o ser humano a perspectiva de estar em gozo dos direitos socioambientais, que se verifica quando estão em "harmonia a construção do diálogo e da solidariedade universal, a preservação e a proteção do meio ambiente, o progresso sustentável e o uso consciente dos recursos socioculturais e histórico-ambientais" (Barreto; Machado, 2016, p. 333).

Essa inter-relação harmoniosa somente é possível quando "se considerar que os direitos socioambientais tangenciam a dicotomia entre prestação positiva de direitos sociais ou a inclusão de miseráveis para o mínimo existencial". Essa compreensão vai além, pois traz a responsabilização de todos no cuidado com a "casa comum", já que a todos interessa essa harmonia, sendo indispensável a garantia de participação política (Barreto; Machado, 2016, p. 333).

Tal participação política se efetiva mediante o "direito à informação, a políticas claras de preservação e sustentabilidade, à produção de riquezas e a tecnologias que levem em consideração o ser humano em sua integralidade", não podendo, entretanto, serem utilizadas como "artifício

CARTA ENCÍCLICA *LAUDATO SI'*: UM DIÁLOGO COM A CIÊNCIA SOCIOAMBIENTAL

utilitarista para garantir a liberdade pela liberdade, sem responsabilidade ou observância do dever de respeito e de preservação do bem ambiental para as presentes e futuras gerações" (Barreto; Machado, 2016, p. 333-334).

Vale observar que o entendimento cosmogônico do Direito Ambiental não é um princípio abstrato, que não se pode retirar conteúdo normativo ou produzir consequência jurídica concreta para a preparação de atuações no campo prático. Trata-se de critério guia de toda uma política voltada para: o acesso de informações; a garantia da sustentabilidade; o desenvolvimento consciente e sóbrio; a exploração e produção de riquezas que garantam, ao mesmo tempo, a diminuição da miséria e a garantia do mínimo para a vida; que permita a expansão do elemento espiritual ou transcendental do ser humano sem a degradação irreversível do ambiente natural, cultural e histórico; e garanta uma perspectiva na qual se integrem todos e a natureza, de modo que os seres humanos "possam exercer sua consciência política e existencial para a construção e a preservação de um bem ambiental acessível e digno para as presentes e as futuras gerações". Assim, nesse aspecto, passa-se a analisar o direito socioambiental para as presentes e futuras gerações "como verdadeiro vetor interpretativo de toda a coletividade e das nações soberanas, incluindo-se aí todas as vertentes de produção do conhecimento" (Barreto; Machado, 2016, p. 334-335).

Como foi possível observar ao longo das várias formas de compreensão da LS, desde o olhar teológico até a visão do Direito, passando por outras formas de observação, preponderam as recepções que mais confirmam e convergem com os pensamentos da Carta, que visões divergentes. O fato de as pesquisas realizadas não terem encontrado opiniões divergentes relevantes pode ser visto de três maneiras:

a. positiva, considerando que o documento papal pode ser o reflexo do que a sociedade estava aguardando como necessário para confirmar e corroborar com o que as pessoas e instituições estavam clamando;

b. de outra forma, mais que algo esperado, a Encíclica pode não ter despertado o interesse científico de tantos quantos seriam necessários para uma avaliação mais profunda e imparcial dos argumentos apresentados;

c. ou ainda, alguns podem achar o documento redundante e nada original.

É certo que no quinto capítulo serão apresentados argumentos críticos de cientistas, incluindo posicionamentos pretensamente contrários, mesmo sendo poucos, que farão parte da construção de uma avaliação crítica da LS à luz dos elementos fornecidos nos demais capítulos anteriores.

Assim, com o encerramento da apresentação da Encíclica e a forma como foi recepcionada, passamos para os dois últimos capítulos, que produzirão a discussão do nosso objeto. Nesses capítulos serão avaliados os principais conceitos apresentados na Encíclica, de modo que seja possível estabelecer o quanto de científico há no documento elaborado pelo Papa Francisco a partir dos parâmetros produzidos pelas chaves de leitura publicadas.

4

AS FONTES E REFERÊNCIAS SOCIOAMBIENTAIS DA *LAUDATO SI'*

O objetivo deste quarto capítulo é avaliar as bases utilizadas pelo Papa Francisco para a elaboração da LS. Serão validados os mais variados conceitos e as bases dos pensamentos desenvolvidos por Francisco ao longo da LS por meio das indicações explícitas e implícitas de cientistas e demais personagens que participaram das equipes de trabalho ou que estudaram a Carta Encíclica e sua elaboração.

4.1 AS NOTAS DE RODAPÉ DA LS

Para iniciar o tratamento das informações acerca das fontes e referências contidas na Encíclica, avaliei as notas de rodapé do documento. Para tanto, foram utilizados dois critérios de classificação, que foi a autoria e o tipo de documento mencionado, cujos resultados estão apresentados nos dois gráficos que seguem, em números absolutos e, também, o seu percentual de participação.

A partir dos resultados é possível observar que as notas de rodapé são oriundas basicamente de documentos e autores católicos, não sendo possível por esses dados verificar a presença, por exemplo, do ecumenismo e da contribuição de fontes científicas no documento em questão. São 172 notas de rodapé, dentre as quais apenas 18 delas (10,50%) não são advindas de documentos católicos, de modo que as demais notas estão compostas por conteúdos de encíclicas, cartas pastorais, compêndios, exortações, discursos, catequeses, Ângelus e outros documentos, perfazendo 89,50%, ou 154 notas. Números estes que não causam surpresa, haja vista as encíclicas procurarem estar em linha com o Magistério da Igreja.

Quanto aos autores das citações nas notas de rodapé da LS, os últimos quatro papas, incluindo Francisco, merecem destaque, com 100 citações, ou 58,14%, com a seguinte distribuição por ordem decrescente de quantidade de citações: Papa Bento XVI = 40 notas (23,26% do total de notas); Papa João Paulo II = 38 notas (22,09% do total de notas); Papa Francisco = 18 notas (10,47% do total de notas); e Papa Paulo VI = 4 notas (2,33% do total de notas). Merece ênfase, adicionalmente, a presença do professor Marcelo Perine, entre os autores citados, pertencente ao Programa de Estudos Pós-Graduados em Filosofia da Pontifícia Universidade Católica de São Paulo (PUC-SP). Assim, apresento a seguir os dois gráficos indicados anteriormente, que fornecem um primeiro conjunto de informações para a compreensão das fontes e referências da Carta Encíclica *Laudato Si'*.

Gráfico 1 – Fontes da LS: participação por autor

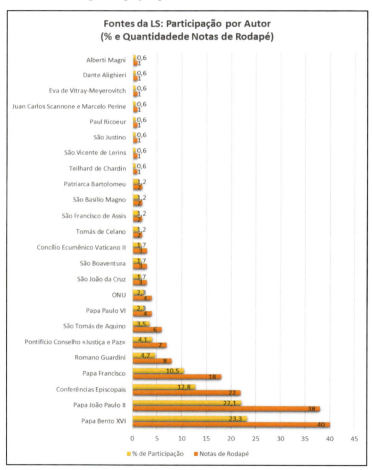

Fonte: o autor (2020). Dados reunidos a partir da análise das notas presentes na *Laudato Si'*

Gráfico 2 – Fontes da LS: participação por tipo de documento

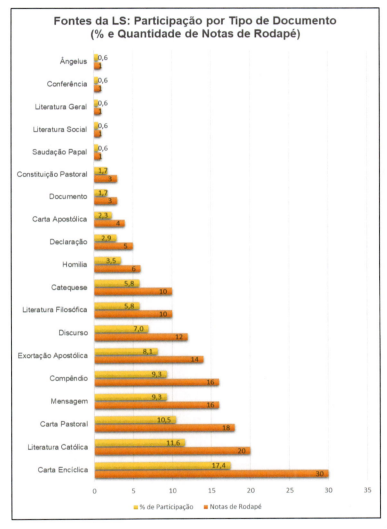

Fonte: o autor (2020). Dados reunidos a partir da análise das notas presentes na *Laudato Si'*

4.2 DEMAIS FONTES E REFERÊNCIAS

Em entrevista concedida em julho de 2015, o chanceler da Pontifícia Academia das Ciências, Marcelo Sánchez Sorondo, esclareceu algumas questões importantes sobre a Encíclica *Laudato Si'* que podem auxiliar na compreensão das fontes e referências utilizadas nessa Carta.

Inicialmente, o que se elucida é que houve um primeiro rascunho do documento feito pelo Pontifício Conselho "Justiça e Paz", pelo Cardeal Turkson e equipe, o mesmo organismo que elaborou o Compêndio da Doutrina Social da Igreja. Esse rascunho recebeu as modificações do próprio Papa Francisco em conjunto com alguns colaboradores e seguiu para os trabalhos complementares de alguns teólogos e do jesuíta canadense Michael Czerny. Posteriormente, foi enviada uma cópia para a Congregação para a Doutrina da Fé, para a Secretaria de Estado e para o teólogo da Casa Pontifícia; seguindo, assim, para a assinatura do Pontífice. Uma sequência que não exclui que os textos e documentos da Pontifícia Academia das Ciências foram consultados, visto que as "teses científicas da Encíclica, qualquer um pode constatar isso, são as que nós sustentamos [Pontifícia Academia das Ciências]" (Czerny, 2015, p. 72; Sorondo, 2015a).

Para Marcelo Sorondo, a Carta Encíclica não é um documento científico, mas sim pastoral, que utiliza os dados apresentados pelas Ciências Naturais e Sociais; ou, de outra forma, trata-se de "uma reflexão, partindo da fé, através da razão". No momento em que a Encíclica trata das questões relacionadas às mudanças climáticas, "é claro que pode ter tirado da Academia. Nós fomos os primeiros a levantar o assunto. Estamos dizendo há 20 anos que há um aquecimento devido à atividade humana. É uma tese compartilhada por 99% dos cientistas" (Sorondo, 2015ª, n.p.).

Em outra entrevista, meses mais tarde, o mesmo Chanceler ratificou a questão científica da *Laudato Si'*. O Papa Francisco "usou os dados da ciência para uma encíclica que não é científica". Ao mesmo tempo que fala de Filosofia quando se remete à ecologia integral, ética e justiça social, também aborda a ciência "porque fala sobre atividades humanas que usam combustíveis fósseis e produzem o desequilíbrio que gera o aquecimento global". Assim, muito embora Francisco não cite os estudos, a ampla maioria dos cientistas diz isso, não apenas a Academia. Os primeiros pesquisadores que abordaram esses tópicos na academia foram Paul Crutzen e Mario Molina, ambos agraciados com o prêmio Nobel. Crutzen falou do clima antrópico, que é pela primeira vez determinado pela ação humana (Sorondo, 2015b, n.p.).

Considerando ainda as críticas sobre a falha da Encíclica em indicar que não há consenso científico sobre mudanças climáticas, Marcelo S. Sorondo (2015b) explica que há consenso e que a Academia está afirmando há um tempo considerável que as atividades humanas, as denominadas antrópicas, baseadas na utilização de combustíveis fósseis são causadoras do aquecimento global.

Discussões patrocinadas pela Pontifícia Academia de Ciências, e particularmente sua conferência conjunta com a Pontifícia Academia de Ciências Sociais, "Humanidade sustentável, natureza sustentável: nossa responsabilidade" (Dasgupta; Ramanathan; Sorondo, 2015), realizada no mês de maio de 2014, ajudaram a estabelecer as bases para a Encíclica (Raven, 2016, p. 255), que contou com a participação importante, entre outros, do cientista Hans Joachim Schellnhuber, citado na entrevista de Marcelo Sorondo, e ratificada também por Partha Dasgupta (2015, p. 32). Na sua pesquisa, Schellnhuber afirma que, entre tantas coisas:

> O sistema climático é um tecido extremamente delicado de componentes planetários interligados (como a atmosfera, os oceanos, a criosfera, os solos e os ecossistemas) que interagem por meio de intrincados processos físicos, químicos, geológicos e biológicos (como, p. ex., advecção, ressurgência, sedimentação, oxidação, fotossíntese e evapotranspiração). [...] No final das contas, damo-nos conta do fato de que puxar um único fio poderia ter potencial de romper o tecido todo (Schellnhuber, 2015, p. 11).

Além dessas conclusões, essa oficina tratou também dos vários problemas relacionados à elevação significativa do nível do mar a partir do ano de 1880 e sua não estagnação, especialmente por conta do aumento da temperatura média do planeta. Trata-se de um aumento que precisa ser evitado a todo custo, uma vez que essa mudança atingiria, "mais uma vez, com maior gravidade aqueles que não comeram em qualquer medida significativa do fruto da queima de combustíveis fósseis: os pobres" (Schellnhuber, 2015, p. 13).

Outra possível fonte são os vários estudos científicos elaborados e apresentados no Vaticano por Veerabhadran Ramanathan. Esses estudos mostram como o contingente de um bilhão das pessoas mais ricas do planeta (13,70%) contribuem com 60,00% do aquecimento global, enquanto os três bilhões mais pobres (41,10%) contribuem com cerca de 6,00% dos problemas climáticos. Ainda assim, esses mais pobres sofrerão as piores consequências da mudança climática, perdendo seus meios de subsistência e suas vidas. Além do impacto desproporcional sobre os mais pobres, essa degradação oferece problemas importantes para as futuras gerações, de modo que podem ser caracterizados como problemas éticos e morais e daí a necessidade da aliança entre ciência e religião, de onde se pode identificar a importância da Encíclica. A crise ecológica "feriu as pessoas e o planeta" e tem como um dos principais fatores a "falta de um forte envolvimento dos cientistas e dos líderes religiosos" (Ramanathan, 2015, p. 30).

Ainda de acordo com esse mesmo autor, há uma premente necessidade de redução drástica da poluição por carbono dentro dos próximos 25 anos e, além disso, será necessária uma significativa redução de gases de efeito estufa de vida curta (metano, ozônio, hidrocarbonetos halogenados e fuligem), de modo que seja possível um certo "alívio rápido a sete bilhões de pessoas ameaçadas pela mudança climática". Junto com isso, percebe-se como elementar "fornecer acesso à energia limpa para aqueles três bilhões de mais pobres; sem isso, a emissão de poluentes desses três bilhões se tornará tão grande em 2050, que irá levar a mudanças climáticas massivas para todos" (Ramanathan, 2015, p. 30).

Para esse cientista, apesar do tema central da LS ser a Ecologia Integral, entende que seja "muito cedo para dizer como a comunidade científica irá compreender esse conceito", mas pelo que ele percebe, parece ter sido "muito bem aceito", pois nos últimos tempos os "cientistas também perceberam que a mudança climática e outros problemas ambientais são muito complexos e demandam uma abordagem integrada" (Ramanathan, 2015, p. 30-31). O conceito de Ecologia Integral, ou seja, de que somos parte da natureza, precisa ser disseminado por todas as religiões e ensinado em todas as escolas e em todas as idades.

Um estudo bastante importante de Ramanathan trata dos quatro elementos de vida curta (metano, ozônio, hidrocarbonetos halogenados e fuligem), cuja data é da década de 1970 e reputa a condição de que o impacto desses componentes na condição climática é de 45,00%. Mesmo sendo desprezado por muito tempo, serviu como base para as discussões na ONU e pode ter sido fonte de consulta para confirmar a condição do ser humano como produtor de parte importante dos efeitos no clima da Terra (Ramanathan, 2015, p. 31).

Objetivamente, os aspectos relacionados à mudança climática fornecem mais respaldo para os argumentos contidos na LS, e em especial sua característica antropogênica, "não é uma tese; é um fato documentado por milhares de observações. Cerca de 98,00% de um grupo de 10 mil cientistas e mais de 50 ganhadores de prêmios Nobel têm concluído que a mudança climática é real e causada por atividades humanas" (Ramanathan, 2015, p. 31).

Essa proporção de cientistas que acreditam no fator antropogênico das atuais mudanças climáticas é reiterada pela declaração do geofísico português, Filipe Duarte Santos, quando afirma que 97,00% dos cientistas portugueses concordam com a teoria e entendem ser necessário o combate de suas causas para poder evitar maiores impactos que os percebidos atualmente; ao mesmo tempo, indica que a Encíclica impõe urgência na modificação do comportamento das pessoas na relação com o meio ambiente e os recursos naturais. Para Felipe Santos, a *Laudato Si'* foi escrita com a colaboração de vários cientistas e pesquisadores de competência reconhecida internacionalmente. Pode-se considerar que tenham sido inseridas conclusões e cenários futuros presentes em artigos e livros científicos sobre sustentabilidade, crise ecológica, alterações globais e mudanças climáticas antropogênicas; conclusões e cenários que estão no livro de sua autoria, *Humans on Earth: from origins to possible futures*, de 2011 (Santos, 2015, p. 35).

Outra literatura em que o Papa Francisco baseou sua convicção acerca das possibilidades de criação de novo sistema econômico foi *Vingt propositions pour réformer le capitalisme*, de 23 de março de 2009, de autoria de Gaël Giraud, que é diretor de pesquisa do *Centre National de la Recherche Scientifique* (CNRS) e, entre outros, membro do Centro de Economia da Sorbonne e da Escola de Economia de Paris (Giraud, 2015, p. 40-44).

Uma fonte possivelmente utilizada do mesmo autor, Giraud, e que estabelece a relação da crise ecológica apresentada pelo Papa Francisco e os altos níveis globais de desigualdade, foi o livro *Le facteur 12. Pourquoi il faut plafonner les revenus*, de 2012, que afirmou serem os ricos os que mais poluem, haja vista o modo de vida adotado, emitindo consideravelmente e de modo desproporcional mais gases de efeito estufa que os mais pobres. Isso é verdadeiro tanto em nível internacional (cada canadense emite, em média, dez vezes mais carbono que um habitante do Zâmbia), quanto dentro do mesmo país. Vale observar ainda que o enriquecimento dos mais ricos não traz nenhuma garantia de prosperidade aos mais pobres, de modo que as desigualdades significam simplesmente que os mais ricos conseguem captar uma parte crescente da riqueza produzida (por todos) para o seu benefício pessoal. Essa acumulação de riqueza os leva a adotar modos de vida predatórios em relação ao planeta que habitamos, logo, em relação às futuras gerações. É por essa razão que se faz necessário reduzir as desigualdades para salvar as pessoas e o clima (Giraud, 2015).

Ainda de acordo com Giraud (2015), certas ideais na base do discurso de Francisco sobre o paradigma tecnoeconômico discutido na Encíclica são similares ao conteúdo difundido pelo teólogo protestante Jacques Ellul. A Encíclica retomou temas bem conhecidos do pensamento de Ellul, como a condição de denunciar a ilusão de que a técnica nos salvará do desastre climático e ecológico. Alguns recusam considerar a mudança radical de modo de vida a que precisamos consentir, explicando que conseguiremos, mais cedo ou mais tarde, encontrar uma solução técnica para o desafio ambiental.

Segundo Gaël Giraud, o Papa entende que temos uma grande dívida ecológica, o que significa que extraímos muito mais da natureza do que ela é capaz de fornecer para a humanidade. De acordo com o economista, o aspecto financeiro é o principal impedimento para o progresso da humanidade. Assim, Giraud afirma que "os financistas têm a maior fatia de responsabilidade no desastre atual", um tema que foi tratado algumas vezes pelo Papa Francisco, ou pelas palavras desse economista: "muitos financistas são os grandes sacerdotes de uma religião pagã que erigiu o dinheiro em bezerro de ouro" (Giraud, 2015, p. 40).

Segundo Giraud (2015, p. 43), a LS apresenta três saídas muito concretas para os nossos problemas atuais: 1) A Encíclica recomenda neutralizar o poder dos banqueiros; 2) Evoca muito claramente a necessidade de os países do hemisfério Norte aceitarem um "certo decrescimento", rompendo com o "produtivismo, a loucura da concorrência de todos contra todos, do crescimento do PIB a qualquer custo"; 3) A "chave" são os pobres. "São eles que inventarão formas humanas e dignas de vida. A economia solidária, a partilha, as cooperativas, a economia circular são exemplos dessas invenções.".

Para ratificar o posicionamento do Santo Padre acerca dos efeitos das mudanças climáticas, principalmente naquilo que é uma de suas grandes frentes de combate, que é a defesa dos menos favorecidos, foi divulgado recentemente, mais precisamente em 22 de abril de 2019, um estudo baseado na pesquisa do economista Marshall Burke, na revista científica *Proceedings of the National Academy of Sciences*. Nesse artigo, demonstra-se que os efeitos das mudanças climáticas criam vencedores e perdedores. Assim, os países pobres foram prejudicados, enquanto os países ricos foram beneficiados nos últimos 50 anos, piorando os níveis de desigualdade entre os povos (Sengupta, 2019, p. B8).

Isso ocorreu por conta de os países ricos estarem normalmente em latitudes com temperaturas mais frias, enquanto os mais pobres vivem em torno e abaixo da linha do Equador, cujo ligeiro aumento de temperatura produz efeitos devastadores para a produção agrícola, na produtividade da mão de obra e na saúde das pessoas. Pelo estudo, entre os anos 1961 e 2000, enquanto a Noruega enriqueceu 34,00%, a Índia deixou de crescer 30,00%, a Nigéria não prosperou na casa dos 29,00%, ao passo que China e Estados Unidos não sofreram impactos significativos por estarem em zonas temperadas (Sengupta, 2019, p. B8).

Assim, esses dados trazem implicações nas discussões sobre a urgência das ações de redução das emissões dos gases de efeito estufa e dos atores responsáveis pelo financiamento dessas ações e pelos danos produzidos pelas atividades humanas ao longo de todo o processo de industrialização ao redor do mundo (Sengupta, 2019, p. B8).

São encontrados pontos comuns entre a Carta da Terra (ver item 1.2.1) e a LS, dentre eles: a referência da Terra como nosso lar; a exigência de respeito e cuidado a todos os seres vivos; a relação intrínseca entre ecologia e justiça social; a condenação aos padrões dominantes de consumo e de produção com base no lucro e satisfação imediata; a necessária mudança nas mentalidades e estilos de vida (Carneiro, 2015, p. 60; Berg; Tavares, 2018, p. 170-171). Há ainda um trecho da Carta da Terra, no preâmbulo 2, que estabelece: "nossos desafios ambientais, econômicos, políticos, sociais e espirituais estão interligados e juntos podemos forjar soluções includentes" (Comissão da Carta da Terra, 2000), que está em perfeita consonância com a *Laudato Si'*, de modo que é uma evidência da utilização da Carta da Terra como referência para a elaboração desse documento papal, além da citação explícita na própria LS, no parágrafo 207, quando nos apresenta:

> A Carta da Terra convidava-nos, a todos, a começar de novo deixando para trás uma etapa de autodestruição, mas ainda não desenvolvemos uma consciência universal que torne isso possível. Por isso, atrevo-me a propor de novo aquele considerável desafio: "Como nunca antes na história, o destino comum obriga-nos a procurar um novo início [...]. Que o nosso seja um tempo que se recorde pelo despertar

de uma nova reverência adiante da vida, pela firme resolução de alcançar a sustentabilidade, pela intensificação da luta em prol da justiça e da paz e pela jubilosa celebração da vida" (LS, 207).

Para Tucker e Grim (2016, p. 265), os participantes da Comissão da Carta da Terra tentaram reunir e aplicar na sua redação os elementos da cosmologia, ecologia, justiça e paz. Foram incluídos no seu prefácio intencionalmente as linhas cosmológicas: "A humanidade faz parte de um vasto universo em evolução. A Terra, nossa casa, está viva como uma comunidade única de vida". [...] "A Terra forneceu as condições essenciais para a evolução da vida. A resiliência da comunidade da vida e o bem-estar da humanidade dependem da preservação da biosfera" (Comissão da Carta da Terra, 2000).

Peter Raven (2016, p. 248) apresenta números da instituição *Global Footprint* sobre o consumo mundial em artigo elaborado para tratar da LS, que podem ter sido alvo de consulta para a Carta, visto o próprio Raven ser um dos membros da Pontifícia Academia das Ciências. Assim, constata-se que atualmente usamos cerca de 156,00% da produtividade sustentável do planeta; essa proporção de uso representa mais que o dobro desde o ano de 1970. Em geral, os países industrializados consomem muito mais por pessoa do que as nações em desenvolvimento, de tal sorte que, nos seus atuais padrões de vida, os Estados Unidos consomem quase o dobro por pessoa daquilo que possuem internamente; a China consome algo em torno de 2,5 vezes por pessoa o que eles têm internamente; quanto ao Japão, até pelas suas limitações territoriais, cerca de quatro vezes por pessoa, com relação à sua capacidade interna de produtividade sustentável.

Para Edgard Carvalho (2015, p. 61), outra possibilidade de paralelismo, e aqui em especial para tratar do conceito da Ecologia Integral, pode ser atribuído ao volume seis de *O Método*, de Edgard Morin. Nessa obra, a terra-pátria é a comunidade de destino que fornece as bases éticas para todos os povos e nações, estabelecidas em três princípios: solidariedade, responsabilidade e reconhecimento. Assim, todo ato ético implica a religação com o outro indivíduo, com os seus pares, com a comunidade, com a humanidade e com o cosmo. Por isso, a ética de si ("auto ética"), a ética do outro ("sócio ética") e a ética das espécies ("antropo ética"), "constituem uma tríade indissociável para a instauração da democracia cognitiva, da política de civilização, da restauração da esperança.".

CARTA ENCÍCLICA *LAUDATO SI'*: UM DIÁLOGO COM A CIÊNCIA SOCIOAMBIENTAL

Outra referência que merece atenção para efeito de conexão com a LS, mesmo que seja para afirmação de um conceito ou ratificação do sistema ecológico, poderia ser atribuída à teoria geral dos sistemas, de Ludwig Von Bertalanffy, conforme sugerem Nascimento e Campos (2016, p. 3), que produz a compreensão de "um sistema com entradas e saídas de matéria e energia, em que os componentes da estrutura mantém conexões de modo a subsidiar a função geral", de maneira que nos levam a comparar com um dos pontos fundamentais da *Laudato Si'*, onde se percebe um mundo completamente interligado (LS, 16; 70; 90; 92; 117; 120; 137; 138; 142; 240).

Uma outra base conceitual indicada por Christiana Peppard (2015b, p. 32) como referência para a Encíclica (apesar de não estar citada explicitamente na Carta) é a do Antropoceno, que é o termo usado para descrever o período mais recente na história do Planeta Terra, cunhado por Paul Crutzen (prêmio Nobel de 1995), que é membro de longa data da Pontifícia Academia das Ciências. Apesar de não ter uma data de início precisa e oficialmente apontada, muitos consideram que começa no fim do século XVIII, quando as atividades humanas começaram a produzir um impacto global significativo no clima do planeta Terra e no funcionamento dos seus ecossistemas.

Para ratificar essa teoria, basta tomar conhecimento do impacto ambiental produzido pelo ser humano no planeta por meio de números amplamente aceitos. Entre os anos de 1900 e 1950, o impacto aumentou cerca de 11 vezes, ao passo que, de 1950 a 2011, o aumento do impacto humano no meio ambiente cresceu 134 vezes. População, riqueza e tecnologia; cada uma experimentou aumentos significativos ao longo das seis décadas, variando 280,00% para a população e 1040,00% para a riqueza. Essa aceleração no impacto ambiental desde 1950, que pode ser identificado em muitas escalas ambientais e econômicas, contribui para a lógica de uma nova era, o denominado Antropoceno (Simkins, 2018, p. 170).

Peppard (2015b, p. 37) e Raven (2016, p. 254) ampliam o rol de referências quando estabelecem a figura de Aldo Leopold, reconhecido pensador dos Estados Unidos. Para ele, o problema moral não reside em valorizar a humanidade em si ou mesmo ser "antropocêntrico". Em vez disso, o problema é uma cultura que destrói as coisas muito além de sua proporção em relação ao tempo geológico, conceito muito semelhante ao que Francisco utilizou na *Laudato Si'*, denominado *"rapidacion"* (LS,

18). Leopold e Francisco, cada um em sua época, estão de acordo que é imperativo atender a dilemas ecológicos e buscar respostas efetivas, sem sacrificar a linguagem dos valores morais no altar de fatos imparciais ou ceder ao foco de curto prazo de um "paradigma tecnocrático". A nova visão de Francisco, pela ecologia integral, tem semelhanças com a ética da terra, de Aldo Leopold, em que pessoas são criaturas muito especiais de Deus, mas também passageiros em uma nave espacial que continuará a nos sustentar e a todos os outros seres vivos, apenas se a respeitarmos e cuidarmos adequadamente.

Para Jamieson (2015, p. 125), a elaboração do documento teria sido influenciada pela teologia desenvolvida pelo americano John Boswell Cobb Jr., teólogo, filósofo e ambientalista americano, haja vista sua forma diferente de ver, incomum pelos padrões da filosofia contemporânea. É fundamentalmente teológica em perspectiva. Ele, Cobb Jr., é um estudioso no campo da filosofia do processo e da teologia do processo, a escola de pensamento que está associada à filosofia de Alfred North Whitehead. Um tema unificador do seu trabalho foi sua ênfase na interdependência ecológica, ideia de que cada parte do ecossistema depende de todas as outras partes existentes. John Cobb Jr. argumentou que a tarefa mais urgente da humanidade é preservar o mundo em que vive e depende, uma ideia descrita por sua principal influência, Alfred Whitehead, como "lealdade ao mundo."

No ano de 1971, Cobb Jr. escreveu o primeiro livro de ética ambiental, *Is It too late? A theology of ecology*, que defendia a relevância do pensamento religioso na abordagem da crise ecológica. Em 1989, ele foi coautor do livro *For the common good: redirecting the economy toward community, environment, and a sustainable future*, que criticava a prática econômica global e defendia uma economia sustentável baseada na ecologia. Ele escreveu extensivamente sobre o pluralismo religioso e o diálogo inter-religioso, particularmente entre o budismo e o cristianismo, bem como a necessidade de reconciliar religião e ciência.

Em seu artigo sobre a Carta Encíclica *Laudato Si'*, Cristina Richie (2015, p. 31) apresenta que em 1970 a bioética ambiental fez as conexões entre poluição, emissão de carbono e saúde humana. Esses argumentos podem, minimamente, ficar registrados para fins de entendimentos sobre os temas abordados no presente estudo, que estão bem relacionados com o pensamento do Papa Francisco.

Vale também o destaque de Tucker e Grim (2016, p. 265) para duas "grandes influências na Encíclica": o Padre Sean McDonagh, e o teólogo da libertação brasileira, Leonardo Boff, ambos com uma lista importante de livros publicados sobre a crise ambiental.

Sean McDonagh (2019) foi considerado por muito tempo como um excêntrico, envolvido em seu próprio pequeno nicho, refletindo e falando sobre o meio ambiente quando se pensava que os problemas reais eram os direitos humanos e a distribuição injusta de recursos naturais, o que poderia ser considerado uma verdade parcial, haja vista o mosaico ainda não estar completo naquela oportunidade. Assim, o que Sean já havia entendido, somente foi possível ter mais claro após mais de 30 anos. Na década de 1990, McDonagh era uma voz solitária na Igreja da Irlanda e mundial, chamando a atenção para a iminente crise ecológica. Mas sob o pontificado do Papa Francisco, após uma ligação do Cardeal Peter Turkson, ele foi convidado a integrar a equipe que aconselhou o Santo Padre na elaboração da *Laudato Si'*.

A influência exercida por Leonardo Boff, um "consultor privilegiado" da *Laudato Si'* (Berg; Tavares, 2018, p. 170), ocorreu por meio, especialmente, do conteúdo do seu livro *Grito da terra, grito dos pobres* (1994). Essa obra ajudou a refletir os pilares da ecoteologia católica e da ética ambiental: justiça para os pobres e justiça para a terra. O texto veio após os dois congressos da ONU, de Estocolmo e do Rio de Janeiro. Nesse período, um conjunto de ideias relacionadas ao ensino social católico sobre a ética ecológica surgiram a partir das conferências episcopais católicas e do discurso do Papa João Paulo II em 1990 para o Dia Mundial da Paz (ver item 1.4.8).

Leonardo Boff, por sua vez, foi profundamente influenciado por *The dream of the earth*, de Thomas Berry (1988). Como fizeram outros teólogos da libertação depois de ler Berry, ele percebeu que não há libertação para os seres humanos sem a libertação da Terra de sua exploração. Boff, portanto, também incorporou em seus escritos um profundo apreço pela perspectiva cosmológica de Brian Swimme e Thomas Berry contida no livro *The universe story* (1992). Além disso, Leonardo Boff trouxe essa estrutura evolutiva para o movimento da Carta da Terra, onde atuou como comissário da América Latina (Tucker; Grim, 2016, p. 265).

Mais dois pensadores católicos progressistas do século XX possivelmente apresentam ressonância com o conteúdo da LS: o cientista Pierre Teilhard de Chardin (1881-1955) e o historiador cultural Thomas

Berry, que já citei. Ambos os pensadores viram algo parecido com a "gramática da natureza", como que refletindo um desdobramento evolutivo dos ecossistemas da Terra. Isso incluiu o padrão interno das coisas, bem como propriedades emergentes e dinâmicas auto-organizadas, conduzindo a uma maior complexidade das coisas (Tucker; Grim, 2016, p. 269).

De particular importância é o entendimento de Teilhard de Chardin (jesuíta, como o Papa) sobre o fenômeno humano como sendo decorrente e profundamente conectado ao universo dinâmico. Ele achava que se não sentíssemos essa conexão, perderíamos nosso caminho e nosso propósito de viver. O Papa Francisco baseou-se na mesma noção para descrever uma dinâmica relação cosmológica e ecológica dos seres humanos com toda a vida e que pode ser observada no parágrafo 89 (LS, 89) (Martín, 2018, p. 99-102; Tucker; Grim, 2016, p. 269).

Acompanhando o pensamento de Teilhard de Chardin, o historiador Thomas Berry situou o ser humano como surgindo e dependente dessa longa jornada evolucionária. Ele escreveu que a perda de uma espécie era como a perda de uma voz divina. A partir dessa perspectiva cosmológica, Berry solicita aos seres humanos que participem da grande obra da transformação ecológica, assim como o Papa Francisco, construindo novas economias ecológicas, novos sistemas educacionais e políticos, além de novas comunidades religiosas e espirituais alinhadas às capacidades e aos limites da Terra. Uma integração que reposiciona o ser humano como parte do vasto universo em desdobramento e, portanto, responsável pela continuidade dos sistemas de vida no planeta Terra (Tucker; Grim, 2016, p. 269).

Para Tilche e Nociti (2015, p. 4), a proposta ética do Papa Francisco está muito próxima da ética de responsabilidade estabelecida por Hans Jonas (1979), independentemente de terem sido construídas com diferentes pressupostos. Ambas consideram que a humanidade possui grandes capacidades e responsabilidades. Acreditam que o ser humano é plenamente capaz de usar essa capacidade e responsabilidade para o bem maior. Jonas pensa que a sabedoria ética é um valor necessário para contrastar a fé cega na tecnologia, enquanto o Papa Francisco diz algo muito semelhante no momento em que ele chama a humanidade para uma conversão interior e para procurar valores.

Há que se destacar ainda o pensamento de Jonas sobre uma nova dimensão para a responsabilidade humana, que vai além da responsabilidade com os nossos semelhantes. Ele estende a responsabilidade para toda a natureza, de sorte que a vulnerabilidade da natureza sempre deve ser considerada. Não se trata de defender a natureza como autodefesa, para evitar apenas a falta de recursos para o futuro e o sofrimento humano; entende como necessário se pensar numa ética para toda a natureza (Nahra *et al.*, 2014, p. 63). Ou ainda, como nos apresentam Cláudia Battestin e Gumercindo Ghiggi (2010, p. 84), Hans Jonas "pretende validar e fundamentar o arquétipo de uma ética fundamentada na amplitude do ser", buscando sempre "evitar qualquer forma de relativismo de valores". Um conjunto de pensamentos muito em sintonia com a visão de Francisco contida na Carta Encíclica.

No que tange às questões econômicas, há reais possibilidades da presença do pensamento de Stefano Zamagni, economista da Universidade de Bologna e Presidente da Pontifícia Academia de Ciências Sociais. Dentre suas reflexões, elenco sua resposta à crise atual, visto acreditar ser decorrente da separação tríplice que ocorreu no último quarto de século: a) a separação entre a esfera econômica e a esfera social; b) o trabalho separado da criação de riqueza; e c) o mercado separado da democracia (Zamagni, 2016, p. 4-11).

Para que esse entendimento de Zamagni fique claro, apresento a seguir uma síntese de seus argumentos, como forma de encontrarmos respaldo para mais essa possível fonte de consulta utilizada pelo Papa Francisco em sua Encíclica.

a. a separação entre a esfera econômica e a esfera social: para esse economista, uma ideia que prevalece atualmente é que para ser um verdadeiro empresário é necessário buscar exclusivamente a maximização do lucro ou apenas fazer parte da esfera social, como cooperativas sociais e as instituições de caridade. Essa percepção terminou identificando o mercado como o local de produção de riqueza e as atividades de cunho social como o lugar de redistribuição. Em consequência dessa separação, há o aumento da desigualdade social.

b. o trabalho separado da criação de riqueza: muitas ocorrências e fatos ratificaram a ideia de que a especulação financeira geraria mais riqueza que o trabalho. Nas últimas décadas, nas melhores universidades do mundo, os funcionários e os programas de pesquisa na área de estudos de negócios cresceram muito, deslocando e/ou empobrecendo outras áreas de estudo. A afirmação e a difusão do princípio das finanças produziram uma percepção de que não é preciso trabalhar para enriquecer, sendo melhor tentar a sorte e não ter muitos escrúpulos morais.

c. o mercado separado da democracia: desde sempre a teoria econômica argumenta que sucesso e progresso de uma sociedade dependem de sua capacidade de mobilizar e administrar o conhecimento e que o mérito do mercado é fornecer uma solução ideal para o problema do conhecimento.

Zamagni (2016, p. 22) declara que: "Nas condições históricas atuais, [...] prefiro falar de um desenvolvimento humano integral, que pode ser alcançado através de uma mudança da composição, e não de nível, da cesta de bens de consumo", porém com "menos bens materiais, mais bens relacionais e imateriais". Para ele, o antídoto para essa situação que se apresenta não é o decrescimento, mas a economia civil, haja vista esse modelo assumir como objetivo o bem comum, ao invés da busca pelo bem geral por parte da economia política.

Nos casos em que se acredita poder resolver os problemas econômico-sociais baseando-se apenas nos princípios da igualdade e redistribuição, a economia civil acrescenta a esses princípios a reciprocidade, que é o princípio prático da fraternidade. A novidade da economia civil é ter devolvido à fraternidade o papel central tanto na esfera econômica como na social. Em segundo lugar, por mais paradoxal que possa parecer, a tese do decrescimento corre o risco de suplantar a verdadeira natureza do problema, na medida em que ela se limita a utilizar o sinal negativo no paradigma da economia política, e não buscando a superação. O fato é que o crescimento é uma dimensão fundamental de todo ser vivo. Se a crise é, sobretudo, espiritual, "ou seja, tem a ver com o espírito que animava o Ocidente no período histórico passado", não basta diminuir ou anular a expansão quantitativa, é preciso mudar a direção e para isso haverá a necessidade de um pensamento que não deixe de lado a nossa condição de liberdade. O crescimento esperado não pode ser meramente quantitativo, mas qualitativo; capaz de aumentar a nossa verdadeira riqueza. O desafio é humanizar o mercado, ou seja, civilizá-lo (Zamagni, 2016, p. 23).

Por fim, mediante o que foi apresentado neste capítulo, foi possível perceber que a Carta Encíclica *Laudato Si'* se oferece como um documento que protesta pela preservação das condições de qualidade

CARTA ENCÍCLICA *LAUDATO SI'*: UM DIÁLOGO COM A CIÊNCIA SOCIOAMBIENTAL

de vida e dignidade das pessoas com argumentos bem ancorados nos princípios da Igreja Católica, porém faz uso recorrente da ciência, de tal maneira que aumenta as suas possibilidades de aceitação de seu conteúdo e proposições.

5

REFLEXÕES POSTERIORES SOBRE A CARTA ENCÍCLICA *LAUDATO SI'*

Muitas declarações foram apresentadas por comentaristas nos mais diferentes tipos de publicações, concordando ou discordando do Papa ou da Encíclica *Laudato Si'*. Há também ponderações elaboradas por cientistas e acadêmicos das mais diversas áreas do conhecimento e que precisam ser apresentadas para serem consideradas no presente estudo.

Mesmo antes de sua publicação, essa Carta Encíclica já havia provocado uma série de debates e reflexões sobre as responsabilidades das pessoas e os mais diversos tipos de organismos relacionados à vida no nosso planeta Terra. É certo que o assunto não era nada novo, mas uma Encíclica exclusivamente elaborada com o tema socioambiental, isso sim trazia novidade para o cenário mundial, como visto no terceiro capítulo.

Entretanto, na opinião de Cássio M. D. Silva (2016a, p. 1), algo pouco comentado foi o "efeito colateral não pretendido pelo Papa Francisco", que foi o ofuscamento da *Evangelii Gaudium* com a publicação da *Laudato Si'*. E, como registro, essa Exortação Apostólica, como vimos anteriormente, serviu como fonte para a LS, visto seu conceito de "Igreja em saída" (EG, 20) e, também, pelas críticas ao consumismo e ao hedonismo (EG, 2), além das ponderações que elabora sobre a forma como as pessoas estão sendo consideradas descartáveis (EG, 52).

A EG, que é uma espécie de chamado à santidade no meio do mundo atual, nos apresenta uma vontade do Papa Francisco, que é a adoção de ação missionária "capaz de transformar tudo, para que os costumes, os estilos, os horários, a linguagem e toda a estrutura eclesial se tornem um canal adequado para a evangelização do mundo atual mais do que à autopreservação" (EG, 27). Para que isso se realize, entende-se como necessário "acreditar na força revolucionária da ternura e do afeto" (EG, 288), uma força que vem do Espírito Santo, pois somente Ele pode "renovar, sacudir, impelir a Igreja em uma decidida saída para fora de si mesma a fim de evangelizar todos os povos" (EG, 261).

A Exortação Apostólica em questão é um documento programático e abrangente para a vida da Igreja no momento histórico que estamos vivendo. Um documento da Igreja que produz e nos apresenta uma característica de colegialidade da confiança na presença de Deus junto ao seu povo e da liberdade, diversidade, pluralidade e multiplicidade dos fiéis que se deixam conduzir pelo Espírito Santo e nele encontram a unidade, sem particularismos nem exclusivismos (EG, 131), cujo discurso abre as portas para a elaboração e apresentação da LS, por conta dessa visão do papel da Igreja e pelas relações humanas na sociedade.

Para ratificar essa afirmação, cito o recente comentário de Michael Czerny em seu artigo publicado na revista *Religion Digital*, quando tratava da necessidade do discernimento para sabermos entender o momento que estamos vivendo. Nessa ocasião, em abril de 2020, com o advento da pandemia da Covid-19, quando reúne alguns documentos do Papa Francisco como ferramentas importantes para essa atitude de nossa parte, dentre eles a LS e a EG, ou pelas palavras do autor: "da encíclica *Laudato Si'* às exortações apostólicas *Evangelii Gaudium*, *Gaudete et Exsultate* e Querida Amazônia, o Sumo Pontífice nos exorta a ler os sinais dos tempos e nos mostra como fazer isso" (Czerny, 2020).

Para Czerny, o ponto de partida para uma avaliação adequada da Encíclica é o fato de ela "superar uma racionalidade tipicamente moderna", que está centrada, entre tantos fatos, "na lógica que se nega a opor ciência e religião", mantendo o devido respeito pelas "distintas naturezas de cada uma das correntes de pensamento" e seus pensamentos e posicionamentos. Além disso, esse autor indica que a relação entre ciência e religião na *Laudato Si'* acontece a partir da escuta por meio do espírito dos "resultados da melhor pesquisa científica em matéria de ambiente", que estão disponíveis na atualidade, de maneira que possa "tocar-nos profundamente" e fornecer para todos nós "uma base concreta para o itinerário ético e espiritual subsequente". Dessa forma, presume-se que a "ciência é a melhor ferramenta pela qual podemos ouvir o grito da Terra". Problemas de real complexidade e urgência acabam por ser abordados, mesmo alguns que são bastante polêmicos. Por objetivo, a LS não pretende "intervir no que é da responsabilidade dos cientistas", e tampouco "verificar exatamente de que forma as mudanças climáticas são consequência da ação humana". Argumentos estes que estão relacionados ao alerta produzido pelo próprio Papa Francisco aos seus assessores durante sua viagem entre o Sri Lanka e Filipinas, no dia 15 de janeiro de 2015 (Czerny, 2015, p. 71-72).

Para o que se apresenta na Carta Encíclica *Laudato Si'* e, certamente para a Igreja, não se trata de discutir qualitativamente a participação do ser humano no impacto no clima do planeta Terra, mas entender, pela ciência, que a atividade humana é um dos fatores que explicam a mudança climática, o que pode ser considerado como informação suficiente, sem qualquer medida quantitativa. Há, assim, uma responsabilidade moral de vulto para "fazer tudo ao nosso alcance para reduzir o nosso impacto e evitar os efeitos negativos sobre o ambiente e sobre os pobres" (Czerny, 2015, p. 72).

Mediante as informações fornecidas por Michael Czerny, que foi tão presente no processo de elaboração da *Laudato Si'*, especialmente no que se refere à forma como foi construída e, também, pelo interesse na aproximação entre ciência e religião, apresentarei a seguir uma série de posicionamentos de acadêmicos de ciências humanas sobre a Carta do Papa Francisco, possibilitando uma melhor compreensão do seu conteúdo e o estabelecimento de um espírito crítico mais fundamentado.

5.1 AS AVALIAÇÕES CRÍTICAS

Em artigo publicado pela *Revista Contemporânea*, Revista de Sociologia da Universidade Federal de São Carlos, Reginaldo Prandi e Renan W. dos Santos, ambos sociólogos escrevem com dureza a respeito do posicionamento da Igreja diante da crise ambiental, sugerindo tratar-se de oportunismo ocasional:

> Do seu lado, recusando aceitar o destino de perdedor, o catolicismo procura se fazer ouvir no debate internacional de um tema hoje considerado fundamental para o destino da humanidade, a política do meio-ambiente. Com sua Carta [...], o Papa Francisco busca ocupar de novo para a Igreja Católica um assento privilegiado no juízo do mundo, um novo *aggiornamento*. Nada mal para o aniversário de 50 anos do Concílio Vaticano II (Prandi; Santos, 2015, p. 376).

Em outra publicação, Renan W. dos Santos (2017, p. 94) indica que "a abordagem do tema ecológico no início do novo pontificado se insere justamente nessa estratégia de recuperar a popularidade da Igreja Católica, que vinha ainda mais em baixa após Bento XVI", considerando toda a exposição midiática da Encíclica, mesmo antes de sua publicação e, depois, em eventos dos mais diversos tipos. Além disso, o mesmo autor

(2017, p. 98) continua sua abordagem ao documento do Papa Francisco, tecendo crítica à citação e "reafirmação do famoso (e criticado por 10 entre 10 ambientalistas) princípio da dominação da Terra".

Dois adjetivos utilizados algumas vezes e atribuídos por R. W. Santos (2017, p. 106-107) ao Papa Francisco é ser esotérico e místico, tendo em vista o "linguajar" utilizado em diversos momentos, especialmente quando faz uso das referências de São Francisco de Assis e Leonardo Boff, o que, para ele, "não é gratuito":

> Posto que a ênfase distintiva em relação ao esoterismo sempre foi algo muito enraizado nos discursos sobre a ecologia de seus antecessores, ao adotar essa estratégia de aproximação o Papa Francisco toca em um ponto extremamente sensível da doutrina católica. É por isso que em praticamente todos os momentos em que ocorre o uso do linguajar esotérico em seus escritos ecológicos, uma reafirmação da visão ortodoxa aparece logo em seguida. A passagem de uma matriz à outra é sempre sutil, mas ainda assim perceptível (Santos, 2017, p. 108).

Ainda para R. W. Santos, essa postura dúbia para o tema socioambiental do Papa é a mesma adotada em seus posicionamentos em relação a tantos outros pontos, tais como o "divórcio, homossexualidade, aborto"; ao mesmo tempo que exprime opiniões mais avançadas, continua praticando a doutrina conservadora. Trata-se de um "conservadorismo reciclado, embutido no ambientalismo católico, que possibilita aos pontífices falares de ecologia quando, na verdade, estão falando dos usos do corpo". O que na prática implica dizer que a ideia de ecologia integral "não fica atrás nem acrescenta muito aos conceitos de ecologia moral e ecologia humana". Pode-se dizer que "em todos os casos", afirma-se "a existência de múltiplas facetas implícitas nas questões ecológicas, mas o moralismo conservador se faz presente independentemente do conceito em tela" (Santos, 2017, p. 108, 132, 134).

Afonso Murad, por sua vez, nos apresenta que, apesar de a *Laudato Si'* trazer um grande avanço para a abordagem ecológica no meio cristão, deixou de abordar todos os aspectos da temática ecológica, como as reflexões ecofeministas, a importância das mulheres no cuidado com o planeta, a ausência da temática de gênero, assim como de temas voltados para a defesa dos direitos sexuais e reprodutivos. Também não tratou da contribuição das outras religiões para o cuidado com a natureza (Murad, 2017, p. 491).

CARTA ENCÍCLICA *LAUDATO SI'*: UM DIÁLOGO COM A CIÊNCIA SOCIOAMBIENTAL

Considerando esse ponto apresentado, José E. D. Alves (2015, p. 1337-1338) informa que "estudos mostram que o empoderamento feminino e o respeito aos direitos sexuais e reprodutivos fortalecem o desenvolvimento sustentável e ajudam a combater a crise ambiental" e entende que as lideranças dos estudos de gênero chamam a atenção para a semelhança entre a atual situação e a antiga mentalidade da esquerda, que "sempre esteve pronta a derrubar o capitalismo, mas mantendo intimamente a essência do patriarcado e da heteronormatividade". Ou melhor, "fica claro que a ecologia integral que pretende lutar em defesa dos pobres e do meio ambiente não deveria deixar de incorporar o combate às desigualdades de gênero e a defesa dos direitos sexuais e reprodutivos". Aliás, para José E. D. Alves (2015, p. 1330-1331), a ecologia integral é, sem dúvida, um avanço no trato articulado e conjunto dos problemas econômicos, sociais e ambientais, além de ser uma janela aberta para o "diálogo com a Ética Ecocêntrica e os princípios da Ecologia Profunda", que foi proposto pelo filósofo norueguês Arne Naess em 1973 e inspirado em Henry David Thoreau (1817-1862) e Aldo Leopold (1887-1948). Enquanto a ecologia profunda percebe o ser humano apenas como um "fio particular na teia da vida", a concepção da ecologia integral vê o ser humano como um "administrador da casa comum" e portador de uma "dignidade especial.".

Ainda sobre as questões de gênero, existe também a antropóloga Moema Miranda, que é diretora do Instituto Brasileiro de Análises Sociais e Econômicas, pois no seu entendimento, em que pese as grandes contribuições do documento papal, há "uma grande e lamentável ausência" na *Laudato Si'*, que é o papel e o lugar das mulheres nesse debate:

> As mulheres estão entre as pessoas mais pobres em todo o mundo. São também as mulheres, especialmente aquelas vivendo em situação de pobreza, as que pagam o preço mais alto pelas mudanças climáticas que afetam as vidas de suas famílias. A elas cabe extratrabalho quando há problemas com a água, a terra, o aumento das doenças, entre tantos outros efeitos. [...] É uma grande pena que sua voz, seu papel essencial nas lutas socioambientais e sua vitimização não tenham sido evidenciadas e valorizadas na Encíclica (Miranda, 2015, p. 61).

Por outro lado, Moema Miranda (2015, p. 62-67), depois de participar de encontro no Vaticano, comemora afirmando que: "após dois mil anos de dualismo, pela primeira vez uma perspectiva sistêmica e integrada é afirmada com tanta clareza em um documento da Igreja". Para ela, essa é a novidade do documento do Papa. "É como abrir uma janela para oxigenar não só o debate de causas ambientais, mas uma visão de mundo". Para Miranda, "Abre-se uma fundamental e bem posicionada possibilidade de diálogo com abordagens sistêmicas desenvolvidas pelas chamadas ciências do sistema terra, que envolvem a física, a química, a biologia, entre outras".

Retomando o posicionamento crítico de Renan Santos, levando-se em conta a sociologia da religião, "não se pode assumir que a Igreja Católica e seus representantes passaram a se preocupar e a veicular ensinamentos sobre a questão ecológica em razão de alguma revelação ou inspiração divina". Para ele há "uma lógica 'profana' subjacente a essa apropriação religiosa ecologista", que é "a proteção de certos valores conservadores contra o avanço do liberalismo moral", o que no jargão técnico ambientalista significa algo como um *green wash* – ou para os cristãos "sepulcro caiado" (Mt 23, 27-28) – de modo que se sugere a teoria da mercantilização da fé e a ecologia se transformando em uma espécie de produto ou serviço para fazer frente à concorrência (Santos, 2017, p. 136-144).

A partir desses posicionamentos apresentados por Reginaldo Prandi e Renan Santos (2015) e Renan Santos (2017), os quais possuem um vocabulário desprovido de uma certa "diplomacia", há que se considerar que Francisco não foi o primeiro Pontífice a dar atenção às questões ambientais na esfera católica, de acordo com o que apresentei em capítulo específico sobre essa questão, um fato que já invalidaria boa parte de seus argumentos.

Além disso, quando se continua a condicionar a Igreja ao antropocentrismo, parece que a leitura da Carta *Laudato Si'* não foi realizada com a devida atenção e cuidado, visto a virada produzida com o conceito da ecologia integral. Adiciona-se ainda que a ideia de posse da Terra está constantemente substituída pelo Papa Francisco e de maneira explícita, a começar pelo próprio título, quando se pretende o cuidado e não a posse dos dons da Criação de Deus.

Com posicionamento político mais à direita, Luis Dufaur, em 29 de julho de 2015, tece críticas e apresenta um artigo do Diário de Notícias de Lisboa, com os comentários de Miguel Angel Belloso, cujo título foi "Um Papa pessimista e injusto". Dufaur indica que o que era expectativa para o lançamento da *Laudato Si'* se transformou em: "desinteresse", "decepção" e crítica pela imersão em "matérias que não corresponde à

Igreja se pronunciar". Segundo o autor, houve um esforço muito grande por parte dos assessores do Papa para "manipular realidades materiais, científicas e econômicas para encaixá-las num cenário passível de um juízo moral ou religioso", que, apesar disso, foi um expediente que não trouxe resultado, tendo em vista que fontes católicas desaprovaram a "distorcida intromissão na seara científica e econômica", cujo teor possui claras convicções ideológicas à esquerda. "Muitas das opiniões de sua Encíclica são inaceitáveis, inapropriadas ou infundadas" (Dufaur, 2015).

Acompanhando em parte as críticas de Dufaur, Miguel Angel Belloso indica que os argumentos do Papa são apresentados sem qualquer dado ou evidência científica, principalmente acerca das mudanças climáticas e das desigualdades pelo mundo, o que fragiliza seu posicionamento, tornando seu discurso carregado de pessimismo e injustiça. Há ainda uma perspectiva incorreta quanto à solução dos problemas, quando se baseia em intervencionismo político com a paralisação do progresso técnico e o desenvolvimento econômico. Para Belloso, o resultado positivo somente pode ocorrer à medida que os Estados se incorporarem no mercado e estejam orientados para ele (Belloso, 2015).

O Papa Francisco, que, segundo o autor, se transformou em um grande aliado das ideologias de esquerda e "chega a ser ofensivo ao assegurar que a propriedade privada não pode estar acima do bem comum, quando é precisamente ela que o origina". Assim, o autor indica que somente se pode cuidar do que é próprio, ao contrário daquilo que é público, que acaba por não sofrer o mesmo cuidado (Belloso, 2015).

Acerca do discurso de Belloso, Bento Domingues (2015) e Abilio Carvalho (2015) se manifestaram logo em seguida à publicação do seu artigo. O primeiro inicia dizendo não encontrar qualquer fundamento e explicação para o conceito "pessimismo ontológico" apresentado e que não é plausível a afirmação de que se não interferirmos no progresso tecnológico e no mercado, o mundo caminhará a passos largos para uma espécie de mundo perfeito. Mesmo que essa ideia se materializasse, a pergunta é: o que fazer com as pessoas que estão à margem da dignidade, os descartáveis? (Domingues, 2015).

Bento Domingues também afirma que não se trata de posições absolutamente verdadeiras e mutuamente exclusivas, podendo as ideias e esses pensamentos coexistirem harmonicamente. Coloca ainda que o Papa, pelo sentido pastoral da Igreja, publicou ideias para o debate e não um documento para ser abordado "com espírito de adoração". O mesmo autor assegura que é "redutor e ridículo fazer da ecologia uma questão confessional" e que o Papa Francisco "não pretende definir questões científicas nem substituir-se à política". Ao contrário disso, sua intenção é aprofundar e contribuir para o debate e melhorar as condições de vida no planeta, principalmente para os mais pobres e vulneráveis. E, por fim, argumenta que a casa comum não é propriedade privada de ninguém e de nenhuma geração, sendo obrigação coletiva a gestão de suas condições (Domingues, 2015).

Por sua vez, Abilio Carvalho considera os adjetivos pessimista e injusto para o Papa como insensatos, pois as informações apresentadas na Encíclica "não são formuladas por capricho de Francisco; são baseadas em dados objetivos". O Papa em nenhum momento afirmou que as mudanças climáticas e as grandes catástrofes naturais são resultantes apenas da ação humana. Apesar disso, não se pode excluir a guerra (para não citar outras ações) como ação humana e que ela gera a fome, a destruição, as migrações forçadas, os refugiados, a desertificação, a escravização, as mortes, os desequilíbrios na natureza com o esgotamento de recursos. Ao passo que o crescimento econômico *per si* não tem a capacidade de gerar ou aumentar a degradação ambiental, mas sempre que esse crescimento favorecer alguns poucos, isso sim, pois não estará atrelado ao fator sustentabilidade (Carvalho, 2015).

Ainda há que se contestar o conceito de pessimista atribuído a Francisco, pois, pelo apresentado por Abilio Carvalho (2015), caso todo o argumento da Carta "não fosse acompanhado da crença de que o homem pode mudar de paradigma, de atitude, de perspectiva educacional e de comportamentos ou se não reconhecesse os esforços feitos e a fazer na melhoria das coisas", isso sim demonstraria esse pessimismo. Mas, ao contrário, o Papa exalta a bondade e misericórdia de Deus e a capacidade e bondade das pessoas. Francisco não deixa de afirmar ainda que o desenvolvimento econômico produz uma grande esperança de vida e saúde e que há muitas melhorias pelo mundo afora, mas não necessariamente em função do mercado ou da economia, como quer Miguel Angel Belloso.

Também de opinião oposta à de Belloso e Dufaur, Gaël Giraud (2015, p. 43) afirma que o "mercado é muito ineficiente" e "a pobreza está longe de ter desaparecido no mundo", pois, na realidade, os dados estatísticos que apresentam que a proporção dos pobres diminuiu deixam de explicar

CARTA ENCÍCLICA *LAUDATO SI'*: UM DIÁLOGO COM A CIÊNCIA SOCIOAMBIENTAL

que isso aconteceu principalmente por força da política voluntarista da China. "E isso nada tem a ver com o Consenso de Washington ou o livre--comércio, uma vez que a China é um dos raros países do planeta que não adotaram a economia neoclássica como paradigma". Uma observação importante encontrada em Simkins (2018, p. 171) é que segundo uma boa parte dos economistas ecológicos, apesar de serem amplamente ignorados ou descartados pelos economistas tradicionais, uma economia em crescimento contínuo é impossível, pois não se pode transgredir os limites ecológicos do planeta, visto a economia ser um subsistema da biosfera.

Para Samuel Gregg (2015), a Encíclica "é bem intencionada, mas economicamente insensata". De acordo com o autor, muito embora a maior parte da Carta seja dedicada às reflexões ambientais, há um tema subjacente que é a "visão profundamente negativa" com relação aos mercados. Isso confirma que a reação do Papa ao ser questionado sobre o conteúdo econômico da *Evangelii Gaudium* foi "simplesmente reciclar" parte dos argumentos falhos naquele documento relacionados aos efeitos da economia de mercado. Por outro lado, Gregg esclarece que o Papa acerta em alguns argumentos quando critica a assistência aos bancos com dinheiro público, momento em que sugere que houve grande fracasso na reforma do sistema financeiro após a crise de 2008 e, também, quando continua afirmado que o crescimento demográfico não é raiz do problema ambiental ou obstáculo para o desenvolvimento econômico dos países (Gregg, 2015). Aliás, com relação aos bancos, Giraud (2019) afirma que a resistência ao discurso da LS veio "sobretudo do setor bancário", pois para os banqueiros, a transição ecológica parece perigosa, tendo em vista que os balanços ainda sofrem com a crise de 2008.

Para Gregg, não obstante os seus acertos, Francisco apresenta informações com "problemas conceituais" e "empiricamente questionáveis". Inicialmente é preciso lembrar que a LS ignora que parte dos impactos por poluição ambiental ligada à atividade industrial é oriunda dos processos produtivos nos países pertencentes ao antigo bloco comunista. Adicionalmente, o Papa cita a dicotomia "Norte e o Sul" (LS, 51), terminologia fundada no conceito da teoria da dependência, indicando que os países do Sul são pobres e os do Norte são ricos e as trocas comerciais não são benéficas para os pertencentes ao hemisfério Sul. Essa teoria dicotômica foi muito utilizada na década de 1950, mas está desacreditada, visto que se tinha como verdade a tentativa da não dependência por meio de restrições comerciais e autonomia produtiva, o que pode ser contraposto pelo desempenho do Chile, da Austrália e da Nova Zelândia, que se tornaram países desenvolvidos mesmo dentro da teoria do mercado global e fornecendo *commodities* e minérios para os países ricos, em vez de lançar mão de barreiras e protecionismos (Gregg, 2015).

Outra questão levantada pelo autor sobre a LS e a EG é a "simplificação leviana que ela faz ao comentar a visão daqueles que acreditam que o livre mercado é a melhor solução econômica, tanto para uma nação quanto para o mundo", como consta no parágrafo 109 da LS. Para Gregg, é obvio que o crescimento econômico é um dos elementos para ajudar a melhorar a vida dos mais necessitados, mas não há "nenhum defensor do livre mercado que acredite que o crescimento econômico, por si só, seja a resposta para a miséria e a pobreza". Erraria ainda afirmar que ser favorável ao livre mercado significa ser obcecado pelo lucro e que as ações são indiferentes aos aspectos da natureza e gerações futuras, visto haver muitos defensores do livre mercado que são sustentáveis (Gregg, 2015).

Apesar de Gregg entender como absurdas algumas críticas feitas a Francisco (como seguidor da Teologia da libertação e que ele seja marxista), não entende como motivação de tal indisposição para "se engajar em discussões sérias sobre méritos morais e econômicos da economia de mercado em relação às alternativas". Além disso, o uso de frases como "mercado divinizado" (LS, 56) e "concepção mágica de mercado" (LS, 190) ou a associação de relativismo moral à "mão invisível" (LS, 123) não parecem significar o desejo para o diálogo aberto e respeitoso sobre esses temas e as diferentes correntes de pensamento (Gregg, 2015).

Aceitando em parte o que afirma Samuel Gregg, Gurovitz (2015) entende que, "ao contrário do que imagina a visão franciscana, a economia capitalista tem se mostrado, ao longo da história, a forma mais eficaz de resolver questões complexas – como a própria pobreza". É certo que a desigualdade aumentou nos Estados Unidos e que países ricos sofreram perda de empregos com a globalização, mas nunca é demais lembrar que a globalização retirou algo como 1 bilhão de pessoas da pobreza extrema em 20 anos, de acordo com os dados publicados no *The Economist*, "*Toward the end of poverty*" (2013) e "isso não aconteceu por causa da compaixão. Ao contrário, foi resultado da ganância dos capitalistas.".

Apesar de não ser um documento político, Jamieson acrescenta que por vezes a Carta apresenta "lapsos de linguagem que soam como se tivessem sidos escritos pelo aparelho da política externa da cúria, e

CARTA ENCÍCLICA *LAUDATO SI'*: UM DIÁLOGO COM A CIÊNCIA SOCIOAMBIENTAL

não por esse líder espiritual, inspirador e eloquente que é o Papa". Para esse autor, "não precisamos que o Papa Francisco nos diga que 'a comunidade internacional ainda não chegou a acordos adequados sobre a responsabilidade de pagar os custos dessa transição energética', que é uma observação equivocada, podendo ter desdobramentos importantes" (Jamieson, 2015, p. 125).

Enquanto alguns economistas se queixaram de que o Papa Francisco parece não entender que a mudança climática é uma externalidade negativa causada pelo fracasso do mercado, e que a solução é colocar um preço no carbono, outros descobriram que o Papa Francisco rejeita a necessidade de inovação tecnológica e critica demais as maravilhas que nos trouxe. Outros ainda parecem confusos com o seu plano ou roteiro para abordar a mudança climática. Tais críticos reconhecem a influência do Papa e costumam dizer que ele fez um excelente trabalho ao identificar o problema, mas ficou aquém de propor soluções. O Papa não tem um roteiro para lidar com a mudança climática, o que é verdade também para esses economistas que defendem um imposto sobre o carbono. "Ambos têm boas ideias, mas boas ideias não são um roteiro para mudanças sociais" (Jamieson, 2015, p. 125).

William Nordhaus (2015) resume de modo adequado o paradoxo central do comportamento ético na economia de mercado: "a maioria das atividades econômicas numa economia de mercado bem regulada são neutras eticamente" [...] e "Do ponto de vista ético, não importa se compro minha carne, cerveja ou pão com um humor caridoso ou malvado" [...]. "O que é preciso para o comportamento ético é comportar-se como integrantes responsáveis da comunidade de mercado: receber e pagar, mas não roubar ou enganar.".

Nordhaus (2015) esclarece que Adam Smith ignorava as falhas de mercado capazes de gerar aquilo que os economistas chamam de "externalidades", que é o caso da poluição ambiental. Ninguém paga o preço pelo dano produzido ao planeta ou pelo esgotamento de seus recursos naturais e, para resolver o problema, é preciso atribuir um preço justo para esses danos, de modo que todos aqueles que se beneficiam dos recursos sem arcar com as consequências de esgotamento precisam pagar por isso. Esse autor propõe que a melhor forma de solução seria por um acordo global, estabelecendo limites para as emissões de carbono e, em seguida, permitindo que o próprio mercado negocie os direitos de emissão de poluentes, um mecanismo denominado de *cap and trade*. Dessa forma, haveria um incentivo para que a própria indústria poluidora procurasse formas mais limpas de gerar energia, uma vez que gerar energia suja sairia mais caro.

Porém, a Encíclica de Francisco condena os mecanismos de mercado para lidar com as emissões de carbono, o que para Nordhaus é muito equivocado. Para o autor, "a *Laudato Si'* faz uma discussão eloquente de muitos problemas ambientais locais, nacionais e globais" e "a discussão da biodiversidade é especialmente perspicaz" [...], porém "a discussão das soluções traz pouca orientação para implementar políticas eficazes" [...]. "Infelizmente, [a Encíclica] não reconhece o fato de que os problemas ambientais são causados pelas distorções dos mercados, não pelos mercados em si" (Nordhaus, 2015).

Ratificando essa questão da biodiversidade apresentada por Nordhaus, Peter Raven (2016, p. 252) ressalta que uma das características marcantes da Encíclica que deve ser considerada foi a atenção particular que o Papa presta à perda de biodiversidade. A perda local de espécies individuais é notada desde os tempos clássicos e as pessoas continuam preocupadas com o que experimentaram em suas proximidades. Somente no fim da década de 1960 é que os cientistas começaram a perceber coletivamente que é provável que estávamos levando à extinção um grande número de espécies de animais, plantas e outros tipos de organismos em um curto período de tempo, até pelo aspecto sistêmico envolvido nessa questão, haja vista a interdependência entre os seres vivos e os demais elementos da natureza.

Na esteira dos aspectos econômicos, Patrick Viveret, filósofo no Instituto de Estudos Políticos de Paris, ao ser questionado sobre a alegação do Papa Francisco de que a crise econômica vivida é resultado da crise ecológica, responde que a Encíclica é "muito convincente nisso, porque mostra que a crise ecológica está ligada a uma forma econômica que é predatória". À medida que se tem uma lógica no campo da economia baseada no "princípio da apropriação, no princípio da concorrência e no princípio da predação", fica mais do que claro que "não podemos responder a uma exigência ecológica alinhada à lógica da cooperação, do respeito e da não depredação". O Papa, de modo contundente, recorda que a propriedade privada não pode ser considerada como algo de valor absoluto. Precisamos desenvolver a consciência de que somos os usuários e cuidadores dos bens existentes e, ao mesmo tempo, não somos os donos. Daí, portanto,

CARTA ENCÍCLICA *LAUDATO SI'*: UM DIÁLOGO COM A CIÊNCIA SOCIOAMBIENTAL

que a lógica do capitalismo financeiro não possibilita resolver as atuais questões ambientais, e nesse sentido a Encíclica produz uma contribuição bem relevante (Viveret, 2015, p. 122).

A LS e a EG são altamente críticas ao capitalismo e ao consumismo desenfreados. O Papa percebe o crescimento econômico não regulado como problemático para a sustentabilidade da comunidade e para a vida no longo prazo. Pode até sugerir uma mensagem radical, mas está no limite de um século de ensino da justiça social católica. Esse documento explicita as ligações entre a justiça social e a nossa compreensão mais recente da "eco-justiça". O Papa Francisco também fez grandes esforços para citar as palavras e ideias de seus predecessores pontífices, e as percepções das cartas de 18 Bispos ao redor do mundo. Assim, o Papa recorre a documentos da Igreja que anteriormente já destacaram as questões socioambientais, o que para Tucker e Grim trata-se de "uma jogada estratégica para que a Encíclica não seja vista como radical ou fora de sintonia com os ensinamentos da Igreja" (Tucker; Grim, 2016, p. 267).

Essa postura crítica adotada aparece como revolucionária em relação à atitude tradicional da Igreja e do papado. É verdade que em documentos anteriores podem ser encontradas críticas ao sistema neoliberal, as quais são evidenciadas por Francisco tanto na *Evangelii Gaudium* quanto na *Laudato Si'*. Contudo, essas críticas podem ser consideradas como referências isoladas dentro dos pontificados. O Papa Francisco não perde as oportunidades que tem para chamar a atenção sobre as causas estruturais que provocam a pobreza, a violência e as desigualdade mundiais. O apelo à mudança pode ser observado em todos os documentos e discursos pronunciados desde o início de seu pontificado (Carletti, 2015, p. 236).

Na mesma linha de pensamento, Gerardo Ceballos (2016, p. 290) destaca que um dos principais temas da *Laudato Si'* é o desaparecimento de espécies. Estamos no meio de um ataque maciço sobre as coisas que vivem em nosso planeta, causando a perda de milhões de populações e milhares de espécies. Além disso, para o autor (Ceballos, 2016, p. 286), apesar de a Carta ter uma base científica muito sólida, sua maior relevância está na estatura moral do Papa Francisco, ou seja, mais que o conteúdo apresentado pelo documento é o impacto produzido pelo seu autor, visto a contribuição expressiva para evidenciar e produzir grande visibilidade para os mais diversos problemas ambientais aos quais o mundo está submetido.

Para Gerardo Ceballos, a abrangência desses impactos é bem ampla, pois aponta para problemas como aquecimento global, perda de biodiversidade, produtos químicos, resíduos sólidos, poluição marinha, destruição de florestas, planejamento de monoculturas, falta de água potável e uma série de problemas sociais importantes (desigualdade, ganância e pobreza), o que produziu elogios na comunidade científica, mas, apesar disso, houve manifestação crítica por força de uma lacuna importante, que suscitou a menção de que "perdeu o ponto central da atual crise ambiental, que é o crescimento da população humana" (Ceballos, 2016, p. 286).

Para Jamieson, o Papa Francisco não quer enfrentar o problema populacional. São mais de sete bilhões de pessoas que precisam ter uma vida decente e isso requer recursos. O progresso somente acontecerá quando um Papa reconhecer que o maior exemplo de sucesso em tirar as pessoas da pobreza na história da humanidade ocorreu em uma nação que implantou uma política de filho único (Jamieson, 2015, p. 126), preocupação externada também por Ronald Simkins (2018, p. 170) quando dizia: "o crescimento populacional não pode ser ignorado ou dispensado", a despeito do apresentado por Francisco (LS, 50). Ainda sobre a questão populacional, somam-se os argumentos já citados de Raven (2016, p. 248-260) e Pierre (2015).

Agora, dando prosseguimento nas avaliações críticas, passarei a falar um pouco mais da repercussão da Encíclica em jornais de grande circulação dos Estados Unidos por conta do que escreveu Alessandro M. Caterini logo em seguida à publicação da *Laudato Si'*, em 25 de junho de 2015, principalmente pelos personagens envolvidos nessas notícias. Caterini apresenta sua perspectiva sobre a Encíclica, especialmente pelo "grande interesse em todo o mundo" e o seu impacto na "grande mídia anglo-saxônica", que "discutiu amplamente as palavras do Papa". Para esse autor, é certo que não houve apenas elogios, havendo também "comentários polêmicos", mas que, apesar disso, "é notável que a Santa Sé tenha sido capaz de se manter ao passo dos tempos e transmitir influência positiva em uma questão de grande relevância e atualidade" (Caterini, 2015).

Segundo o que apurou esse autor, houve à época duas principais linhas na reação da mídia anglo-saxônica, sendo uma delas que viu com "fascínio" a apresentação refinada e poética do Papa Francisco e a outra é a impressão de que Francisco encarou o desafio ambiental com sensibilidade e habilidade, sem se pautar exclusivamente na Teologia, incluindo

CARTA ENCÍCLICA *LAUDATO SI'*: UM DIÁLOGO COM A CIÊNCIA SOCIOAMBIENTAL

temas econômicos, científicos e sociológicos. Por um lado, os editoriais apresentados no jornal *The Economist* explanaram as características universais da LS e até poderia ser confundida com documentos das maiores organizações ambientalistas ou reflexões interessantes que motivam as pessoas para novos hábitos mais sustentáveis, apesar de o mundo enfrentar tipos de resistências diferentes, dependendo das regiões e suas características particulares. Por outro prisma, Caterini fala de Nick Butler, do *Financial Times*, que apresenta a compreensão de que a mensagem do Papa não foi adequada por sua crítica à tecnologia, pois entende como incompreensível e "chocante" a LS atacar a ciência e a tecnologia, que são "os únicos instrumentos de verdade que oferecem uma solução para as alterações climáticas". Critica a ideia "irresponsável" de abandono do conceito técnico-econômico, pois a "pesquisa científica é o único *modus operandi* confiável para reduzir a poluição" (Caterini, 2015).

Caterini também apresenta que, de maneira contrária, o secretário de Energia dos EUA, Ernest Moniz, adverte que o Papa não desconsidera os debates científicos, não sendo, portanto, "apenas uma voz moral poderosa", mas é também químico e "compreende o consenso dos cientistas do clima sobre o quanto o acúmulo de poluição causada pelo homem põe em risco o nosso planeta". Em seguida, aborda o *Wall Street Journal*, que afirma que "os cientistas apoiam o Papa Francisco no tocante ao aquecimento global" e apreciam o valor moral e religioso que foi acrescentado à discussão ecológica. Kerry Emanuel, que é professor de ciência atmosférica do Instituto de Tecnologia de Massachusetts (MIT), comentou em sua entrevista ao *Wall Street Journal*: "o que impressionou foi o fato de ligar a degradação ambiental ao declínio cultural, político e social. Esta é a parte mais importante, porque o documento diz que a mudança climática não é um problema isolado" (Caterini, 2015).

Para Caterini, esse jornal se concentra também na crítica ao capitalismo e ao ceticismo técnico-econômico contido no documento papal, inclusive tratando da crítica ao "mercado de carbono" como "uma forma de especulação", devendo ser substituído por cooperativas locais autossuficientes. Se para alguns economistas, cita o jornal, o Papa foi precipitado ao considerar o capitalismo como parte do problema, para outros é irreal se pensar na redução drástica dos combustíveis fósseis. Caterini diz que Robert Sirico, também do *Wall Street Journal*, ao mesmo tempo em que elogia o Sumo Pontífice pela importante contribuição sobre a questão ambiental e por ter alargado a fé no que se refere ao meio ambiente, apresenta crítica imputando parcialidade no julgamento do Papa contra os mercados, visto que "só o progresso econômico pode reduzir a pobreza" (Caterini, 2015).

Voltando a Caterini, ele apresenta que aparecem no *The Guardian* reações controversas, visto o que o candidato republicano à presidência, Jeb Bush (que se declarava católico), à época afirmou que não pretendia "deixar o Papa ditar as estratégias econômicas" e que "a religião não deve se ocupar da esfera política", ou ainda, conforme informado por Gurovitz (2015), Jeb Bush teria dito que "a religião deveria cuidar de nos tornar pessoas melhores". Dom Joseph Kurtz, que era Arcebispo de Louisville, considerou que os políticos deveriam acolher com bastante cuidado o conteúdo da Carta, haja vista que "a política e a economia têm um contexto moral. A política tem na sua base o bem comum", reflexão esta que é necessária, caso tenhamos interesse de "ir além do interesse próprio". Os democratas americanos se mostraram mais abertos à mensagem de Francisco, segundo reporta Caterini (2015), tendo em vista o acolhimento do senador Brian Schatz, quando indicou a posição do Papa em sua "liderança moral, enquanto o presidente Barack Obama acolheu positivamente a Encíclica", dizendo que esperava que "todos os líderes mundiais" refletissem "sobre o chamado do Papa Francisco à união de todos no cuidado da nossa casa comum" (Caterini, 2015).

Alessandro Caterini informa que o jornal *The Guardian* publicou também a informação sobre o lobby da indústria energética, que reagiu tempestivamente para defender a imagem dos seus associados, pois o Papa não propõe os combustíveis fósseis como "solução para a pobreza", enquanto o Instituto Hearthland (que é um importante centro de estudos do clima), pelo mesmo veículo de informação, criticou Francisco por ter imputado as mudanças climáticas aos seres humanos. O autor cita também Tim Stanley, do *Daily Telegraph*, que criticou os analistas "cínicos": "O Papa Francisco escreve algo de visionário sobre a fé" [...] e a *Laudato Si'* "é um presente para a humanidade" [...]. Entende-se que "Tanto a esquerda quanto a direita podem ser iluminadas", principalmente em uma ocasião em que se trata "perigosamente" do transumanismo. A Carta é um documento que estabelece um forte sentido "humanista", ao mesmo tempo nos lembra que a Sagrada Escritura ensina a proteger o meio ambiente e a LS "é uma resposta espiritual para as nossas agonias materiais" (Caterini, 2015).

CARTA ENCÍCLICA *LAUDATO SI*: UM DIÁLOGO COM A CIÊNCIA SOCIOAMBIENTAL

Gurovitz cita David Brooks, do periódico *New York Times*, que diz que a visão econômica de Francisco turva suas conclusões mais acertadas sobre as questões ambientais. "Alertas legítimos para os perigos do aquecimento global se transformam no catastrofismo ao estilo dos anos 1970 sobre a civilização tecnológica". Parece ser difícil aceitar a premissa moral derivada da LS: "que as únicas relações humanas legítimas são baseadas na compaixão, na harmonia e no amor, e que arranjos baseados no próprio interesse e na competição são inerentemente destrutivos" (Gurovitz, 2015).

Caterini (2015) relata também as ocorrências em mais dois periódicos, o *New York Times* e o *Washington Post*. Pelo primeiro aparecem quatro acadêmicos: Ross Douthat, Vincent Miller, Christiana Peppard e Coral Davenport, que entendem as alegações relacionadas à ciência apresentadas por Francisco como coerentes, quais sejam, sobre a ecologia, o paradigma tecnológico e econômico, a necessidade de cuidado dos bens comuns, o consumismo, o aumento do nível do mar, as mudanças climáticas. Pelo *Washington Post*, trataram do tema naquela oportunidade três pessoas: Kert Davies, Philip Bump e o Cardeal Dom Donald William Wuerl. Kert Davies apresenta a tentativa de interferência para a publicação da LS por parte daqueles que não admitem as atuais teorias sobre as mudanças climáticas. Bump, por sua vez, diz que o Papa fez um grande alerta para aqueles que querem achar a solução para o meio ambiente no capitalismo, enquanto Wuerl disse que Francisco quis apenas oferecer a todos um parâmetro moral e não indicações políticas. Entre os citados, merece destaque Kert Davies, que é o fundador e diretor do *Climate Investigations Center*, com sede em Alexandria. Ele é um conhecido pesquisador e ativista climático que conduz pesquisas e campanhas de responsabilidade corporativa há mais de 20 anos.

Já Bill McKibben diz em sua resenha sobre a Encíclica na *New York Review of Books* que "os cientistas fizeram um trabalho notável ao disseminar a mensagem climática, atingindo um consenso de trabalho no problema em prazo relativamente curto". Apesar disso, "os líderes políticos nacionais, em débito com a indústria dos combustíveis fósseis, foram tímidos na melhor das hipóteses" (McKibben, 2015). Para McKibben (2017, p. 457), Francisco "dedica mais esforço a um grande projeto", que é "definir uma maneira útil de os seres humanos se relacionarem com o mundo físico e uns com os outros com urgência", apesar de ele, o Papa, se esforçar para ratificar o posicionamento da comunidade científica sobre a urgência de providências para mitigar os problemas relacionados à temática do clima e, ao mesmo tempo, condenar os que negam a existência desses problemas.

De acordo com a afirmação de DiSorbo (2017), as ideias contidas na *Laudato Si'* podem ser consideradas como complementares ao conteúdo discutido durante a reunião da COP21, ocorrida em Paris no mesmo ano da Carta, 2015, o que não foi um mero acaso. Segundo a teoria desse autor, o conteúdo e sua data de lançamento foram tratados de modo que previam que a aceitação e concordância por parte da comunidade global dos conceitos contidos na Encíclica, em especial pelos líderes e governos internacionais, certamente produziriam um apoio indispensável para o melhor resultado para a COP21.

Essa teoria também é compartilhada por Peter H. Raven (2016, p. 255). Em suas palavras: o Papa Francisco pretendia "que a sua Encíclica oferecesse apoio aos delegados da Conferência das Partes – COP21 para alcançar a uma forte e positiva conclusão". Igualmente, como declararam Mary E. Tucker e John Grim (2016, p. 263): "o calendário da Encíclica e a visita do Papa aos Estados Unidos no outono passado [setembro de 2015] foram claramente destinados a influenciar as negociações climáticas da ONU em dezembro de 2015.".

Para produzir os efeitos desejados, o Vaticano promoveu ativamente a Encíclica *Laudato Si'*, quer seja pelo Papa Francisco, ou ainda pelos demais membros da Santa Sé. Assim, houve a distribuição de milhares de cópias do documento para vários países, além de um conjunto de viagens realizadas pelo próprio Papa Francisco, que alcançou três continentes diferentes para falar sobre a urgência da ação ambiental. Foi dessa maneira que a *Laudato Si'* se tornou uma das encíclicas mais lidas da história, tanto em relação ao número total de leitores quanto ao número de países em que foi lido. Uma influência que Jack B. DiSorbo (2017, p. 3) adverte como algo que "afetou o mundo da política global".

Não há nada disponível que se compare à Encíclica Papal em termos de influência moral, apesar dos muitos lançamentos dos últimos tempos. Para a eficácia em despertar mentes e corações e para uma consciência educacional de longo prazo em relação às questões ambientais, "este é um documento divisor de águas". Trata-se de documento único por algumas razões, mas, especialmente, devido à sua "natureza abrangente, inclusiva e à sua longa e cuidadosa preparação". Para que a Encíclica fosse materializada, foram realizadas consultas com especialistas de diversas áreas. Foram convocadas reuniões na Pontifícia Academia das Ciências e no Pontifício Conselho da Justiça e da Paz. A Encíclica foi traduzida para lançamento em vários idiomas e ela baseia-se extensivamente em declarações de outros Papas e Bispos, incluindo o Patriarca Ecumênico da Igreja Ortodoxa Grega, Bartolomeu I (Tucker; Grim, 2016, p. 263).

Foi possível perceber essa importância e caráter inovador por conta de muitos políticos e líderes mundiais terem elogiado o Papa e o conteúdo da Encíclica *Laudato Si'* durante a preparação para a 21ª Conferência das Partes, a COP21. Seis chefes de estado ou seus representantes mencionaram explicitamente o Papa Francisco, elogiando seu convite à ação ambiental e citaram sua encíclica como evidência da importância do nascente Acordo de Paris. Esses eventos podem ser considerados como um testemunho do tipo de poder exercido pela Igreja moderna. Pode não comandar exércitos, mas por meio do Papa Francisco e com a *Laudato Si'*, foi possível apoiar e favorecer os resultados do Acordo de Paris, de modo que pode ter influenciado a formulação de políticas internacionais (Disorbo, 2017, p. 3; Ceballos, 2016, p. 286).

Para DiSorbo, o Papa Francisco somente publicou a Encíclica por conta da visibilidade da Conferência de Paris, que aconteceria naquele mesmo ano. Se investigarmos as declarações de abertura do Paraguai e Equador na COP18, a reunião que ratificou a Emenda de Doha e, na COP20, o evento precursor do Acordo de Paris, será possível verificar que não há evidência explícita do ensino ambiental do Vaticano. O contraste entre a fraca influência global após a pregação padrão e a forte influência global após a publicação da *Laudato Si'*, juntamente com o conhecimento da tão esperada conferência em Paris, fez com que o tempo e o conteúdo de Francisco com sua encíclica pareçam plausivelmente intencionais (Disorbo, 2017, p. 38).

Segundo o argumento de DiSorbo, o principal objetivo de o Papa Francisco fazer uso de fontes tradicionalmente aceitas é apelar para aqueles que seriam céticos em relação aos argumentos da Encíclica. Assim, a ideia é: "se uma boa parte da mensagem do Papa vem da Bíblia, Francisco está apenas reunindo e relatando uma ideia bem estabelecida, ao invés de impor uma opinião moral independente da Igreja" (Disorbo, 2017, p. 17).

O mesmo autor acredita que o Papa Francisco usa um grupo bem diversificado de citações por duas boas razões (Disorbo, 2017, p. 17-20):

a. para o caso das citações de papas anteriores, Francisco quer cimentar a ideia de que ele não está forçando uma crença liberal na Igreja, mas explicando e fortalecendo uma crença que a Igreja já mantém;

b. Francisco quer dar credibilidade ao sofrimento que diferentes nações experimentam. Ao citar a América Latina e a extensa citação das fontes católicas tradicionais, revela que ele tomou medidas consideráveis para dar credibilidade à LS aos olhos de pessoas mais céticas do clero. Embora essa atenção à credibilidade seja notável por si só, ela revela ainda um fato mais interessante, que Francisco esperava que a LS recebesse críticas e a escreveu de uma maneira que pode apelar para facções conservadoras e liberais. Essa estratégia indica que, a partir do início da redação da Carta, Francisco pretendia utilizar LS para fins políticos. Se Francisco queria promover sua Encíclica a governos estrangeiros, ele pareceria bem tolo se uma parte importante da Igreja rejeitasse o documento.

A *Laudato Si'* é, antes de mais nada, um documento para promoção, que busca não prescrever ou impor ações, mas incentivar uma política que tome essa atitude. O poder da Encíclica repousa em sua capacidade de influenciar ideias e pessoas. A Igreja Católica é um dos maiores órgãos religiosos organizados do mundo e, como tal, quando a Igreja julga alguma questão, bilhões de pessoas (católicos e não católicos) ouvem essa mensagem. O Papa Francisco entende esse poder de influência e usa esse recurso para promover suas ideias. Para que a *Laudato Si'* pudesse ter algum sucesso, as ideias de Francisco precisavam ser absorvidas, ou pelo menos consideradas e debatidas nos lares, igrejas e demais locais pelo mundo. A menos que essas encíclicas sejam popularizadas por alguma razão, as únicas pessoas que têm um forte incentivo para lê-las, na maioria das vezes, são membros do clero, católicos academicamente dedicados e teólogos devotados (Disorbo, 2017, p. 28-31).

Ratificando parte do argumento de DiSorbo sobre a influência do Papa, deve-se considerar o argumento de Tercio Ambrizzi. Ele acredita que a *Laudato Si'* pode fornecer um auxílio importante para a ciência por conta da publicidade "em relação à importância desta área para toda a humanidade e em sua expansão e conhecimento em termos científicos", considerando ainda que a Carta contribua também com "uma revisão básica do estado da arte do conhecimento", sem, no entanto, produzir "contribuições científicas novas". A Encíclica pode ainda ser um instrumento da Igreja para, minimamente, motivar seus fiéis "a se engajarem e pressionarem os governos" para produzir uma política internacional de emissões de gases de efeito estufa (Ambrizzi, 2015, p. 37-39).

Ratificando esses posicionamentos, Jamieson (2015, p. 122) inicia seu texto que abarca a LS e as mudanças climáticas, declarando que o Papa Francisco possui "mais autoridade epistemológica e moral do que qualquer cientista, filósofo, advogado ou político". Tem a segunda página de Twitter mais popular e suas mensagens têm mais chances de serem "retweetadas" do que as de qualquer outro indivíduo. "Quando o Papa fala, as pessoas ouvem" e devemos compreender que, minimamente, está no topo de uma hierarquia com a qual 1,2 bilhão de pessoas afiliadas e em todos os países do mundo. Para Anna Carletti (2010, p. 16), o fato de a Santa Sé não possuir divisões militares, recursos energéticos ou matérias-primas de interesse estratégico para o resto do mundo não quer dizer que não possa ser considerada como um ator político importante para a construção da nova ordem mundial.

Parte do que foi escrito sobre a LS talvez a traduza de modo falso como um documento político e centrado nas mudanças climáticas. A forma como o Papa apresentou o consenso científico sobre as mudanças climáticas foi vista como um desafio para aqueles do Partido Republicano dos Estados Unidos, que negam o premente perigo das mudanças climáticas. Mais do que o aspecto político, a Encíclica é um trabalho de teologia moral que foca as relações humanas, a relação com Deus e com a natureza. Suas políticas derivam de sua ética, e sua preocupação com as mudanças climáticas vêm de seu foco mais amplo em cuidar do bem comum (Jamieson, 2015, p. 122). Ao mesmo tempo, enquanto uma COP pode criar diretrizes e políticas específicas para que os países possam seguir, o Papa Francisco, por sua vez, somente pode sugerir ideias, incentivar comportamentos e estimular colaboração. Dessa forma, a principal intenção do Papa é ensinar e influenciar, não sendo possível, entretanto, medirmos de modo objetivo os impactos diretos da *Laudato Si'* (Disorbo, 2017, p. 28-29).

Na avaliação dos geógrafos Nascimento e Campos (2016, p. 7-8), o valor da Carta não pode ser medido exclusivamente por suas proposições, mas "pelos ensinamentos e ações educativas oriundas daqueles leitores espalhados no mundo inteiro que encontraram uma forma de viver a

Laudato Si". Convém destacar o potencial desse documento para fins de educação ambiental, tendo em vista o apelo para a proteção da casa comum e a busca do desenvolvimento sustentável e integrado que propõe, além da amplitude potencial quando considerado o ambiente cristão, a atingir.

Para corroborar esse pensamento, há que se considerar o que nos apresentam Tucker e Grim (2016, p. 262-263) na sua abordagem da influência da Encíclica na educação. Para eles, o simples fato de o Papa ser o líder de cerca de 1,2 bilhão de católicos, ou, quando considerados os cristãos, temos algo em torno de 2 bilhões, isso tem um enorme potencial transformador dentro da educação, tanto nas escolas secundárias quanto nas universidades ao redor do mundo, especialmente verdadeiro em instituições educacionais de base religiosa. Nos Estados Unidos, por exemplo, são 28 universidades jesuítas e todas encontrando maneiras de incorporar a Encíclica em seu currículo, principalmente pelo fato de o Papa Francisco ser jesuíta. Houve uma grande conferência na Universidade Loyola, em Chicago, em março de 2015, antecipando como as universidades jesuítas nos Estados Unidos responderiam aos desafios ambientais.

A educação para o consumo sustentável é, sem sombra de dúvidas, a ação fundamental para a melhoria da qualidade de vida e o desenvolvimento sustentável. Existe a plena necessidade de investimento em um processo educacional que "favoreça a sustentabilidade, o que requer a mudança de conceitos educacionais e o caminho em direção a uma educação fundada no pensamento crítico e no questionamento do mundo", em vez do processo passivo de ensino-aprendizado sobre o meio ambiente e éticas. Uma educação focada no consumo equilibrado precisa do aprendizado de novos hábitos e costumes, entre os quais o controle da impulsividade, de modo que sejam evitados os desperdícios. Tão ou mais importante que encontrar soluções técnicas, o desafio é conseguir que as pessoas mudem de comportamento (Zanirato; Rotondaro, 2016, p. 88).

Partha Dasgupta não acredita que a *Laudato Si'* apresente algo que "não seja coerente com a compreensão contemporânea dos fenômenos" levantados. É certo que podem ocorrer discussões acerca das terminologias utilizadas, mas "que não chegam a constituir diferenças em relação a sua leitura das interações entre o ser humano e a natureza". A LS nos pede que seja feito o melhor em favor da vida, "mesmo quando ninguém esteja olhando" e por isso precisamos modificar nossa cultura, visto que "a natureza não é apenas uma mercadoria, assim como seres humanos

CARTA ENCÍCLICA *LAUDATO SI'*: UM DIÁLOGO COM A CIÊNCIA SOCIOAMBIENTAL

não são meras *commodities*". Para o autor, a Igreja pode contribuir muito para os estudos científicos, uma vez que chama a atenção para a dimensão moral do problema, "insistindo em que a educação agora deve incluir ecologia" e que "as crianças aprendam sobre processos da natureza", especialmente pela cultura cada vez mais urbanizada em que vivemos (Dasgupta, 2015, p. 32-33).

Edgard Carvalho compreende que uma ecologia verdadeiramente humana "pode ser obra de um Deus criador e de homens empenhados em fortalecer os laços conviviais em prol de uma comunidade de destino sustentável para todos", e é dessa maneira que se supõe que dialogar "com essas posturas pode trazer ressonâncias no ensino e na pesquisa". Não deixando o ensino laico de lado, ainda assim as Pontifícias Universidades Católicas possuem um papel muito importante para cumprir ao promover o verdadeiro "diálogo entre os saberes culturais, quaisquer que sejam eles, sem qualquer tipo de rejeição ou censura" (Carvalho, 2015, p. 61). Ainda, desenvolvendo os aspectos relacionados à divulgação pela educação, segundo Óscar Armando Pérez Sayago (2013, p. 69), os educadores precisam assumir o desafio de contribuir com a nova sabedoria ecológica que entenda o lugar do ser humano no mundo e que resgate o mesmo ser humano que faz parte do mesmo mundo.

Para potencializar todo esse processo de disseminação das ideias contidas na Carta do Papa Francisco, a Universidade Loyola de Chicago lançou um livro digital gratuito chamado *Healing Earth*, editado em 2016 por Nancy Tuchman e Michael Schuck e que ganhou uma segunda edição em 2019 (Tuchman; Schuck, 2019). Esse livro apresenta aos alunos aspectos e questões ambientais críticas e os desafia a examinar as implicações éticas do que foi oferecido como conteúdo. Em tempo, as 324 escolas secundárias jesuítas e as 150 outras universidades jesuítas ao redor do mundo também estão usando esse livro nas versões em inglês, espanhol e português (Tucker; Grim, 2016, p. 263).

Ratificando a posição dos demais autores acerca das motivações para a publicação da LS, Jennifer Morgan (2015, p. 68-70), que é diretora do *Climate Program at the World Resources Institute*, o Programa de Clima do Instituto de Recursos Mundiais, com sede em Washington, compreende a LS como reorganizadora do debate em torno das questões ambientais. Como resultado, leva a discussão para além de reuniões das COP e, como apresentado anteriormente, não foi coincidência a divulgação da Carta alguns meses antes da realização da COP21. Jennifer Morgan, especialista em ralações internacionais, especificamente nas questões acerca de acordos climáticos, acredita que a LS tem uma função que vai além de pautar o debate desses grandes encontros internacionais "na medida em que realmente envolve a comunidade de fé em geral de uma forma que impacta o cotidiano, nas decisões em nível local e nacional", ou melhor, é um estímulo para uma reflexão geral sobre a ética na relação com o Planeta. A Encíclica insere os temas e as questões ambientais "em um novo lugar, um lugar que tem a ver com o cerne de nossa humanidade e nossa moralidade.".

Segundo nos apresenta Hans Joachim Schellnhuber, a Encíclica teria sido publicada no melhor momento histórico para fins de reversão do quadro socioambiental em que nos encontramos, visto termos a compreensão clara dos motivos de termos alcançado a atual temperatura, suas consequências e, também, condições científicas e técnicas para superar esse grande desafio. Para Schellnhuber, "a ciência é clara: o aquecimento global é movido pelas emissões de gases de efeito estufa que resulta da queima de combustíveis fósseis" e, se por algum motivo, não reduzirmos drasticamente essas emissões, todos nós "estaremos expostos a riscos intoleráveis" (Schellnhuber, 2015, p. 10). Schellnhuber somente não contava com a mudança do cenário mundial a partir de janeiro de 2017 com a posse de Donald Trump como presidente dos Estados Unidos, momento em que o mundo sofreu um grande impacto, com tantas medidas negativas contra o meio ambiente, incluindo a saída do Acordo de Paris.

H. J. Schellnhuber atesta que o modelo de produção de energia estabelecida em fontes fósseis gerou riqueza extrema para poucos por se tratar de bens privados, de propriedade de empresas ou controlados por governos, o que, em grande parte significa dependência de recursos financeiros dos indivíduos. Assim, "a história do uso do carbono por parte da humanidade é uma história de exploração". Além da sua exclusão da participação do progresso da humanidade, estarão forçados a participar dos efeitos colaterais, ou melhor, a mudança climática, de modo que se "constitui uma inaceitável desigualdade dupla: os pobres são responsáveis por uma parte diminuta das emissões globais, mas têm de arcar com as maiores consequências" (Schellnhuber, 2015, p. 10-11).

Apesar de uma série de aspectos negativos que cercam nosso mundo do período posterior à Revolução Industrial, "o cuidado de nosso planeta não precisa virar uma tragédia dos bens comuns". Ao contrário, pode ser um momento da humanidade de profunda transformação com o aproveitamento de uma oportunidade incrível para superação das desigualdades existentes. Mediante as evidências científicas disponíveis e soluções técnicas encontradas, as escolhas estão evidentes e "os caminhos estão claros", bastando escolher e arcar com as suas consequências (Schellnhuber, 2015, p. 15).

Para o geofísico português Filipe Duarte Santos, a Encíclica apresenta os conhecimentos científicos atuais sobre o meio ambiente, sobre os recursos naturais e o clima, apontando soluções para grandes problemas da humanidade, inclusive as alterações globais e a crise ambiental. E na opinião dele, haverá "uma grande resistência dos setores financeiro e econômico de escala global às propostas do Papa Francisco". Essa Carta "é um documento muito corajoso que permitiria atingir um desenvolvimento sustentável e se baseia nos atuais conhecimentos científicos sobre esses temas" (Santos, 2015, p. 36).

Para José E. D. Alves, a Carta do Papa Francisco reconhece que o ser humano é responsável pelo aquecimento global e a degradação dos ecossistemas, com base em fundamentações científicas. Ela reforça as conclusões dos relatórios do Painel Intergovernamental sobre a Mudança Climática, que afirmam as causas antropogênicas das mudanças climáticas. As atividades antrópicas também são responsáveis pela poluição, crise da água, acidificação dos oceanos, perda de biodiversidade e demais aspectos da crise ecológica. Assim, a LS pode ser considerada um "documento moderno, racional e que reforça os métodos da ciência no diagnóstico dos problemas econômicos e ecológicos". Para Alves, a Encíclica pode ser considerada como moderna também "no chamamento à ação na busca de soluções para os desequilíbrios e as chagas que estão deteriorando as condições de vida das diversas espécies da 'casa comum'" (Alves, 2015, p. 1334).

O sociólogo e antropólogo Maurício Waldman compreende que a Encíclica propõe repensarmos o tecnocentrismo, enquanto o Manifesto Eco Modernista, lançado em abril de 2015 (Asafu-Adjaye, 2015) por personalidades ambientalistas, entende que o futuro da humanidade está nas mãos da tecnologia e do mundo digital. Os dois documentos nasceram a partir da constatação de uma mesma crise, muito embora "expressando concepções muito diferentes" entre si. De certa maneira, o movimento de análise proposto por Waldman evidencia o quanto a modernidade está cega pela sedução tecnológica, que é vista como a opção mais viável para superar a crise ambiental. No Manifesto Eco Modernista, "esta tendência se materializa quando, no texto, a tecnologia é empoderada de opções que não são da sua alçada", apresenta Waldman. Para ele, aproximando os dois documentos, é possível perceber que esse Manifesto "pode ser definido enquanto uma proposta preocupada em adereçar a modernidade com um signo ecológico". A Encíclica *Laudato Si'*, por sua vez, "é uma afirmação da vida humana como parte de um projeto maior, integrado à aspiração de um acerto de mundo, da continuidade da Criação e da interação dos humanos com elementos constitutivos da mística espiritual". Por isso, busca uma saída da crise a partir da abordagem complexa apresentada pela ideia de ecologia integral (Waldman, 2015, p. 45-48).

Maurício Waldman trata também do conceito de Ecologia Integral e da crítica ao antropocentrismo, tão presente na LS, paralelamente ao conceito de "Bom Antropoceno", presente no Manifesto. Esse segundo conceito vê a solução a partir do acesso universal das ferramentas tecnológicas. Em tom de crítica, Waldman assevera que "os pobres adquiriram benesses técnicas e continuaram a ser o que sempre foram: uma massa de excluídos funcionalmente do sistema". Porém, pensando em alinhamento com a Encíclica, destaca que "um Bom Antropoceno será gerado não por mais tecnicidade, mas sim por mais humanidade" (Waldman, 2015, p. 50).

O sociólogo e antropólogo acredita que a religião "é como um modelo organizador de uma visão de mundo", que não se "indispõe a priori" com a ciência e que, apesar de esferas da ciência e da religião terem especificado "vocações que em muitos momentos atritaram entre si, enquanto referencial ético está predicado à religião um papel de interpretação da realidade". Assim, "nada disto implica que ontologicamente ciência e religião estejam condenadas a trilhar caminhos opostos". Tanto é verdadeira essa condição que a Encíclica, segundo argumenta Waldman (2015, p. 47), apresenta em defesa de suas teses uma coleção de dados científicos, respaldados em laudos e levantamentos técnicos cuja finalidade é "subsidiar uma visão de mundo que de modo inconteste se filia a uma predicação religiosa".

Corroborando, pelo menos em parte, especialmente no que tange ao amparo científico de argumentos usados na LS e que sofreram críticas, apresento os argumentos de Peter Raven (2016). Ele fala sobre os sucessivos relatórios do Painel Intergovernamental sobre Mudanças Climáticas (IPCC),

CARTA ENCÍCLICA *LAUDATO SI'*: UM DIÁLOGO COM A CIÊNCIA SOCIOAMBIENTAL

que contribuíram fortemente para o desenvolvimento da ciência sobre a mudança climática global desde 1990. Para se ter uma ideia dos critérios para a apresentação dos resultados, para o quinto relatório de avaliação (2013-2014) foram escolhidos 831 autores especialistas entre 3.000 indicações de todo mundo. Painéis foram estabelecidos para avaliação crítica de 92.000 artigos, que foram revisados por pares. Vários workshops foram organizados e todas as informações disponíveis foram cuidadosamente consideradas. Como resultado, constatou-se que a atmosfera e os oceanos estão certamente mais quentes, com a taxa de elevação do nível do mar nunca observada nos registros humanos desde 1950.

É extremamente provável que a influência humana tenha predominantemente provocado essas mudanças e quanto mais esperarmos para reduzir nossas emissões, mais caras elas se tornarão. A concentração de gases de efeito estufa na atmosfera aumentou para níveis sem precedentes na Terra por mais 800.000 anos. Dependendo das ações que tomamos, estima-se que a temperatura da superfície global poderá atingir 1,5 a 2°C acima do nível de 1850 a 1900 até o fim do século XXI, o ciclo global da água será seriamente alterado, os oceanos continuarão a aquecer, o nível do mar continuará a subir a uma taxa superior às das últimas décadas, e os oceanos se tornarão cada vez mais acidificados. Os efeitos de tais mudanças na extinção biológica são estimados em algo próximo de 30,00% até o fim do século (Raven, 2016, p. 249).

Relatórios não científicos, senso comum ou ceticismo do público em geral ou de políticos desinformados não podem ser levados tão a sério e certamente não podem ser autorizados a desacelerar as reações para mitigar os problemas relacionados às mudanças climáticas. Para Peter Raven, é imoral investir milhões de dólares para "refutar" o papel dos seres humanos no impacto ambiental que estamos submetidos e está além de qualquer razoabilidade a demora no tratamento desses problemas, visto o grau de sofrimento humano consequente (Raven, 2016, p. 250).

Em uma reunião da Pontifícia Academia das Ciências, o seu Presidente e ganhador do Prêmio Nobel, Werner Arber, observou que não devemos nos preocupar com as condições que nossos filhos e netos irão confrontar, mas sim o destino da civilização durante nossas próprias vidas se continuarmos no nosso atual caminho de destruição ambiental, relata Raven (2016, p. 247-260). O mesmo autor elucida que, dada a impossibilidade política de abordar a maioria das questões do mundo, e em especial para viabilizar a sustentabilidade global, pode-se perceber rapidamente os motivos para que muitos acreditem na necessidade de uma revolução moral ou espiritual para manter nossa civilização ilesa. Uma realidade que, na prática, nos leva àquilo que o Papa Francisco denomina, na *Laudato Si'*, de crise ecológica, para o que sugere a perspectiva da Ecologia Integral, em que não há centro nem periferia, há relações, afiança Edgard de Assis Carvalho (2015, p. 58-61).

Descolada de uma ideia integral, a racionalidade moderna elevou o antropocentrismo ao grau máximo de suas possibilidades técnicas comandadas por uma ideia de poder soberano. "O antropocentrismo é expressão máxima disso" e o ser humano "não é centro de nada". Trata-se de um narcisismo que "amplia intolerâncias, guerras, extermínios" e o mundo natural não existe para ser submetido ao homem. Assim, compreende-se que a "relação homem-natureza é de coautoria, e não de dominação ou submissão" (Carvalho, 2015, p. 59).

Em sua dissertação de mestrado pela Erasmus University Rotterdam, Wietse Wigboldus (2016, p. 55) estudou as modificações do entendimento da Igreja sobre as mudanças climáticas. Entre 1992 e 2015, as ideias sobre a questão climática mudaram, deixando a perspectiva teológica e tomando ares científicos. Em 2007, novas políticas públicas eram propostas depois de a Igreja incluir o tema da mudança climática no Ensino Social Católico. Em 2015, com a publicação da *Laudato Si'*, a visão de mundo da Igreja mudou e o cuidado com o meio ambiente e a mitigação das mudanças climáticas tornaram-se parte integral da Doutrina Social da Igreja, em vez de uma aplicação sobre apenas a dignidade humana.

Além de entender que as conferências episcopais regionais possuem papel decisivo para a consolidação das novas ideias e conceitos, conclui que sempre há a necessidade de indivíduos influentes e do movimento disseminador do Ensino Social Católico e o conceito de dignidade humana. Com o passar dos anos, os dois indivíduos mais influentes da Igreja sobre as mudanças climáticas mudaram suas preferências. O Núncio Renato Martino esteve envolvido nas políticas climáticas da Igreja entre os anos de 1992 e 2007. O outro é o Papa Francisco, que durante seu tempo como Arcebispo de Buenos Aires não esteve envolvido no debate sobre o clima, ao contrário do que demonstrou a partir do seu pontificado, uma questão que deve ser questionada, considerando o que corrobora parcialmente com o apresentado no Capítulo 2 desta pesquisa (Wigboldus, 2016, p. 55).

CARTA ENCÍCLICA *LAUDATO SI'*: UM DIÁLOGO COM A CIÊNCIA SOCIOAMBIENTAL

O Papa Francisco, segundo Christiana Peppard, "está ampliando e atualizando o trabalho de seus predecessores", e é nisso que reside a novidade e o tradicional, tendo seu alicerce bem fundamentado na tradição social da Igreja Católica, mas nem por isso deixa de avançar no pensamento, estendendo e atualizando a abordagem de temas já tratados por outros Pontífices. A novidade é que o Papa Francisco "está dando sustentação e propondo um contexto de atenção unificador para a equidade e a ecologia e identificando causas fundamentais desses problemas, que, em sua perspectiva, são tanto estruturais quanto morais", um movimento que aproxima ciência e religião (Peppard, 2015a, p. 119).

Entende que a "ecologia tem a ver, fundamentalmente, com relações" e o que o Papa propõe é um conceito de ecologia integral "que atente para o bem-estar de todos os seres humanos, agora e no futuro, bem como do planeta do qual toda a vida depende", que culmina na ideia de conversão integral, que para a professora é a revelação de que "está na hora de reconhecermos e assumirmos responsabilidade por proteger as relações e os aspectos do mundo e da sociedade dos quais dependem a dignidade da vida humana e toda a vida na terra". A conversão ecológica significa que está na hora de reconhecermos e assumirmos as nossas responsabilidades de proteger as relações e os aspectos do mundo e da sociedade "dos quais dependem a dignidade da vida humana e toda a vida na terra", o que implica em uma "reorientação de nossas prioridades para reconhecer que o que significa ser humano é, em última análise, uma questão moral, teológica e corporificada, e que tudo – e todos e todas – está conectado" (Peppard, 2015a, p. 119).

Em outro artigo de sua autoria, Christiana Peppard afirma que o conteúdo da Encíclica é uma ocasião para reconsiderar o envolvimento da Igreja Católica com a ciência nos últimos quatros séculos. Nesse artigo, cuja tradução livre produz o título "Papa Francisco e a quarta era da Igreja Católica no engajamento com a ciência", a autora faz uma retrospectiva da relação ciência e fé a partir do surgimento da Astronomia e da Física nos séculos XVI e XVIII, da Geologia e da teoria da evolução entre os séculos XIX e XX, da era das tecnologias globais do século XX, e a atual, que pode ser considerada da Ecologia e sustentabilidade, fase que pode ser representada pela *Laudato Si'*, que é o documento em que a Igreja nega oficialmente o antropocentrismo moderno, que atribui um valor moral "esmagador a seres humanos" à custa de todo o restante, que se caracteriza por "arrogância lógica e econômica" (Peppard, 2015b, p. 31; 37).

Concordando com esse conceito negativo sobre o antropocentrismo, Simkins (2018, p. 168) afirma que muitos estudiosos continuam trabalhando dentro do conceito de que a crise ambiental está enraizada em uma cosmologia religiosa antropocêntrica, dualista (indivíduos e natureza separados) e, portanto, precisa de uma solução religiosa, de onde vem a grande importância do documento do Papa Francisco.

Muito embora exista uma posição crítica ao antropocentrismo na Encíclica, para José E. D. Alves (2015, p. 1328) o Papa permanece considerando o ser humano como especial e, "em alguns aspectos, permanece dentro do campo antropocêntrico, especialmente quando faz crítica ao biocentrismo". E é nesse ponto que o Pontífice "parece ficar aquém de São Francisco de Assis, pois apesar de condenar o sofrimento imposto aos animais, não chega a combater a alimentação cárnea e nem tratar da dieta vegetariana (ou vegana)", o que se trata de uma crítica pouco relevante, mas que entendo necessária como existente e parte da pesquisa.

Para Christiana Peppard (2015b, p. 37), a *Laudato Si'* pode ser vista como um instrumento que amplifica ("e em um ritmo muito mais rápido que em épocas anteriores") a capacidade da Igreja Católica de permitir que o conhecimento científico forneça luz para a interpretação bíblica e do ensino ético.

Quando o biólogo Joshua Rosenau (2015, p. 24-28) faz sua análise da LS, não opõe ciência e religião, ressaltando que um modo de visão ética ampliada "contribui para o desenvolvimento científico mais ecológico", pensando os avanços sem desconsiderar o todo. Essa visão ética é o maior avanço ao aliar o ideário da religião ao pensamento científico e esse movimento é feito na LS ao "reconhecer os avanços a partir do pensamento científico e, também, ao apresentar uma preocupação ética integral". Rosenau defende o caminho seguido pelo Papa quando, ao tratar da mudança climática, considera apenas o aquecimento global antropogênico.

A Carta Encíclica *Laudato Si'* é um rico e complexo documento **que analisa as causas dos desafios ecológicos de hoje, reconhecendo o consenso científico**, mas acrescentando uma análise original das dimensões sociais, culturais, éticas e espirituais que estão associados à degradação do meio ambiente. Para Francisco, a crise ecológica está ligada a uma crise de valores, um vazio espiritual que permeia a sociedade tecnocrática de hoje. Pela análise de Tilche e Nociti (2015, p. 1), o que torna esse documento particularmente inovador é o apelo do Papa à ação que, reconhecendo a urgência e a imensidão do desafio que enfrentamos, vê também sua beleza, sendo uma ocasião única para a humanidade mostrar o que é capaz de fazer e de assumir a responsabilidade.

A abordagem do Papa de que a humanidade tem desenvolvido capacidades notáveis em ciência e tecnologia e que pode curar o planeta inverte as narrativas atuais, como o catastrofismo, o que pode levar ao medo da recessão global pregada pelos lobbies de combustível fóssil, ou a fé cega na tecnologia como capaz de resolver todos os problemas. Francisco reconhece que apresenta enormes desafios econômicos e ecológicos, mas considera que é bom que a humanidade possa ser contestada em um nível tão alto, tendo que mostrar seu melhor. Essa inversão do discurso é capaz de dar entusiasmo e encorajamento para as pessoas. Não estamos mais discutindo a extensão das mudanças climáticas ou se o esgotamento de recursos é devido às atividades humanas, haja vista que a ciência já comprovou amplamente. O que é necessário providenciar é a descarbonização do planeta e rapidamente, um desafio ecológico que também precisa ser considerado social e de valores (Tilche; Nociti, 2015, p. 1-2).

Para os autores, uma observação crítica em alguns dos comentários publicados recentemente sobre a Encíclica é que o poderoso e universal paradigma tecnocrático não pode ser derrotado apenas por uma mudança cultural. O argumento tem validade limitada por três motivos: 1) a Encíclica, com seu poder de atingir milhões de pessoas em todos os níveis de capacidade de decisão, pode ter influência direta e indireta na formulação de políticas; 2) as mudanças na história sempre tiveram suas raízes em ideias e na era digital essas ideias circulam mais rapidamente e são um meio muito poderoso de transformação da sociedade; 3) o comportamento individual tem aumentado o impacto sistêmico, o que já é evidente na transformação dos consumidores (Tilche; Nociti, 2015, p. 4).

Alguns economistas hoje, incluindo os das escolas liberais de pensamento, têm plena consciência de que o aumento dramático das desigualdades precisa ser revertido. Não é sustentável, mesmo no capitalismo, e é um sinal de que os mercados têm várias falhas e exigem ações corretivas que só podem ser oferecidas por elaboração de políticas. A alta consideração da ciência, combinada com a referência a muitos pensadores de outras religiões e até mesmo filósofos, são sinais de que o que se propõe aqui é um novo humanismo, no qual todas as capacidades criativas da humanidade, incluindo religiões e espiritualidade, podem contribuir para a "revolução cultural arrojada", que pode fornecer os argumentos e o impulso moral, podendo ajudar as mulheres e os homens que vivem neste planeta para se tornar atores de mudança (Tilche; Nociti, 2015, p. 5).

Cristina Richie, do *Boston College*, compreende que quando o Papa reconhece na *Laudato Si'* que "inúmeros cientistas, filósofos, teólogos e grupo cívicos têm enriquecido o pensamento da Igreja" em sustentabilidade, estabelece conexão também com hospitais e organizações de saúde por possuírem a responsabilidade de moldar os contornos da sustentabilidade. A Encíclica desafia todo o sistema de saúde Católico a refletir sobre dois interesses: a "Criação de Deus e o pobre desamparado", que concretamente podem ser alcançados com a mitigação das emissões de carbono e reduzindo a pegada hídrica (Richie, 2015, p. 30).

A indústria médica está fazendo um balanço das suas emissões de carbono como um esforço para combater as mudanças climáticas, especialmente pelo fato de os hospitais e centros de saúde terem uma contribuição relacionada ao uso de eletricidade em geral, sistema de condicionamento de ar e muito material de uso único. Para se ter uma noção de suas emissões, em 2009, o *Journal of the American Medical Association* estimou a emissão de carbono do setor de cuidados à saúde nos Estados Unidos em 546 milhões de toneladas de dióxido de carbono (Richie, 2015, p. 30).

Considerando que 20% da população mundial, cerca de 1,2 bilhão de pessoas, moram em áreas onde a água é fisicamente escassa, Francisco nos convida a reconhecer os problemas relacionados à água e urgência de soluções. Incontáveis são as pessoas que têm garantida a disponibilidade da água, mas o crescente reconhecimento desse recurso como uma mercadoria limitada é uma preocupação da ética da assistência médica e da ética teológica. A LS também reconhece que "em alguns lugares há uma crescente tendência, apesar de sua escassez, de privatizar a água, tornando uma *commodity* sujeita às leis do mercado". Nos países desenvolvidos, nós frequentemente nos deparamos com a privatização da água em garrafa descartável, com um impacto ambiental significativo. Novamente, vemos organizações de saúde católicas liderando o caminho em reflexão ética sobre a crise de água, compra e consumo (Richie, 2015, p. 31).

A *Catholic Health Initiatives* sediada no Colorado, observa que estão estimados em 2,7 milhões de toneladas de plástico usadas anualmente para fabricar garrafas e apenas 20% dessas garrafas são recicladas. Diante disso, essa entidade decidiu eliminar a compra de água engarrafada em

CARTA ENCÍCLICA *LAUDATO SI'*: UM DIÁLOGO COM A CIÊNCIA SOCIOAMBIENTAL

seus escritórios nacionais como uma demonstração de solidariedade com aqueles que não dispõem de água e como uma ação ambiental. Os demais hospitais foram convidados a abordar tanto os efeitos na saúde por água contaminada quanto os efeitos ambientais da água engarrafada, considerando as demandas da LS, de modo até que seja possível ir um passo mais longe e eliminar a água engarrafada de todos os hospitais e centros de saúde (Richie, 2015, p. 31).

Beth R. Crisp (2015, p. 33) esclarece que apesar de a *Laudato Si'* se destinar a todas as pessoas ao redor do mundo, é certo que cada indivíduo que a ler poderá ter uma compreensão própria conforme seus próprios contextos. Considerando o contexto da Austrália, país de origem de Crisp, trata-se de um país que tem sofrido com a destruição da biodiversidade desde sua colonização, em 1788, nação que já teve 92,00% das florestas mais antigas destruídas.

No livro *The Bush: travels in the heart of Australia*, Don Watson narra a mudança de atitude ambiental dos australianos, dizendo que a colonização europeia negava o mundo que eles haviam encontrado a partir da exploração, remoção de árvores entre outras atitudes para abrir caminho às atividades de mineração e agricultura. Apesar de toda destruição que a colonização trouxe para a Austrália, a autora também se demonstra confortável com essa verdade, uma vez que toda a infraestrutura construída naquela época ainda se mantém ativa na área rural do país, permitindo àqueles responsáveis pelo plantio de alimentos e a obtenção de materiais para fabricação de roupas que continuem a viver na zona rural (Crisp, 2015, p. 33). Para a autora, Watson contempla uma visão de recuperação do ambiente natural por meio da alteração dos hábitos das pessoas, o que é similar à do Papa Francisco, em que é feito o convite para a mudança de atitude em direção ao uso da terra e a valorizar os aspectos dos nossos ecossistemas que muitas vezes foram desconsiderados (Crisp, 2015, p. 35).

Para Holmes Rolston III (2015, p. 52), o Papa é um dos grandes líderes populares do mundo e por meio da Encíclica insiste que a relação humana com a natureza pode e deve envolver amor, gratidão e cuidado. Em suas palavras, o Papa possui característica holística e biocêntrica de acordo com a maneira que ele recorda São Francisco de Assis. As convicções trazidas pelo Papa têm caráter monoteísta, o que é adequado, mas ele apela para uma "ecologia integral" e a biodiversidade das espécies como tendo um valor por si, e que não temos o direito de destruir.

O Papa reconhece amplamente que os seres humanos precisam de recursos naturais, mas é claro que há limites para a exploração desses recursos, limites estabelecidos pelos valores intrínsecos de plantas e animais. Dessa forma, ele defende que ao abordarmos a natureza e o ambiente, precisamos fazê-lo com respeito e admiração, pois se no início da abordagem já não falar a língua da fraternidade e da beleza em nosso relacionamento com o mundo, a nossa atitude será a de consumidores, exploradores sem escrúpulos, incapazes de definir limites para as reais necessidades. Por outro lado, se nos sentirmos intimamente ligados a todas as coisas e seres, então o cuidado virá espontaneamente (Rolston III, 2015, p. 53).

Não acontecendo integração entre a ecologia humana e natural, não haverá nenhum desenvolvimento humano integral como estabelece a *Laudato Si'*. Sem uma transformação genuína que abarque a antropologia e o modo de vida das sociedades liberais ocidentais modernas, refletidas e trazidas pelas visões prevalecentes sobre pobreza e riqueza, trabalho e lucro, liberdade e direitos, ciência e poder tecnológico, natureza e corpo humano – e acima de tudo, sua visão de Deus como Criador – que mais obstrui a ecologia pedida pela Igreja atualmente. O reconhecimento e a realização da necessidade urgente de transformação cultural e institucional são diferentes da rejeição simples ou da simples adoção da situação atual, efetuada por meio de correção moral extrínseca ou de medidas coercitivas por parte do Estado (Schindler, 2015, p. 592).

Segundo o que nos apresenta Peter Raven, o Papa Francisco nos deu sua Encíclica para confrontar os problemas socioambientais que enfrentamos, haja vista o limitado progresso que fizemos ao longo dos anos para alcançar a sustentabilidade global. Assim, passou-se a acreditar que, para conseguir uma mudança real e suficiente, seria necessário introduzir uma moral ou um elemento espiritual na discussão. Ao fazer isso, teríamos a chance de salvar a nós mesmos e à nossa civilização das consequências que nos esperam, caso continuemos "alegremente com os 'negócios de sempre', assumindo que antes o que funcionou igualmente funcionará bem no mundo muito diferente de hoje" (Raven, 2016, p. 247).

"Precisamos de esperança", pois a magnitude do desafio e do relativo pouco progresso que temos feito para conter os impactos ambientais negativos do nosso desenvolvimento são avassaladores. E foi esperança que o Papa Francisco nos proporcionou quando publicou a Carta Encíclica

Laudato Si', "inspiradora e inesperada". E é isso que a *Laudato Si'* nos apresenta: "esperança de que um dia nós encontraremos um jeito de cuidar da nossa casa em comum, evitando um possível colapso da civilização" (Ceballos, 2016, p. 285-286).

Se o Papa, por sua vez, articula elementos de uma tradição católica de certa "antipatia cultural" ou afinidade negativa com o capitalismo, isso não é uma novidade em si mesma. A diferença está relacionada ao fato de que esses elementos deixam de ser aspectos complementares e se tornaram figura estruturante da perspectiva de evangelização proposta, sendo sua fonte explícita o programa do Vaticano II. O deslocamento dos elementos anticapitalistas para se tornar um dos eixos de análise é consequência direta e lógica de considerar a periferia, os descartados e excluídos como um privilegiado lugar teológico. Tal estilo metodológico é "ponto comum com as formas mais enraizais de teologia da libertação", de modo que, por isso, "não é estranho que as categorias de idolatria do dinheiro e sacralização do mercado passem a compor o instrumental analítico de Francisco, alçados aos níveis mais altos do magistério pontifício", argumenta Allan S. Coelho (2018, p. 78-79).

Além da fonte explícita que foi o programa do Concílio Ecumênico Vaticano II, Coelho (2018, p. 78) sugere que o Papa talvez tenha utilizado uma fonte oculta, que foi o Pacto das Catacumbas. Um documento elaborado e assinado por 40 Padres participantes do Concílio um pouco antes de sua conclusão, em 16 de novembro de 1965. Por esse pacto de 13 itens, seus signatários comprometeram-se a levar uma vida de pobreza, rejeitar todos os símbolos ou os privilégios do poder e a colocar os pobres no centro do seu ministério pastoral. Comprometeram-se também com a colegialidade e com a corresponsabilidade da Igreja como Povo de Deus, e com a abertura ao mundo e a acolhida fraterna. Esse pacto influenciou a nascente teologia da libertação e os rumos da Celam de Medellín.

Para Allan S. Coelho (2018, p. 79), há mais um ponto a destacar para reflexões futuras. O Papa Francisco normalmente é criticado como alguém que "não sabe", visto que sua origem é a América Latina e "diz coisas incômodas, pois não aprendeu o que a Europa ensina sobre o sistema". Para quem produziu a crítica do capitalismo como "religião idolátrica, ressurge a esperança de uma teologia compromissada com a vida das vítimas e a renovação da perspectiva de um cristianismo antifetichista".

O Papa aborda uma questão científica relativamente recente e em um nível mais profundo que até então tinha acontecido na Igreja: os organismos geneticamente modificados (OGM). A conclusão da Carta é "surpreendente e equilibrada" (OC, 2015), apontando que não há evidências de provocarem prejuízos à saúde, pedindo, entretanto, que sejam examinadas suas condições e aplicações caso a caso, além do cuidado de não se aumentar a concentração fundiária e a pobreza rural em face da utilização das sementes transgênicas.

Por fim, o teólogo Leomar Brustolin comentava antes da publicação da Carta que o conceito de progresso acaba se percebendo ambíguo, pois "nem toda forma de ação humana é verdadeiramente uma humanização da história", pois existe uma história de trevas, na qual o domínio técnico-científico, profundamente marcado pelo materialismo e guiado pelo jogo do poder e do mercado, deturpa e afeta a imagem do ser humano. Enquanto vivemos sob a pressão do desenvolvimento, não conseguimos pensar no equilíbrio. Há algum tempo o binômio desenvolvimento--equilíbrio suportava uma sociedade que crescia menos, mas explorava bem menos os recursos naturais e, consequentemente, vivia mais harmonicamente com o planeta. Não basta apenas defender a vida, mas é necessário promover a conversão de atitudes e pensamentos, reduzindo o consumo que produz a descartabilidade (Brustolin, 2011, p. 287).

A Igreja tem enfatizado que não possui soluções técnicas próprias para oferecer em questões socioeconômicas, o que não significa que a Igreja seja neutra em relação às soluções oferecidas pelas demais organizações. Significa que seu interesse está mais em apoiar uma compreensão do ser humano em termos de hábitos generosos de presença e comunidade, e em criticar o colapso nestes que se deve acima de tudo ao pecado. É nesse sentido que a Igreja diz que ela é uma "especialista em humanidade": devido à sua natureza como o sacramento do amor de Cristo, a Igreja recebeu, por ofício, sabedoria em assuntos relativos a esse amor. A Igreja, portanto, não pretende oferecer um "terceiro" caminho, no sentido de uma alternativa técnica distinta às instituições econômicas e políticas dominantes de direita e esquerda. A Igreja pretende oferecer uma visão teológica-antropológica distinta, uma maneira da vida que expressa "um conjunto de princípios para reflexão e critérios de julgamento e também diretrizes para a ação", que devem ser empregados para transformar as desordens da pobreza e da injustiça como elas se manifestam em qualquer uma dessas instituições (Schindler, 2015, p. 587).

CARTA ENCÍCLICA *LAUDATO SI'*: UM DIÁLOGO COM A CIÊNCIA SOCIOAMBIENTAL

A Encíclica, pelo apresentado, se apresenta além do entendimento de oposição entre ciência e religião, por meio da compreensão racional do que a sociedade disponibiliza de informações e pesquisas, ou melhor, menos dogmática e mais racional. Ou, por meio da afirmação de Christiana Z. Peppard:

> A questão, agora, não é se ciência e religião podem coexistir. A questão é como o avanço científico informa a interpretação teológica e o raciocínio ético em um mundo de inúmeras dependências mútuas. O futuro, é claro, continua a ser visto. No entanto, nossa era ainda pode ser vista como uma fase distinta no longo engajamento entre a Igreja Católica e a ciência moderna (Peppard, 2015b, p. 38-39).

Assim, após a apresentação das avaliações críticas sobre o conteúdo da Carta Encíclica *Laudato Si'*, que foram elaboradas principalmente por cientistas, autores e acadêmicos, é possível compreender que, apesar de alguns posicionamentos contrários, a maior parte está de acordo com os conceitos apresentados na Carta do Papa Francisco, especialmente pelo fato de que esses conceitos estão ancorados em bases científicas com reputação. Dessa forma, é possível entender que a *Laudato Si'* conseguiu ser bem acolhida nos mais variados meios, inclusive na academia, por força desse diálogo anterior realizado com a ciência socioambiental.

6

LAUDATE DEUM – UM NOVO CAPÍTULO DA *LAUDATO SI'*

Publicada no dia em que a Igreja comemora a festa de São Francisco de Assis, em 04 de outubro de 2023, a exortação apostólica *Laudate Deum* carrega consigo a função de especificar e completar a encíclica *Laudato Si'*, documento anunciado por Francisco em 21 de agosto de 2023.

Por meio dessa nova publicação de caráter socioambiental, o Papa Francisco apresenta sua crítica à falta de atitudes concretas no sentido de mitigar e frear os efeitos da crise climática. Francisco observa que o mundo está prestes a ruir pela lentidão em suas ações para evitar os fortes "efeitos em termos de saúde, emprego, acesso aos recursos, habitação, migrações forçadas" etc. (LD, 2).

O que se presume é que a exortação não tenha produzido espanto ou surpresa, considerando o pensamento do Papa, especialmente com a LS. Trata-se de um texto relativamente curto, com uma breve introdução e seis capítulos, divididos em 73 parágrafos, cujo objetivo é apelar por resultados objetivos em prol de um "problema social global que está intimamente ligado à dignidade humana" (LD, 3), que está além de uma questão meramente ecológica ou ambiental; inclui, também, explicitamente uma cobrança por efeitos reais da COP28 em Dubai, evento que aconteceu cerca de dois meses depois a publicação da exortação.

No primeiro capítulo, Francisco explana que há sinais claros acerca da crise climática que estamos vivendo, haja vista uma série importante de eventos extremos enfrentados em muitas localidades e de modo acelerado e mais frequente. Explica que não se pode atribuir esses problemas a uma superpopulação mundial de pobres, especialmente pelo fato de a África concentrar mais de 50% dos pobres do planeta, porém é responsável por uma contribuição pouco significativa em termos de emissões atmosféricas.

Francisco ainda desafia a fala dos que insistem em apresentar a condição da diminuição dos postos de trabalho em virtude da redução do consumo de combustíveis fósseis. De maneira oposta, afirma que a perda de emprego tem relação com a crise climática, devendo ser executada essa diminuição de consumo, porém de modo planejado e urgente, de tal sorte que os resultados sejam positivos nos mais diversos aspectos.

Ressalta, também, a importância negativa do papel humano relacionada às mudanças climáticas, tendo como referência os dados acerca do aumento da concentração dos GEE nos últimos 50 anos e de modo proporcional ao nível de industrialização e consumo dos combustíveis fósseis, condição ratificada por um exército de cientistas e há um tempo significativo. Apesar disso, parece que os interesses de um grupo de poderosos com interesses econômicos voltados para a manutenção da situação produzem essa estagnação das ações, aumentando ainda mais a pressão sobre os mais vulneráveis com os efeitos dessa crise instalada.

No Capítulo 2, o Papa avança falando do paradigma tecnocrático, que "consiste, substancialmente, em pensar como se a realidade, o bem e a verdade desabrochassem espontaneamente do próprio poder da tecnologia e da economia" (LD, 20), levando em conta o conceito de um ser humano sem limites.

Francisco relembra a nossa condição de sermos parte do meio ambiente e não um ser apartado, de modo que o que produzimos de problemas para a criação tem reflexos diretos em nós mesmos.

Já no terceiro capítulo, Francisco apresenta a sua percepção da debilidade da política internacional, condição que propõe uma real necessidade para o estabelecimento de acordo multilaterais entre as nações, cujo objetivo seria a garantia da tomada de ações eficazes nesse momento de crise e não a manutenção dos direitos dos mais fortes e poderosos.

No capítulo quarto, são apresentadas informações a respeito das várias conferências sobre o clima, as quais podem ser encontradas anteriormente, no item 1.3 deste livro (Movimentos socioambientais da ONU pós ECO-92).

O Papa Francisco, no quinto capítulo, clama pela assunção de compromissos concretos e com possibilidades reais de aferição para um verdadeiro monitoramento, de tal modo que seja possível a cobrança dos resultados, agilizando a transição energética e seus efeitos. Pede pelo fim da irresponsabilidade por parte das pessoas e instituições que zombam da questão ambiental por interesses econômicos. O Papa espera que brotem da COP28 resultados tangíveis e concretos, com vistas ao bem comum, mostrando "a nobreza da política, e não a sua vergonha" (LD, 60).

No sexto e último capítulo, Francisco lembra os motivos desse compromisso procedente da fé em Cristo, incitando nossos "irmãos e irmãs de outras religiões a fazerem o mesmo" (LD, 61).

À luz da fé de que tudo que existe é resultado da criação de Deus, o Papa nos lembra de que todo esse conjunto, que por decorrência é harmônico e perfeito, poderia ser comtemplado e protegido, à exemplo do que o próprio Jesus Cristo fez por meio de sua ação no mundo e das parábolas que tantas vezes apresentou. Apesar da interdependência de toda a criação, os seres humanos foram cooptados pelo paradigma tecnocrático, de sorte que tendemos ao isolamento, deixando de crer que "formamos uma espécie de família universal, uma comunhão sublime que nos impele a um respeito sagrado, amoroso e humilde" (LD, 67).

O Papa Francisco afirma ainda que as mudanças são necessárias e urgentes, mas precisam ser duradouras, mas para isso precisam acontecer a partir de cada indivíduo, mediante uma nova postura, um novo jeito de pensar, refletindo em suas ações, tais como reduzir os desperdícios e o consumo sustentável (LD, 71). Francisco conclui advertindo sobre a desproporção das emissões atmosféricas dos Estados Unidos quando comparadas com grande parte dos demais países, afirmando que a mudança do estilo de vida ocidental teria um impacto positivo ao longo do tempo. Dessa forma, somando essas ações individuais às indispensáveis decisões políticas, teremos condições para cuidar melhor da casa comum e "no caminho do cuidado mútuo" (LD, 72).

CONCLUSÃO

Como foi possível perceber ao longo da pesquisa realizada, antes de apresentar a LS, que é nosso objeto de estudo, elaborei uma pesquisa minuciosa dos discursos da ONU e da Igreja em um período bem abrangente. Os objetivos dessa pesquisa estavam relacionados à comparação de seus posicionamentos e compreensão se a LS teria alguma relação com essas posturas e discursos ou se seria apenas um momento isolado da Igreja ou de uma pessoa específica. Mas, como já foi apresentado e como poderei demonstrar nesta última parte do trabalho, o Papa Francisco, apesar da vultuosidade que representou a LS, não pode ser considerado como precursor do tema; e os discursos dos dois organismos são complementares em sua maior parte, além dos demais aspectos que apresentarei mais adiante.

Em decorrência de um encadeamento importante de condições ambientais, inclusive da falta de eficiência de organismos como a ONU, os efeitos podem ser sentidos por todos, entre os quais destaco o aumento dos conflitos, a diminuição da cobertura florestal, o crescimento dos movimentos migratórios, o aumento do nível do mar e da temperatura média do ambiente, e a elevação da quantidade de resíduos produzidos, o crescimento e a concentração das populações urbanas, mais fome e mais pobreza. Um cenário que parece não ter fim, e apesar do conhecimento de todos, sem adoção de medidas efetivas para mitigação ou erradicação dos processos socioambientais causadores de problemas ou impactos importantes e na parcela de responsabilidade do ser humano. As medidas tomadas estão sempre com atraso importante, não evitando de modo significativo o sofrimento dos mais frágeis, inclusive por não possuírem qualquer reserva de recursos para enfrentamento das crises. Apesar disso, há esperanças de novos tempos, mesmo porque contamos com a pressão e incentivos da Igreja Católica.

A Igreja, por sua vez, tem como principal papel o anúncio do Evangelho e com isso compreende que tem o dever de produzir uma vida digna às pessoas na vida terrena, mas com a visão celeste. Desse modo, as reflexões e os posicionamentos em favor da preservação das condições ambientais fazem parte de suas ações, dentro de certas condições ou na medida de suas possibilidades, visto não ser um órgão legislador ou de comando e controle. Essas questões socioambientais foram tratadas pela Igreja de modo gradual em certa sintonia com demandas da sociedade e por conta dos avanços da ciência, além do percebido nas ocorrências relevantes, inclusive dos acidentes ambientais.

Sob nossa ótica, o marco socioambiental se deu com o Papa Leão XIII com a apresentação do conceito de *bem comum*, que é uma das colunas da DSI; ideia que também foi utilizada pelos seus sucessores. Pio XI se apresentou contra questões do individualismo e da subversão da ordem natural, posicionando-se a favor do *bem comum* e da dignidade das pessoas, de modo que todos tivessem acesso ao mínimo necessário, inclusive os recursos da natureza. Pio XII, por sua vez, possui importância por seu protesto em favor do *bem comum* e pela justiça, acreditando na ciência e nos arranjos sociais como a melhor forma de distribuição e utilização dos bens da Criação, afastando da Igreja a função de legisladora e ratificando o formato laico da sociedade.

Conhecendo os conteúdos deixados por João XXIII, é possível considerá-lo como o primeiro Papa a produzir um argumento explicitamente socioambiental, apesar de muitos entenderem que esse atributo seria de Paulo VI. O Papa João XXIII, além de enfatizar a importância e necessidade do *bem comum* extensivo a todas as pessoas, lutou contra os desperdícios de recursos naturais para a produção e conservação da dignidade humana, e se antecipou na articulação do conceito de sustentabilidade, com sua preocupação com as futuras gerações. As Encíclicas *Mater et Magistra* e *Pacem in Terris* devem ser destacadas, pois o Pontífice estabeleceu um marco importante quando declarou que o ser humano não pode fazer uso da natureza de modo destrutivo, mas para serviço da vida e, de modo complementar e inédito, reconheceu que uma das formas de manter uma atmosfera de paz dos povos seria o desenvolvimento econômico para o progresso social, priorizando o acesso à água e ao saneamento básico.

Sobre o Concílio Vaticano II, esse precursor da "Igreja em saída", considerei a sua contribuição na aproximação entre religião e ciência, entre a Igreja e o mundo, além do conceito do princípio do destino universal dos bens, de modo que as ações e decisões sejam balizadas pelas necessidades individuais e coletivas da geração presente e cuidando das futuras também, estabelecendo conexão com o que foi definido anos depois pela ONU, que foi o conceito de desenvolvimento sustentável ou sustentabilidade.

O Papa Paulo VI estabeleceu claramente a ideia da possibilidade de um desenvolvimento sustentável pelo equilíbrio de forças e preservação dos recursos naturais e do progresso econômico, posicionando o ser humano como o grande receptor dos benefícios da Criação e do progresso alcançado pela humanidade. Examinou os novos problemas resultantes da nossa civilização urbana e industrial, especialmente sobre os jovens, as mulheres, os operários, as discriminações, as emigrações, o crescimento demográfico, os meios de comunicação e os impactos ambientais. Apoiou a Conferência de Estocolmo de 1972 e tinha consciência de que as soluções para as questões apresentadas não seriam tranquilas, inclusive para a questão demográfica e para a preservação dos recursos para as futuras gerações, antecipando-se ao que foi ratificado 20 anos depois, na ECO-92. Tinha uma visão clara da necessidade de modificação dos processos produtivos para impedir ou minimizar os impactos ambientais, antecipando-se ao conceito de Produção Mais Limpa (ou P+L). Antecipou-se também quando apresentou o conceito *res omnium* (coisa de todos), contrapondo-se à ideia de que o patrimônio ambiental fosse *res nullius* (de ninguém), como se pensava, produzindo responsabilidade para todos.

João Paulo II, por sua vez, confirmou a sequência de argumentos em favor da preservação ambiental com um conteúdo maior e mais completo que seus predecessores, reconhecendo que a exploração abusiva dos recursos naturais ameaça o meio ambiente e o ser humano, inclusive quando deixamos de dar a devida atenção aos ritmos da natureza, o que Francisco vai tratar na LS como *"rapidacion"* (LS, 18). João Paulo II ratificou que a condição do respeito e cuidado com a Criação deveria prevalecer, que há a necessidade de preservação das condições mínimas para as gerações futuras, e condenou o consumismo e o hedonismo. Em seu pontificado foi publicado o Catecismo da Igreja Católica, contendo outro aspecto importante apresentado por Francisco, que é o ser humano como parte do restante da Criação. Quanto à mitigação dos problemas ambientais por meio de controle demográfico, o Papa João Paulo II indicou ser contrário, visto que, antes de mais nada, seria necessário corrigir os erros cometidos por meio da educação e da mudança de estilo de vida baseado no consumismo.

Esse conteúdo socioambiental continuou crescendo no pontificado de Bento XVI, sendo proeminente a quantidade de documentos dirigidos à ONU com considerações sobre o tema. O Papa pediu por um consumo equilibrado, pela sustentabilidade, pela minimização dos efeitos das mudanças climáticas, pelo combate da fome, afirmou que a paz entre os povos está ligada à preservação da Criação, externando seu cuidado e preocupações diante dos fluxos migratórios. O Papa Bento XVI antecipou em parte o conceito de "ecologia integral" do Papa Francisco com a ideia do "desenvolvimento humano integral.".

As CELAM também contribuíram para a melhor compreensão das questões socioambientais e constatou-se que a curva de preocupação cresceu à medida que essa inquietação acometia a sociedade. Se até 1968 as preocupações ambientais eram irrelevantes, em 1979 foi nítida a influência da Conferência de Estocolmo-1972, o que se notou na IV CELAM, 1992, quando a ECO-92 estava em preparação. No evento de Aparecida o tema socioambiental recebeu um espaço bem maior e com um nível de maturidade superior aos anteriores, incluindo as preocupações com a Amazônia, devendo ser reconhecidos também os efeitos da inclusão desse tema nos discursos do Vaticano. Uma questão adicional e de fundamental importância para nossa pesquisa foi o aspecto seminal para a *Laudato Si'*, quando analisado o conteúdo do DAp, que teve Bergoglio como o relator. Nesse aspecto, é válido lembrar que o Papa Francisco, desde os primeiros momentos de seu pontificado, vem resgatando praticamente tudo o que os censores do texto original de Aparecida suprimiram, entre os quais podem ser indicadas as questões econômicas, o papel das mulheres, a ecologia, as comunidades eclesiais e a vida consagrada.

Entre comentários prós e contra o papel das Campanhas da Fraternidade, nossa percepção permite comentar que, a exemplo do que ocorreu nos demais documentos da Igreja, o tema socioambiental vai ganhando peso e maturidade à medida que o tempo passa, e bem influenciada pelo Vaticano e pelo que acontece fora da Igreja no Brasil; merecendo destaque a CF de 1979, que ao propor a reflexão sobre a preservação ambiental, alertou a sociedade brasileira da época, antes mesmo de ações concretas no nosso país.

Para fins de comentário por todo o seu conteúdo e simbolismo, realizou-se muito recentemente no Vaticano, em outubro de 2019, a 16ª Assembleia Especial do Sínodo dos Bispos para a Região Panamazônica. Esse evento foi dirigido a todas as pessoas para potencializar o amor pela Criação e teve como resultado a Exortação Apostólica Pós-Sinodal Querida Amazônia.

No segundo capítulo, elaborei um estudo sobre o Cardeal Jorge Mario Bergoglio para demonstrar que a LS não foi um mero acidente de percurso ou uma exigência do momento histórico, pois estava em gestação há um

CARTA ENCÍCLICA *LAUDATO SI'*: UM DIÁLOGO COM A CIÊNCIA SOCIOAMBIENTAL

bom tempo; não somente por ele, mas pela própria Igreja, fato que pode ser evidenciado por sua postura em seus discursos e pelo papel exercido na CELAM de Aparecida. Outra grande evidência pode ser percebida em um de seus livros abordados, *Educar: exigencia y passion* (Bergoglio, 2003c), que estabeleceu uma série de componentes relevantes que alimentam a estrutura da crise na sociedade e que foram confirmados no seu discurso como Papa Francisco e em especial na *Laudato Si'*.

Um detalhe importante a ser destacado ainda é sua formação jesuíta, balizada nos Exercícios Espirituais, principalmente por um de seus conteúdos, que é o texto acerca do Princípio e Fundamento, em especial sobre a questão da finalidade do ser humano e das coisas criadas e sua consequência, que é o uso ordenado das criaturas. Implicação que está diretamente associada à DSI quando defende a destinação universal dos bens criados para garantir a dignidade das pessoas, tendo em vista a limitação dos recursos naturais. Desse modo, a ordenação do uso do que a natureza nos oferece deve ser considerada um conceito bem presente e necessário na formação dos jesuítas, e aqui, em especial, para os princípios utilizados por Jorge Bergoglio.

Quanto ao terceiro capítulo, apresento a LS com seus principais conceitos, possibilitando uma avaliação mais apropriada do seu conteúdo, amarrado com fundamentos científicos. Entre os muitos aspectos que já apresentei anteriormente, ficam evidentes as preocupações com as gerações futuras, com a sustentabilidade, a condição sistêmica e holística dos processos ambientais e ecológicos, a ecologia integral e o chamado a uma conversão ecológica para proteção da casa comum por meio do diálogo. Apesar de ser dirigida aos católicos, tem propósito mais amplo, não apenas no que se refere ao contexto da religião, mas tem a pretensão de abarcar todas as pessoas, e em especial para a proteção e o cuidado dos mais frágeis e mais pobres. Além disso, faz crítica ao novo conceito e das formas de poder derivadas da tecnologia, e nos convida a buscar outras maneiras de compreensão da economia e do progresso, combatendo a cultura do descarte. Ainda no mesmo capítulo, apresentei uma série de comentários que foram produzidos sob os mais diferentes olhares, que foram em grande medida convergentes ao que a LS havia apresentado, com poucas divergências de opiniões.

Mais adiante, no Capítulo 4, foi possível perceber que a LS se apresenta como um documento que protesta pela preservação das condições de vida e dignidade das pessoas. Os argumentos utilizados foram ancorados nos princípios da Igreja e usaram a ciência de modo recorrente, aumentando as chances de aceitação de seu conteúdo e proposições na tentativa de produzir a conversão ecológica pedida por Francisco.

No quinto capítulo, apresentei uma série de avaliações críticas de especialistas de suas áreas ou cientistas sobre os posicionamentos apresentados pelo Papa Francisco em sua Encíclica. Para alguns, pesou o fato de o Papa não considerar as questões de gênero e os aspectos econômicos, enquanto que, para outros, Francisco não deveria desconsiderar os aspectos demográficos. Por outro lado, houve de uma maior parte a ratificação e considerações positivas aos argumentos da LS, ponderando que tais argumentos estão bem alinhados aos preceitos científicos. Assim, diante do desafio de avaliar criticamente a Encíclica *Laudato Si'*, com a finalidade de entender se a Carta foi elaborada com alguma base científica, considerei que foi possível constatar de modo adequado a presença marcante de teorias, pesquisas e estudos das várias ciências, e por meio de profissionais de reputação inquestionável.

Esse resultado apresentado principalmente nos Capítulos 4 e 5 ratifica a expectativa da possibilidade de coexistência, colaboração e diálogo pacíficos e promissores entre religião e ciência, em especial quando os temas estão tão relacionados à saúde física e mental, segurança, qualidade de vida, existência do ser humano e preservação da vida no planeta.

Avaliando os conteúdos dos Capítulos 3, 4 e 5, preponderaram as recepções e os comentários mais favoráveis que divergentes aos pensamentos e argumentos apresentados por Francisco na LS, fato este que pode estar atrelado a uma das três condições que seguem ou uma combinação entre elas: a) positivo, considerando que o documento papal pode ser o reflexo do que a sociedade estava aguardando como necessário para confirmar e corroborar com o que as pessoas e instituições estavam clamando; b) de outra forma, mais que algo esperado, a Encíclica pode não ter despertado o interesse científico de tantos quantos seriam necessários para uma avaliação mais profunda e imparcial dos argumentos apresentados; c) ou ainda, alguns podem ter percebido o documento como redundante e nada original.

Considerando o que foi produzido e apresentado nesta pesquisa, é possível entender que os resultados esperados foram alcançados, dentro das limitações naturais existentes, quando se tem pela frente o tema socioambiental com sua amplitude e pela perspectiva de organismos de características distintas. Assim, foi possível entender que a Igreja, por meio da *Laudato Si'*, travou um diálogo com a ciência socioambiental, tendo em vista a utilização de fontes e referências da academia, de acordo com o que apresentamos principalmente nos Capítulos 3 e 4; não apenas de maneira implícita como indicado em várias oportunidades pela similaridade dos argumentos, mas também de maneira explícita. Deve-se considerar ainda todo o percurso do Papa Francisco "para não dizer 'tolices'", conforme está apresentado na página 107, que foi ratificado por Waldman quando afirmou que é tão verdadeira a condição de que ciência e a religião não estão "condenadas a trilhar caminhos opostos", que a Encíclica apresenta em defesa de suas teses uma coleção de dados científicos, respaldados em laudos e levantamentos técnicos cuja finalidade é "subsidiar uma visão de mundo que de modo inconteste se filia a uma predicação religiosa" (ver p. 201 a 202).

Além do resultado anterior que considero como principal, este estudo conseguiu marginalmente responder a outras questões importantes. Entre as quais pode-se apresentar a condição de complementariedade dos discursos socioambientais da ONU e da Igreja, divergindo em poucos pontos, como é o caso da questão populacional, em detrimento dos diferentes objetivos enquanto instituições. Essa convergência ou complementariedade e poucas divergências podem ser explicadas pelo interesse e pela necessidade de preservação da vida presente e futura, mesmo que ambas não possuam poder de mando, mas sim um alto grau de influência. Há que se considerar relevante a postura dos antecessores de Francisco ao quererem o apoio da ciência para produção do *bem comum*.

Por meio da linha do tempo que consta do Apêndice A, constata-se que para ambos há uma curva crescente com o passar dos anos, além de revelar momentos em que a Igreja foi mais presente e outras ocasiões que a ONU se manifestou mais; mas as duas organizações sempre estiveram ao seu modo produzindo conteúdos com a finalidade da preservação do meio ambiente em prol da civilização. Mesmo interessados nessa preservação, não posso deixar de afirmar que as construções de argumentos das duas instituições sempre foram elaboradas de modo reativo aos acidentes ocorridos ou pelas pressões externas, e por medidas pessoais.

Visto que a *Laudato Si'* é parte integrante da Doutrina Social da Igreja (LS, 3-11), é necessária a compreensão de que se trata de um instrumento para a apresentação de um conjunto de princípios para a produção do *bem comum*; mesmo considerando a substituição da ideia de centralidade da pessoa humana, para a ecologia integral, cuja ideia não é de uma igualdade pura entre os elementos, mas sim a interdependência.

Confirmando a condição do encontro de Aparecida, é possível afirmar que o Sínodo da Amazônia também é resultado da V CELAM. Um Sínodo que "quer consolidar a face indígena da Igreja, mas renovando ali os princípios católicos do Concílio Vaticano II", de modo que o que se pretende é "dar rosto local aos dogmas e doutrinas, formando clero autóctone e interligando as bases católicas já existentes para ampliar sua ação apostólica", alinhamento demonstrado também no discurso do próprio Papa Francisco no encontro com o Episcopado brasileiro no dia de 27 de julho de 2013 (2013e, p. 55-56).

Apesar de a LS ser um documento elaborado pela Igreja, essa Encíclica supera os entendimentos de senso comum que acreditam na oposição entre ciência e religião. Dessa forma, a relação entre ciência e religião na *Laudato Si'* acontece a partir da compreensão racional dos fatos por meio das pesquisas disponíveis na atualidade, de maneira que possa sensibilizar e fornecer para todos nós uma forma respaldada e concreta de atuar como cristãos na sociedade, ou seja, uma fé inteligente e não apenas dogmática. Assim, é presumível que a ciência seja um meio para entender as carências da humanidade e da Criação. A Igreja, por meio da LS, não pretende produzir uma discussão com as dimensões exatas da participação do ser humano nos impactos ambientais, mas entender, pela ciência, que as ações humanas são impactantes, devendo, com isso, assumir o compromisso e a responsabilidade de modificar os comportamentos e as atitudes com vistas à mitigação dos problemas ambientais, de modo que sejam evitados os efeitos diretos e indiretos contra a Criação, em especial os efeitos negativos sobre os mais vulneráveis.

Em detrimento de uma série de argumentos apresentados que ressaltam a característica ecumênica, como não foi percebida a participação e contribuição de um rol significativo de outras religiões, entendo que mais do que uma Encíclica ecumênica, ela teve a qualidade de abrir as portas para o diálogo com as demais religiões, com a ciência, com governos e com a sociedade como um todo, tendo em vista o tema e as preocupações serem comuns a todos: que é a preservação da vida; fato que confere à LS muito mais um caráter de transversalidade do que o de ecumenismo.

CARTA ENCÍCLICA *LAUDATO SI'*: UM DIÁLOGO COM A CIÊNCIA SOCIOAMBIENTAL

Merecendo um destaque especial, entendo que, levando-se em conta a existência do meio ambiente como local de permanência do ser humano, a partir da Encíclica materializou-se a necessidade de um bom relacionamento entre sustentabilidade – espiritualidade, ciência – e religião, tendo em vista a ratificação dos posicionamentos em favor da vida das pessoas e da posteridade por meio de argumentos científicos, mesmo quando o tema é o crescimento demográfico ou as questões relacionadas à economia. Essa relação assume grande relevo diante da pretensão de influenciar a sociedade de modo mais crível, aumentando as possibilidades de melhoria dos comportamentos humanos. Ficou claro ainda que usar a ciência como alicerce para argumentação não significa intromissão dos campos de estudo, de modo que ambas podem coexistir e se apoiarem na construção da ciência e nas relações da sociedade.

Por fim, mesmo tendo conhecimento das afirmações do próprio Papa Francisco de que a LS é social e não ambiental, meu posicionamento é contrário a ambas as percepções. Entendo que a *Laudato Si'* é eminentemente socioambiental, alicerçado especialmente no ponto central da Carta, que é a característica sistêmica e holística das coisas criadas, ou o conceito de ecologia integral, uma interdependência entre tudo e todos que retira o ser humano do centro ou acima do meio ambiente e o coloca como parte.

Além da grave limitação da falta de opiniões divergentes, cujas possíveis causas estão supracitadas, outras dificuldades estão relacionadas principalmente à dimensão do tema socioambiental, que exigiria um espaço para discussão muito maior e que não seria pertinente a este trabalho. Assim, indicarei a seguir algumas questões que seriam importantes ou interessantes para a produção de estudos que complementem a discussão apresentada.

Considerando que a questão demográfica é uma das principais discordâncias entre a ciência e a religião, entendo que seria muito importante a elaboração de uma pesquisa mais detalhada e abrangente.

O que muitos desejam é que o Estado seja laico e que a Igreja não interfira nas questões civis. Se isso é verdade, por que as pessoas esperam uma participação da Igreja nas questões ambientais?

Levando-se em conta que parte das discordâncias acerca da LS estão relacionadas às questões econômicas e que o Papa Francisco entende como saída a implantação da ecologia econômica, como isso seria possível?

Tendo em vista a importância atribuída à CELAM de Aparecida, seria importante uma pesquisa mais minuciosa desse evento e das circunstâncias que envolveram a participação de Dom Bergoglio.

Pela importância dos documentos, entendo que seria interessante estudar com mais profundidade os cientistas e as fontes de dois documentos: a mensagem de Papa Paulo VI para a primeira Conferência das Nações Unidas para o Meio Ambiente, de 01 de junho de 1972; e a Exortação Apostólica Pós-Sinodal *Ecclesia in Europa*, de 2003, do Papa João Paulo II.

Há um personagem sobre o qual seria importante obter mais informações, de sua carreira e posicionamentos: Núncio Renato Martino, visto não ter conseguido elementos consistentes. Ele, entre tantas outras atividades, exerceu o encargo de Observador Permanente da Santa Sé na Organização das Nações Unidas entre 1986 e 2002, esteve envolvido nas políticas climáticas da Igreja entre os anos de 1992 e 2007 e foi o presidente do Pontifício Conselho Justiça e Paz após outubro de 2002.

Apesar da indicação apresentada durante a qualificação para a inclusão da participação dos movimentos sociais na pesquisa, não houve tempo e espaço, o que significa que pode se tratar de tema importante para estudos futuros.

Levando-se em conta a real falta de espaço para o aprofundamento de temas e conceitos relevantes, deixei de trabalhar melhor uma ausência sentida na LS, que é o ecofeminismo, o conceito de ecologia cultural e/ou ecologia do cotidiano, apresentado na Encíclica, além de um estudo mais detido acerca da Agenda 2030.

E, como não poderia faltar, tendo em vista a grande paralisação imposta à civilização em consequência da Pandemia pela Covid-19, parece possível perceber efeitos importantes na natureza, a ponto de suscitar uma investigação a propósito da preocupação externada pelo Papa Francisco pela preservação dos ritmos da natureza (LS, 18). Assim, seria importante envidar esforços para compreender esse evento e suas consequências ao meio ambiente e aos aspectos ligados à sustentabilidade.

POSFÁCIO

O ser humano é o maior perigo para si mesmo

Em 2023, o Papa Francisco apresentou ao mundo a Exortação apostólica *Laudate Deum*, cujo objetivo é retomar a discussão e os ensinamentos da Laudato Si'. O título da carta lembra que "um ser humano que pretenda tomar o lugar de Deus torna-se o pior perigo para si mesmo".

Segundo o documento, diz o Papa (2023):

> Já passaram oito anos desde a publicação da carta encíclica Laudato si', quando quis partilhar com todos vós, irmãs e irmãos do nosso maltratado planeta, a minha profunda preocupação pelo cuidado da nossa casa comum. Mas, com o passar do tempo, dou-me conta de que não estamos a reagir de modo satisfatório, pois este mundo que nos acolhe, está-se esboroando e talvez aproximando dum ponto de rutura. Independentemente desta possibilidade, não há dúvida que o impacto da mudança climática prejudicará cada vez mais a vida de muitas pessoas e famílias. Sentiremos os seus efeitos em termos de saúde, emprego, acesso aos recursos, habitação, migrações forçadas e noutros âmbitos.

Na sequência é destacado que "a humanidade passa por um momento de crise geral que afeta diretamente a dignidade humana, que exige reflexão urgente".

A crise climática global tem deixado evidente que os fenômenos naturais extremos serão cada vez mais comuns, podendo causar catástrofes prejudiciais à humanidade, muitos deles de caráter irreversível. Há décadas os seres humanos fazem que não veem a degradação ambiental, cada vez mais presente na nossa realidade. Apesar das evidências que a natureza apresenta e dos alertas de estudos científicos, pouco se fez para reverter o quadro. As grandes potências mundiais parecem não estar tão sensibilizadas para a questão, por priorizarem a obtenção de maior lucro em um curto espaço de tempo. O desenvolvimento tecnológico tem apontado para o fato de que não há limites para o crescimento, já que a tecnologia se autoalimenta. Além disso, o progresso se volta contra os próprios seres humanos que se mostram cada vez mais fracos, pensando serem fortes. Como bem lembra a *Laudate Deum*: "Nunca a humanidade teve tanto poder sobre si mesma, e nada garante que o utilizará bem, sobretudo se se considera a maneira como o está a fazer [...]. Nas mãos de quem está e pode chegar a estar tanto poder? É tremendamente arriscado que resida numa pequena parte da humanidade»".

As alterações climáticas, que ocorrem em uma velocidade acentuada, não diminuirão apenas com as mudanças das matrizes energéticas, atualmente um dos grandes temas em debate. Desenvolver formas de energias mais limpas é apenas parte do conjunto de ações necessárias a serem empreendidas para mitigar os danos, já causados, à "Casa Comum". Não podemos esquecer que é importante pensarmos na somatória de danos que vêm sendo provocados pelas gerações que nos antecederam, bem como aqueles que fazemos diariamente. Ademais, não podemos perder de foco que minhas ações revelam quem sou e o meu compromisso com "o outro", e com as gerações seguintes.

O apelo do Papa Francisco chama a atenção para o fato de que as mudanças climáticas impactam, acima de tudo, a existência humana. Milhares de pessoas falecem anualmente devido a problemas advindos das alterações ambientais. Caso algo não seja realizado, a quantidade de pessoas afetadas será maior. Evitar danos é uma meta de todos os que desejam participar do processo de "cura-recuperação-recomposição" que o mundo natural necessita. É preciso colocar limites na exploração desenfreada da produção industrial contemporânea, que danifica o ambiente e enriquece apenas poucas pessoas, deixando uma grande maioria próxima do patamar da pobreza.

Sabemos que o ambiente da política internacional não é o dos mais favoráveis para a discussão de questões como esta, tendo em conta os jogos de poder e as guerras em vigor. Direitos humanos fundamentais são desrespeitados e o ser humano vive uma grande crise advinda da intolerância e da falta de interlocução cultural, num processo de globalização que exige diálogo, em todos os sentidos.

Dessa forma, é fundamental que leituras com visões mais alargadas discutam o assunto e façam questionamentos sobre o progresso tecnológico face às mudanças climáticas. É preciso construir uma nova sensibilidade para os desafios ambientais, sociais, econômicos, culturais etc.

A Encíclica *Laudato Si'* continua a ser um documento importante para discutir as questões ambientais, mas também para refletir sobre a crise social, cultural e econômica em âmbito mundial. Pois "Nada neste mundo nos é indiferente". Talvez um dos principais pontos do documento seja chamar a atenção para a discussão de temas que não podem ser mais adiados e que precisam ser debatidos. Estamos unidos por uma preocupação comum. Como destaca o Papa Francisco (2023), nesse documento:

> A maior parte dos habitantes do planeta declara-se crente, e isto deveria levar as religiões a estabelecerem diálogo entre si, visando o cuidado da natureza, a defesa dos pobres, a construção duma trama de respeito e de fraternidade. De igual modo é indispensável um diálogo entre as próprias ciências, porque cada uma costuma fechar-se nos limites da sua própria linguagem, e a especialização tende a converter-se em isolamento e absolutização do próprio saber. Isto impede de enfrentar adequadamente os problemas do meio ambiente. Torna-se necessário também um diálogo aberto e respeitador dos diferentes movimentos ecologistas, entre os quais não faltam as lutas ideológicas. A gravidade da crise ecológica obriga-nos, a todos, a pensar no bem comum e a prosseguir pelo caminho do diálogo que requer paciência, ascese e generosidade, lembrando-nos sempre que «a realidade é superior à ideia».

Fica claro que o modelo econômico e produtivo mundial dever ser reavaliado face aos impactos que tem causado ao meio ambiente. É fundamental discutir uma ética, uma cultura e uma espiritualidade, que seja lúcida o suficiente para avaliar os problemas da humanidade atual.

O Papa Francisco solicita que a humanidade aborde o conjunto de problemas/desafios de uma forma conjunta, visando a uma resolução mais eficaz para os problemas de todos. Objetivamente, a proposta é criar espaços de diálogo que compartilhem experiências/vivências e soluções. Espaços com a participação de vozes múltiplas que consolidem as decisões tomadas. O sumo pontífice lembra que todos, independentemente de credo, situação social ou poder econômico, são responsáveis pela "Casa Comum". É preciso garantir a proteção da vida humana e da natureza.

Não podemos esquecer que todos somos responsáveis pela herança que deixaremos para as gerações futuras. É preciso assegurar compromissos que garantam o caminhar em comunhão e com responsabilidade, que está apenas começando.

Dr. Paulo de Assunção

Setembro de 2024

REFERÊNCIAS

ABRANCHES, Sérgio. A COP15: apontamentos de campo. *Estudos avançados*, São Paulo, v. 24, n. 68, p. 121-132, 2010.

ACOT, Pascal. *História da ecologia*. 2. ed. Rio de Janeiro: Campus, 1990. 224 p.

ALMEIDA, Giordano Sobral de. *Direito ambiental internacional*: 21ª conferência do clima (COP21) - reflexões, conclusões e desafios do acordo de Paris. 2017. Trabalho de Conclusão de Curso (Pós-graduação em Direito Ambiental) – Programa de Educação Continuada em Ciências Agrárias, Universidade Federal do Paraná, Curitiba, 2017.

ALTEMEYER JUNIOR, Fernando. Uma teologia ecológica integral: procuro, logo sou! *In*: PASSOS, João Décio (org.). *Diálogos no interior da casa comum*: recepções interdisciplinares sobre a encíclica Laudato Si'. São Paulo: EDUC/Paulus, 2016. p. 51-71.

ALVES, José Eustáquio Diniz. A Encíclica Laudato Si': ecologia integral, gênero e ecologia profunda. *Revista Horizonte*, Belo Horizonte, v. 13, n. 39, p. 1315-1344, jul./set. 2015.

AMBRIZZI, Tercio. A interdisciplinaridade das mudanças climáticas. Entrevista concedida a João Vitor Santos. *Revista IHU*, São Leopoldo, ano 15, n. 469, p. 37-39, 2015.

AMORIM, João Alberto Alves. *A ONU e o meio ambiente*: direitos humanos, mudanças climáticas e segurança internacional no século XXI. São Paulo: Atlas, 2015. 275 p.

ARQUIDIOCESE DE WASHINGTON. *Laudato Si': sobre el cuidado de la casa común*: Guía de Estudio sobre la Encíclica del Papa Francisco. Washington, 2015. Disponível em: http://adw.org/wp-content/uploads/2015/06/Laudato-Si-Study-Guide_SPANISH-complete.pdf. Acesso em: 10 mar. 2018.

ARZOBISPADO de Buenos Aires, 2019. Disponível em: https://www.arzbaires. org.ar/inicio/homiliasbergoglio.html. Acesso em: set. 2024.

ASAFU-ADJAYE, John *et al*. *An ecomodernist manifesto*. Helsinque, 2015. Disponível em: https://static1.squarespace.com/static/5515d9f9e4b04d5c3198b7bb/

t/552d37bbe4b07a7dd69fcdbb/1429026747046/An+Ecomodernist+Manifesto. pdf. Acesso em: 20 mar. 2020.

ÁVILA, Fernando Bastos. *Pequena enciclopédia de Doutrina Social da Igreja*. 2. ed. São Paulo: Loyola, 1991. 449 p.

AYALA, Luci; NADAI, Mariana. *Objetivos de desenvolvimento do milênio*. São Paulo: Instituto Ethos, 2006. 79 p.

BARBIERI, José Carlos. *Gestão ambiental empresarial*: conceitos, modelos e instrumentos. São Paulo: Saraiva, 2004. 328 p.

BARRETO, Leandro de Marzo; MACHADO, Paulo Affonso Leme. A construção do diálogo e da solidariedade e a proteção do bem ambiental e da natureza na concepção universal do humano, a partir de uma leitura da Encíclica Laudato Si'. *Revista Veredas do Direito*, Belo Horizonte, v. 13, n. 26, p. 319-336, maio/ago. 2016.

BATTESTIN, Cláudia; GHIGGI, Gomercindo. O princípio responsabilidade de Hans Jonas: um princípio ético para os novos tempos. *Revista Thaumazein*, Santa Maria, ano III, n. 6, p. 69-85, 2010.

BAVARESCO, Agemir. Leituras filosóficas da *Laudato Si'*. *Revista Teocomunicação*, Porto Alegre, v. 16, n. 1, p. 24-38, jan./jun. 2016.

BELIZ, Gustavo (org.). *Eco-integración de América Latina*: ideias inspiradas por la Encíclica Laudato Si'. Buenos Aires: Planeta, 2017. 375 p.

BELLOSO, Miguel Angel. Um Papa pessimista e injusto. *Diário de Notícias*, Lisboa, 26 jun. 2015. Opinião. Disponível em: http://www.dn.pt/inicio/opiniao/interior. aspx?content_id=4645831&seccao=Miguel%20Angel%20Belloso&page=-1. Acesso em: 29 dez. 2018.

BENTO XVI, Papa. *Mensagem do Papa Bento XVI ao Diretor-Geral da FAO por ocasião do Dia Mundial da Alimentação 2006*. Vaticano, 16 out. 2006a. Disponível em: http://www.vatican.va/content/benedict-xvi/pt/messages/food/documents/ hf_ben-xvi_mes_20061016_world-food-day-2006.html. Acesso em: 1 fev. 2020.

BENTO XVI, Papa. *Mensagem de Sua Santidade Bento XVI para a celebração do Dia Mundial da Paz*: a pessoa humana, coração da paz. Vaticano, 8 dez. 2006b. Disponível em: http://www.vatican.va/content/benedict-xvi/pt/messages/peace/ documents/hf_ben-xvi_mes_20061208_xl-world-day-peace.html. Acesso em: 2 fev. 2020.

BENTO XVI, Papa. *Mensagem do Papa Bento XVI ao Diretor-Geral da FAO por ocasião do Dia Mundial da Alimentação 2007*. Vaticano, 4 out. 2007. Disponível em: http://www.vatican.va/content/benedict-xvi/pt/messages/food/documents/hf_ben-xvi_mes_20071004_world-food-day-2007.html. Acesso em: 1 fev. 2020.

BENTO XVI, Papa. *Discurso do Papa Bento XVI na Assembleia Geral das Nações Unidas*. Nova Iorque, 18 abr. 2008a. Disponível em: http://w2.vatican.va/content/benedict-xvi/pt/speeches/2008/april/documents/hf_ben-xvi_spe_20080418_un-visit.html. Acesso em: 9 fev. 2020.

BENTO XVI, Papa. *Mensagem do Papa Bento XVI ao Diretor-Geral da FAO por ocasião do Dia Mundial da Alimentação 2008*. Vaticano, 13 out. 2008b. Disponível em: http://www.vatican.va/content/benedict-xvi/pt/messages/food/documents/hf_ben-xvi_mes_20081013_world-food-day-2008.html. Acesso em: 1 fev. 2020.

BENTO XVI, Papa. *Carta Encíclica Caritas in Veritate*: sobre o desenvolvimento humano integral na caridade e na verdade. Vaticano, 28 jun. 2009a. Disponível em: https://w2.vatican.va/content/benedict-xvi/pt/encyclicals/documents/hf_ben-xvi_enc_20090629_caritas-in-veritate.html. Acesso em: 2 fev. 2020.

BENTO XVI, Papa. *Carta do Papa Bento XVI ao Presidente do Conselho Italiano, Silvio Berlusconi, por ocasião do G8*. Vaticano, 1 jul. 2009b. Disponível em: http://w2.vatican.va/content/benedict-xvi/pt/letters/2009/documents/hf_ben-xvi_let_20090701_berlusconi-g8.html. Acesso em: 2 fev. 2020.

BENTO XVI, Papa. *Mensagem do Papa Bento XVI ao Diretor-Geral da FAO Jacques Diouf por ocasião do Dia Mundial da Alimentação 2009*. Vaticano, 16 out. 2009c. Disponível em: http://www.vatican.va/content/benedict-xvi/pt/messages/food/documents/hf_ben-xvi_mes_20091016_world-food-day-2009.html. Acesso em: 1 fev. 2020.

BENTO XVI, Papa. *Angelus*. Vaticano, 06 dez. 2009d. Disponível em: http://w2.vatican.va/content/benedict-xvi/pt/angelus/2009/documents/hf_ben-xvi_ang_20091206.html. Acesso em: 2 fev. 2020.

BENTO XVI, Papa. *Mensagem de Sua Santidade Bento XVI para a celebração do Dia Mundial da Paz*: se quiseres cultivar a paz, preserva a criação. Vaticano, 08 dez. 2009e. Disponível em: http://www.vatican.va/content/benedict-xvi/pt/messages/peace/documents/hf_ben-xvi_mes_20091208_xliii-world-day-peace.html. Acesso em: 2 fev. 2020.

BENTO XVI, Papa. *Mensagem do Papa Bento XVI ao Diretor-Geral da FAO Jacques Diouf por ocasião do Dia Mundial da Alimentação 2010.* Vaticano, 15 out. 2010. Disponível em: http://www.vatican.va/content/benedict-xvi/pt/messages/food/documents/hf_ben-xvi_mes_20101015_world-food-day-2010.html. Acesso em: 1 fev. 2020.

BENTO XVI, Papa. *Discurso do Papa Bento XVI*: Visita ao Parlamento Federal. Berlim, 22 set. 2011a. Disponível em: http://www.vatican.va/content/benedict-xvi/pt/speeches/2011/september/documents/hf_ben-xvi_spe_20110922_reichstag-berlin.html. Acesso em: 10 fev. 2020.

BENTO XVI, Papa. *Mensagem do Papa Bento XVI para o XXX Dia Mundial da Alimentação 2011.* Vaticano, 17 out. 2011b. Disponível em: http://www.vatican.va/content/benedict-xvi/pt/messages/food/documents/hf_ben-xvi_mes_20111017_world-food-day-2011.html. Acesso em: 1 fev. 2020.

BENTO XVI, Papa. *Angelus.* Vaticano, 27 nov. 2011c. Disponível em: http://w2.vatican.va/content/benedict-xvi/pt/angelus/2011/documents/hf_ben-xvi_ang_20111127.html. Acesso em: 2 fev. 2020.

BENTO XVI, Papa. *Discurso do Papa Bento XVI para o Corpo Diplomático Acreditado junto à Santa Sé para a troca de bons votos de início de ano.* Vaticano, 09 jan. 2012. Disponível em: http://www.vatican.va/content/benedict-xvi/pt/speeches/2012/january/documents/hf_ben-xvi_spe_20120109_diplomatic-corps.html. Acesso em: 7 fev. 2020.

BERG, Rosana da Silva; TAVARES, Ana Beatriz. Considerações sobre o discurso da ecologia humana e social. *Semioses*, Rio de Janeiro, v. 12, n. 1, p. 170-185, jan./mar. 2018.

BERGOGLIO, Jorge Mario. *Dejar la nostalgia y el pesimismo y dar lugar a nuestra sed de encuentros.* Buenos Aires, 25 maio 1999. Disponível em: http://www.arzbaires.org.ar/inicio/homiliasbergoglio.html. Acesso em: 25 fev. 2019.

BERGOGLIO, Jorge Mario. *Encuentro arquidiocesano de catequesis 2000.* Buenos Aires, 11 mar. 2000a. Disponível em: http://www.arzbaires.org.ar/inicio/homiliasbergoglio.html. Acesso em: 25 fev. 2019.

BERGOGLIO, Jorge Mario. *Mensaje del Arzobispo a las comunidades educativas.* Buenos Aires, 29 mar. 2000b. Disponível em: http://www.arzbaires.org.ar/inicio/homiliasbergoglio.html. Acesso em: 25 fev. 2019.

BERGOGLIO, Jorge Mario. *Vigilia Pascual*. Buenos Aires, 22 abr. 2000c. Disponível em: http://www.arzbaires.org.ar/inicio/homiliasbergoglio.html. Acesso em: 18 nov. 2018.

BERGOGLIO, Jorge Mario. *Te Deum*. Buenos Aires, 25 maio 2000d. Disponível em: http://www.arzbaires.org.ar/inicio/homiliasbergoglio.html. Acesso em: 18 nov. 2018.

BERGOGLIO, Jorge Mario. *Te Deum*. Buenos Aires, 25 maio 2001. Disponível em: http://www.arzbaires.org.ar/inicio/homiliasbergoglio.html. Acesso em: 18 nov. 2018.

BERGOGLIO, Jorge Mario. *Mensaje del Arzobispo de Buenos Aires a las comunidades educativas*. Buenos Aires, 31 mar. 2002. Disponível em: http://www.arzbaires.org. ar/inicio/homiliasbergoglio.html. Acesso em: 18 nov. 2018.

BERGOGLIO, Jorge Mario. *Educar es elegir la vida*. Buenos Aires, 9 abr. 2003a. Disponível em: http://www.arzbaires.org.ar/inicio/homiliasbergoglio.html. Acesso em: 18 nov. 2018.

BERGOGLIO, Jorge Mario. *Homilia del Sr. Arzobispo em el Te Deum*. Buenos Aires, 25 maio 2003b. Disponível em: http://www.arzbaires.org.ar/inicio/homiliasbergoglio.html. Acesso em: 25 fev. 2019.

BERGOGLIO, Jorge Mario. *Educar*: exigencia y pasión. Buenos Aires: Editorial Claretiana, 2003c. 190 p.

BERGOGLIO, Jorge Mario. *Mensaje del Arzobispo a las comunidades educativas*. Buenos Aires, 21 abr. 2004a. Disponível em: http://www.arzbaires.org.ar/inicio/homiliasbergoglio.html. Acesso em: 25 fev. 2019.

BERGOGLIO, Jorge Mario. *Cátedra Juan Pablo II. Congresso sobre la Veritatis Splendor. Dissertación de clausura del Sr. Arzobispo*. Buenos Aires, 25 set. 2004b. Disponível em: http://www.arzbaires.org.ar/inicio/homiliasbergoglio.html. Acesso em: 25 fev. 2019.

BERGOGLIO, Jorge Mario. *Carta por la niñez*. Buenos Aires, 1 out. 2005. Disponível em: http://www.arzbaires.org.ar/inicio/homiliasbergoglio.html. Acesso em: 25 fev. 2019.

BERGOGLIO, Jorge Mario. *Educar, um compromisso compartido*. Buenos Aires, 18 abr. 2007. Disponível em: http://www.arzbaires.org.ar/inicio/homiliasbergoglio. html. Acesso em: 25 fev. 2019.

BERGOGLIO, Jorge Mario. *Religiosidad popular como inculturación de la fe*. Buenos Aires, 19 jan. 2008a. Disponível em: http://www.arzbaires.org.ar/inicio/homiliasbergoglio.html. Acesso em: 25 fev. 2019.

BERGOGLIO, Jorge Mario. *Desgrabación de la homilía del Sr. Arzobispo de Buenos Aires Cardenal Jorge Mario Bergoglio s.j. en el Santuario Ntra. Sra. Madre de los Emigrantes con motivo de la celebración Eucarística del Día del Migrante*. Buenos Aires, 07 set. 2008b. Disponível em: http://www.arzbaires.org.ar/inicio/homiliasbergoglio.html. Acesso em: 18 nov. 2018.

BERGOGLIO, Jorge Mario. *Conferencia de Sr. Arzobispo em la XIII Jornada Arquidiocesana de Pastoral Social*. Buenos Aires, 16 out. 2010. Disponível em: http://www.arzbaires.org.ar/inicio/homiliasbergoglio.html. Acesso em: 25 fev. 2019.

BERGOGLIO, Jorge Mario; SKORKA, Abraham. *Sobre o céu e a terra*. Tradução de Sandra Martha Dolinsky. São Paulo: Schwartz, 2013. 191 p.

BÍBLIA. Português. *A Bíblia Sagrada*: antigo e novo testamento. 7. ed. Tradução da CNBB. Brasília: CNBB, 2008. 1563 p.

BOFF, Leonardo. A encíclica do Papa Francisco não é "verde", é integral. *In:* MURAD, Afonso Tadeu; TAVARES, Sinivaldo Silva (org.). *Cuidar da casa comum*: chaves de leitura teológicas e pastorais da *Laudato Si'*. São Paulo: Paulinas, 2016. p. 15-23.

BOLDRINI, Eliane Beê. *A ideologia da educação ambiental para o desenvolvimento sustentável*: a estrada do Porto de Antonina, um estudo de caso. Tese (Doutorado em Educação) – Universidade Federal do Paraná, Curitiba, 2003. 157 p.

BONFIGLIOLI, Cristina Pontes. O pensamento ecológico contemporâneo: a ciência dos ecossistemas. *In:* TASSARA, Eda; PATRÍCIO, Sandra (org.). *Política ambiental*: contribuições interdisciplinares para um projeto de futuro. São Paulo: Educ/Fapesp, 2016. p. 55-82.

BORTOLLETO FILHO, Fernando. Reflexões sobre a Encíclica Laudato Si' no contexto das igrejas evangélicas. *In:* RIBEIRO, Claudio de Oliveira. *Evangélicos e o Papa*: olhares de liderança evangélicas sobre a Encíclica Laudato Si', do Papa Francisco. São Paulo: Reflexão, 2016. p. 99-101.

BRAGANÇA, Bertrand de Orleans e. *Psicose ambientalista*: os bastidores do ecoterrorismo para implantar uma "religião" ecológica, igualitária e anticristã. 2. ed. São Paulo: IPCO, 2012. 175 p.

BRAKEMEIER, Gottfried. As Igrejas e a ECO-92: pensamentos avaliativos. *Estudos Teológicos*, São Leopoldo, v. 32, n. 3, p. 221-225, 1992.

BRANCO, Samuel Murgel. Conflitos conceituais nos estudos sobre meio ambiente. *Estudos Avançados*, São Paulo, v. 9, n. 23, p. 217-233, 1995.

BRANCO, Samuel Murgel. *O meio ambiente em debate*. 3. ed. 44. imp. São Paulo: Moderna, 2004. 127 p.

BRASIL. *Constituição da República Federativa do Brasil*: legislação. 31. ed. São Paulo: Saraiva, 2003. 363 p.

BRAUN, Julia. *ONU faz 70 anos sob críticas e enfrentando complexos desafios*. São Paulo, 24 set. 2015. Disponível em: https://veja.abril.com.br/mundo/onu-faz-70-a-nos-sob-criticas-e-enfrentando-complexos-desafios/. Acesso em: 20 abr. 2020.

BRIGHENTI, Agenor. Documento de Aparecida: o texto original, o texto oficial e o Papa Francisco. *Pistis Prax*, Curitiba, v. 8, n. 3, p. 673-713, set./dez. 2016.

BRITO, Rafaela Silva. La relación entre la ética ambiental y la Carta Encíclica Laudato Si'. *Revista Terramundos*, Buenos Aires, v. 2, n. 2, 2015.

BROWN, Lester R. *Plano B 4.0*: mobilização para salvar a civilização. Tradução de Cibelle Battistini do Nascimento. São Paulo: New Content, 2009. 423 p.

BRUNDTLAND, Gro Harlem *et al. Nosso futuro comum*. 2. ed. Rio de Janeiro: Fundação Getúlio Vargas, 1991. 430 p.

BRUSTOLIN, Leomar. Teologia, ciência e natureza: uma relação ecológica. *In:* CRUZ, Eduardo Rodrigues da (org.). *Teologia e ciências naturais*: teologia da criação, ciência e tecnologia em diálogo. São Paulo: Paulinas, 2011. p. 278-289.

CÁCERES, Aldo Marcelo. J. M. Bergoglio: claves de su pensamiento social antes de ser elegido pontífice. *Revista Moralia*, Madrid, v. 36, p. 117-135, 2013.

CALVANI, Carlos Eduardo. Laudato Si' – sobre o cuidado da Casa Comum: um convite gentil, generoso e sensível ao diálogo e à reflexão. *In:* RIBEIRO, Claudio de Oliveira. *Evangélicos e o Papa*: olhares de liderança evangélicas sobre a Encíclica Laudato Si', do Papa Francisco. São Paulo: Reflexão, 2016. p. 91-97.

CARDOSO, Delmar. Ecologia Integral. *Pensar*, Belo Horizonte, v. 7, n. 1, p. 1-4, 2016.

CARLETTI, Anna. A diplomacia da Santa Sé: suas origens e sua relevância no atual cenário internacional. *Diálogo*, Canoas, n. 16, p. 31-55, jan./jun., 2010.

CARLETTI, Anna. Do centro às periferias: o deslocamento ideológico da diplomacia da Santa Sé com o Papa Francisco. *Austral*: Revista Brasileira de Estratégia e Relações Internacionais, Porto Alegre, v. 4, n. 7, p. 218-239, jan./jun., 2015.

CARNEIRO, Beatriz Scigliano. Ecopolítica e a Igreja Católica no terceiro milênio: a conversão ecológica. *Revista Ecopolítica*, São Paulo, n. 12, p. 13-69, maio/ago. 2015.

CARSON, Rachel Louise. *Primavera silenciosa*. 2. ed. Tradução de Raul de Polillo. São Paulo: Pórtico, 2010. 327 p.

CARVALHO, Abilio. *Insensato chamar pessimista e injusto a este Papa*. 2015. Disponível em: http://ideiaspoligraficas.blogspot.com/2015/06/insensato-chamar--pessimista-e-injusto.html. Acesso em: 20 fev. 2020.

CARVALHO, Edgard de Assis. Da crise ecológica ao pensamento complexo. Entrevista concedida a Ricardo Machado. *Revista IHU*, São Leopoldo, a. 15, n. 469, p. 58-61, 2015.

CARVALHO, Wagner Francisco de Sousa. *A Carta Encíclica Laudato Si' do Papa Francisco*: uma guia para sua compreensão. 2017. Disponível em: http://signis. org.br/userfiles/multimidia/documentos/d9d375b3f80eda230a598f3285be821b. pdf. Acesso em: 26 dez. 2018.

CATERINI, Alessandro Mancini. *Entre críticas e apoio, a "Laudato Si'" recebeu grande destaque na mídia anglo-saxônica*. 25 jun. 2015. Disponível em: https://pt.zenit. org/articles/entre-criticas-e-apoio-a-laudato-si-recebeu-grande-destaque-na--midia-anglo-saxonica/. Acesso em: 29 dez. 2018.

CATECISMO da Igreja Católica. Promulgado por João Paulo II, Papa. [*s. l.*], 1992. Disponível em: http://www.vatican.va/archive/cathechism_po/index_new/ prima-pagina-cic_po.html. Acesso em: 22 set. 2019.

CEBALLOS, Gerardo. Four commentaries on the Pope's message on climate change and income inequality: IV. Pope Francis' Encyclical Letter Laudato Si', global environmental risks, and the future of humanity. *The Quarterly Review of Biology*, Chicago, v. 91, n. 3, p. 285-295, set. 2016.

CELAM. *Documentos da CELAM*: conclusões das Conferências do Rio de Janeiro, de Medellín, Puebla e Santo Domingo. São Paulo: Paulus, 2005. 878 p.

CELAM. *Documento de Aparecida*: texto conclusivo da V Conferência Geral do Episcopado Latino-Americano e do Caribe. 17. reimpressão. São Paulo: CNBB--Paulus-Paulina, 2016. 306 p.

CERVI, Jacson Roberto; HAHN, Noli Bernardo. O cuidado e a ecologia integral. *Direitos Culturais*, Santo Ângelo, v. 12, n. 27, p. 149-172, maio/ago. 2017.

COBB JR., John Boswell. *In: Wikipedia*: a enciclopédia livre. Flórida: Wikimedia Foundation, 2020. Disponível em: https://en.m.wikipedia.org/wiki/John_B._Cobb. Acesso em: 24 fev. 2020.

CÓDIGO de Direito Canônico. Promulgado por João Paulo II, Papa. Tradução Conferência Episcopal Portuguesa. Lisboa, 1983. http://www.vatican.va/archive/cod--iuris-canonici/portuguese/codex-iuris-canonici_po.pdf. Acesso em: 22 set. 2019.

COELHO, Allan Silva. Entre acusações e perplexidades: o anticapitalismo e o Papa Francisco. *Caminhos*, Goiânia, v. 16, n. 1, p. 63-81, jan./jun. 2018.

COMISSÃO DA CARTA DA TERRA. *Carta da Terra*. 2000. Disponível em: http://www.cartadaterrabrasil.com.br/prt/texto-da-carta-da-terra.html. Acesso em: 22 fev. 2020.

CONCÍLIO ECUMÊNICO VATICANO II. *Constituição Pastoral Gaudium et Spes*: sobre a Igreja no mundo atual. Vaticano, 7 dez. 1965. Disponível em: http://www.vatican.va/archive/hist_councils/ii_vatican_council/documents/vat-ii_const_19651207_gaudium-et-spes_po.html. Acesso em: 20 out. 2019.

CONVENÇÃO-QUADRO DAS NAÇÕES UNIDAS SOBRE MUDANÇA CLIMÁTICA. *Acordo de Paris*. Paris, 2015. 13 p. Disponível em: https://www.undp.org/content/dam/brazil/docs/ODS/undp-br-ods-ParisAgreement.pdf. Acesso em: 7 maio 2020.

CRISP, Beth R. On being open to changing our minds: a response to Laudato Si'. *The Way*, Melbourne, v. 54, n. 4, p. 33-38, 2015.

CUDA, Emilce. *Para leer a Francisco*: teologia, ética y política. Buenos Aires: Manantial, 2016. 258 p.

CUNHA, Magali do Nascimento. *Laudato Si'*: um eco papal de uma busca ecumênica. *In:* RIBEIRO, Claudio de Oliveira. *Evangélicos e o Papa*: olhares de liderança evangélicas sobre a Encíclica Laudato Si', do Papa Francisco. São Paulo: Reflexão, 2016. p. 37-49.

CURI, Denise. *Gestão Ambiental*. São Paulo: Pearson, 2011. 312 p.

CZERNY, Michael. *O grito da terra nos ecos da ciência*: Laudato Si' é a "*Rerum Novarum* de 2015". Tradução de Walter O. Schlupp. Entrevista concedida a João Vitor Santos e Ricardo Machado. *Revista IHU*, São Leopoldo, a. 15, n. 469, p. 71-73, 2015.

CZERNY, Michael. *La Iglesia frente a la emergencia del COVID-19*: "Discernir lo esencial". Vaticano, 22 abr. 2020. Disponível em: https://www.religiondigital.org/vaticano/Cardenal-Czerny-comunicacion-acercamiento-Iglesia-iglesia--religion-coronavirus-esencial_0_2224577563.html. Acesso em: 28 jun. 2020.

DAL TOSO, Mons. Giampietro. *Intervento ala 2nd Global Conference on Agriculture, Food Security and Climate Change*: Hunger for Action. Hanói, 7 set. 2012. Disponível em: http://www.vatican.va/roman_curia/pontifical_councils/corunum/corunum_it/iniziative/rc_pc_corunum_doc_20120907_GDTSpeech_Hanoi_Hunger4action_it.html. Acesso em: 10 fev. 2020.

DAL TOSO, Mons. Giampietro. *L'enciclica Laudato Si'*: per una lettura cristologica della questione ambientale. Vaticano, 25 jul. 2015a. Disponível em: http://www.vatican.va/roman_curia/pontifical_councils/corunum/corunum_it/iniziative/rc_pc_corunum_doc_20150724_GDTArticle_Laudato_si_it.html. Acesso em: 10 fev. 2020.

DAL TOSO, Mons. *Presentazione dell'enciclica Laudato Si'*. Roma, 28 out. 2015b. Disponível em: http://www.vatican.va/roman_curia/pontifical_councils/corunum/corunum_it/iniziative/rc_pc_corunum_doc_20151028_GDTSpeech_Laudatosi_parlamento_it.html. Acesso em: 10 fev. 2020.

DASGUPTA, Partha. A sintonia fina entre Laudato Si' e as ciências econômicas, sociais e naturais. Tradução de Walter O. Schlupp. Entrevista concedida a Ricardo Machado e Leslie Chaves. *Revista IHU*, São Leopoldo, ano 15, n. 469, p. 32-33, 2015.

DASGUPTA, Partha; RAMANATHAN, Veerabhadran; SORONDO, Marcelo Sánchez. *Sustainable humanity, sustainable nature*: our responsibility. Vaticano: Libreria Editrice Vaticana, 2015. 703 p.

DISORBO, Jack Buckley. *Pope Francis and Laudato Si'*: an evaluation of papal influence in global environmental policy, 2017. 115 p. Plan II Honors Program - The University of Texas, Austin, 2017.

DOMINGUES, Bento. *Uma encíclica desastrosa*. Lisboa, 5 de jul. 2015. Disponível em: https://www.publico.pt/2015/07/05/mundo/opiniao/um-enciclica-desastrosa-1701008. Acesso em: 29 dez. 2018.

DOWBOR, Ladislau. *Democracia econômica*: alternativas de gestão social. Petrópolis: Vozes, 2008. 214 p.

DOWNS, Andrew; WEIGERT, Andrew. Scientific and religious convergence toward an environmental typology?: a search for scientific constructs in papal and episcopal document. *Journal for the Scientific Study of Religion*, Medford, v. 38, n.1, p. 45-58, 1999.

DUFAUR, Luis. *Laudato Si'*: regozijo na esquerda e perplexidade para os pobres. São Paulo, 29 jul. 2015. Disponível em: https://ipco.org.br/laudato-si-regozijo--na-esquerda-e-perplexidade-para-os-pobres/#.XCfbOlxKiUk. Acesso em: 29 dez. 2018.

EFING, Antônio Carlos; FREITAS, Cinthia Obladen de Almendra; BAUER, Mara Gibran. O manifesto socioambiental: análise da Encíclica Laudato Si' pelo método de Marx. *Quaestio Iuris*, Rio de Janeiro, v. 9, n. 4, p. 1893-1912, 2016.

FERNANDO, Edson. Suplicar, mas também louvar: a mudança ecológica do coração. *In*: RIBEIRO, Claudio de Oliveira. *Evangélicos e o Papa*: olhares de liderança evangélicas sobre a Encíclica Laudato Si', do Papa Francisco. São Paulo: Reflexão, 2016. p. 105-106.

FERREIRA, Reuberson Rodrigues. Papa Francisco, e o método?: considerações sobre método ver-julgar-agir utilizado pelo Papa Francisco. *Pensar*, Belo Horizonte, v. 7, n. 2, p. 215-228, 2016.

FONSECA, Devair Araújo da. O surgimento da CELAM na América Latina. *Revista Brasileira de História das Religiões – ANPUH*, Maringá, v. 1, n. 3, 2009.

FRANCISCO, Papa. *Biografia do Santo Padre*. Vaticano, 13 mar. 2013a. Disponível em: http://w2.vatican.va/content/francesco/pt/biography/documents/papa--francesco-biografia-bergoglio.html. Acesso em: 27 jan. 2018.

FRANCISCO, Papa. *Homilia do Papa Francisco*. Santa missa de imposição do pálio e entrega do anel do pescador para o início do ministério petrino do Bispo de Roma. Vaticano, 19 mar. 2013b. Disponível em: http://w2.vatican.va/content/francesco/pt/homilies/2013/documents/papa-francesco_20130319_omelia-inizio-pontificato.html. Acesso em: 14 abr. 2018.

FRANCISCO, Papa. *Audiência geral*. Vaticano, 5 jun. 2013c. Disponível em: http://w2.vatican.va/content/francesco/pt/audiences/2013/documents/papa-francesco_20130605_udienza-generale.html. Acesso em: 16 fev. 2019.

FRANCISCO, Papa. *Exortação apostólica Evangelii Gaudium*: sobre o anúncio do Evangelho no mundo atual. São Paulo: Loyola e Paulus, 2013d. 163 p.

FRANCISCO, Papa. *Pronunciamentos do Papa Francisco no Brasil*. São Paulo: Loyola e Paulus, 2013e. 103 p.

FRANCISCO, Papa. *Entrevista exclusiva do Papa Francisco.* Entrevista concedida a Antonio Spadaro. São Paulo: Loyola e Paulus, 2013f. 37 p.

FRANCISCO, Papa. *A Igreja da misericórdia:* minha visão para a Igreja. Organização Giuliano Vigini. São Paulo: Paralela, 2014a. 121 p.

FRANCISCO, Papa. *Discurso do Papa Francisco por ocasião da inauguração de um busto em honra de Bento XVI.* Sessão plenária da Pontifícia Academia das Ciências. Vaticano, 27 out. 2014b. Disponível em: http:w2.vatican.va/contente/francesco/pt/speeches/2014/october/documents/papa-francesco_20141027_plenaria-accademia-scienze.html. Acesso em: 26 jan. 2018.

FRANCISCO, Papa. *Discurso do Santo Padre ao parlamento europeu.* Estrasburgo, 25 nov. 2014c. Disponível em: http://m.vatican.va/content/francesco/pt/speeches/2014/november/documents/papa-francesco_20141125_strasburgo-parlamento-europeo.html. Acesso em: 16 fev. 2019.

FRANCISCO, Papa. *Mensagem do Papa Francisco por ocasião da 20ª Conferência do Estados da Convenção Quadro das Nações Unidas sobre as Mudanças Climáticas.* Vaticano, 27 nov. 2014d. Disponível em: https://w2.vatican.va/content/francesco/pt/messages/pont-messages/2014/documents/papa-francesco_20141127_messaggio-lima-cop20.html. Acesso em: 29 dez. 2018.

FRANCISCO, Papa. *Discurso do Santo Padre no encontro com os jovens.* Manila, 18 jan. 2015a. Disponível em: https://w2.vatican.va/content/francesco/pt/speeches/2015/january/documents/papa-francesco_20150118_srilanka-filippine-incontro-giovani.html. Acesso em: 16 fev. 2019.

FRANCISCO, Papa. *Carta Encíclica Laudato Si' – Louvado sejas:* sobre o cuidado da casa comum. São Paulo: Paulus; Edições Loyola, 2015b. 142 p.

FRANCISCO, Papa. Carta do *Papa Francisco por ocasião da instituição do "Dia mundial de oração pelo cuidado da criação".* Vaticano, 06 ago. 2015c. Disponível em: https://w2.vatican.va/content/francesco/pt/letters/2015/documents/papa-francesco_20150806_lettera-giornata-cura-creato.html. Acesso em: 13 out. 2018.

FRANCISCO, Papa. *Discurso do Papa Francisco aos participantes no encontro promovido pela Fundação para o Desenvolvimento Sustentável sobre "Justiça ambiental e mudanças climáticas".* Vaticano, 11 set. 2015d. Disponível em: https://w2.vatican.va/content/francesco/pt/speeches/2015/september/documents/papa-francesco_20150911_fondazione-sviluppo-sostenibile.html. Acesso em: 13 out. 2018.

FRANCISCO, Papa. *Discurso do Santo Padre*. Visita à sede da Organização das Nações Unidas. Nova Iorque, 25 set. 2015e. Disponível em: http://w2.vatican.va/content/francesco/pt/speeches/2015/september/documents/papa-francesco_20150925_onu-visita.html. Acesso em: 29 dez. 2018.

FRANCISCO, Papa. *Mensagem de Sua Santidade Papa Francisco para a celebração do dia mundial de oração pelo cuidado da criação*. Vaticano, 1 set. 2016a. Disponível em: http://w2.vatican.va/content/francesco/pt/messages/pont-messages/2016/documents/papa-francesco_20160901_messaggio-giornata-cura-creato.html. Acesso em: 11 mar. 2018.

FRANCISCO, Papa. *Mensagem do Papa Francisco ao presidente da 22ª sessão da Conferência das Partes da Convenção-Quadro das Nações Unidas sobre as mudanças climáticas (COP22)*. Vaticano, 10 nov. 2016b. Disponível em: http://w2.vatican.va/content/francesco/pt/messages/pont-messages/2016/documents/papa-francesco_20161110_messaggio-cop22.html. Acesso em: 29 dez. 2018.

FRANCISCO, Papa. *Discurso do Papa Francisco aos participantes do Seminário sobre o direito à água, promovido pela Pontifícia Academia de Ciências*. Vaticano, 24 fev. 2017a. Disponível em: http://w2.vatican.va/content/francesco/pt/speeches/2017/february/documents/papa-francesco_20170224_workshop-acqua.html. Acesso em: 29 dez. 2018.

FRANCISCO, Papa. *Mensagem à Conferência da ONU finalizada a negociar um instrumento juridicamente vinculante sobre proibição das armas nucleares, e que leve à sua total eliminação*. Vaticano, 23 mar. 2017b. Disponível em: http://w2.vatican.va/content/francesco/pt/messagens/pont-messages/2017/documents/papa--francesco_20170612_messagio-convegno-rio.html. Acesso em: 29 dez. 2018.

FRANCISCO, Papa. *Mensagem do Papa Francisco por ocasião do Congresso Internacional "Laudato Si' e grandes cidades"*. Vaticano, 12 jun. 2017c. Disponível em: http://w2.vatican.va/content/francesco/pt/messagens/pont-messages/2017/documents/papa-francesco_20170612_messagio-convegno-rio.html. Acesso em: 29 dez. 2018.

FRANCISCO, Papa. *Mensagem conjunta do Papa Francisco e do Patriarca Ecumênico Bartolomeu no Dia mundial de oração pela criação*. Vaticano e Fanar, 01 set. 2017d. Disponível em: http://w2.vatican.va/content/francesco/pt/messagens/pont-messages/2017/documents/papa-francesco_20170901_messagio-giornata-cura-creato.html. Acesso em: 29 dez. 2018.

FRANCISCO, Papa. *Mensagem do Papa Francisco para a Quaresma de 2018*. Vaticano, 01 nov. 2017e. Disponível em: https://w2.vatican.va/content/francesco/pt/messages/lent/documents/papa-francesco_20171101_messaggio-quaresima2018.html. Acesso em: 29 dez. 2018.

FRANCISCO, Papa. *Mensagem do Papa Francisco à 23ª sessão da Conferência dos Estados-Parte da Convenção-Quadro das Nações Unidas sobre as mudanças climáticas (COP23)*. Vaticano, 07 nov. 2017f. Disponível em: https://w2.vatican.va/content/francesco/pt/messages/pont-messages/2017/documents/papa-francesco_20171107_messaggio-cambiamenti-climatici.html. Acesso em: 29 dez. 2018.

FRANCISCO, Papa. *Mensagem do Santo Padre Francisco para a celebração do 51º dia Mundial da Paz*. Migrantes e refugiados: homens e mulheres em busca de paz. Vaticano, 13 nov. 2017g. Disponível em: http://w2.vatican.va/content/francesco/pt/messages/peace/documents/papa-francesco_20171113_messaggio-51giornatamondiale-pace2018.html. Acesso em: 9 dez. 2018.

FRANCISCO, Papa. *Mensagem do Papa Francisco aos participantes no Simpósio Internacional sobre a Encíclica Laudato Si'*: sobre o cuidado da casa comum. Vaticano, 29 nov. 2017h. Disponível em: https://w2.vatican.va/content/francesco/pt/messages/pont-messages/2017/documents/papa-francesco_20171130_videomessaggio-simposio-laudatosi.html. Acesso em: 29 dez. 2018.

FRANCISCO, Papa. *Exortação Apostólica Gaudete et Exsultate*: sobre o chamado à santidade no mundo atual. São Paulo: Loyola, 2018a. 79 p.

FRANCISCO, Papa. *Discurso do Papa Francisco no Encontro com os Povos da Amazônia*. Vaticano,19 jan. 2018b. Disponível em: http://w2.vatican.va/content/francesco/pt/speeches/2018/january/documents/papa-francesco_20180119_peru-puertomaldonado-popoliamazzonia.html. Acesso em: 29 dez. 2018.

FRANCISCO, Papa. *Mensagem do Papa Francisco a Sua Santidade Bartholomew I por ocasião do Simpósio Internacional:* "Para uma Attica mais verde: preservando o planeta e protegendo as pessoas". Vaticano, 28 maio 2018c. Disponível em: https://w2.vatican.va/content/francesco/en/messages/pont-messages/2018/documents/papa-francesco_20180528_messaggio-bartolomeo-ambiente.html. Acesso em: 29 dez. 2018.

FRANCISCO, Papa. *Discurso do Papa Francisco aos participantes no Encontro de dirigentes de empresas ligadas ao setor de energia*. Vaticano, 09 jun. 2018d. Disponível em: http://w2.vatican.va/content/francesco/pt/speeches/2018/june/documents/papa-francesco_20180609_imprenditori-energia.html. Acesso em: 29 dez. 2018.

FRANCISCO, Papa. *Mensagem do Papa Francisco para a celebração do dia mundial de oração pelo cuidado da criação.* Vaticano, 01 set. 2018e. Disponível em: http://w2.vatican.va/content/francesco/pt/messages/pont-messages/2018/documents/papa-francesco_20180901_messaggio-giornata-cura-creato.html. Acesso em: 29 dez. 2018.

FRANCISCO, Papa. *Discurso do Papa Francisco aos empresários participantes do Encontro por ocasião do dia mundial de oração pelo cuidado da criação.* Vaticano, 01 set. 2018f. Disponível em: http://w2.vatican.va/content/francesco/pt/speeches/2018/september/documents/papa-francesco_20180901_imprenditori-cura-creato.html. Acesso em: 29 dez. 2018.

FRANCISCO, Papa. *A força da vocação*: a vida consagrada hoje. Entrevista concedida a Fernando Prado. Tradução de Maria do Rosário de Castro Pernas. Prior Velho: Paulinas, 2019a. 102 p.

FRANCISCO, Papa. *Mensagem do Papa Francisco para a celebração do dia mundial de oração pelo cuidado da criação.* Vaticano, 1 set. 2019b. Disponível em: http://www.vatican.va/content/francesco/pt/messages/pont-messages/2019/documents/papa-francesco_20190901_messaggio-giornata-cura-creato.html. Acesso em: 12 set. 2019.

FRANCISCO, Papa. *Discurso do Papa Francisco aos membros do corpo diplomático acreditado junto da santa sé para as felicitações de ano novo.* Vaticano, 9 jan. 2020a. Disponível em: http://w2.vatican.va/content/francesco/pt/speeches/2020/january/documents/papa-francesco_20200109_corpo-diplomatico.html. Acesso em: 28 fev. 2020.

FRANCISCO, Papa. *Exortação Apostólica Pós-Sinodal Querida Amazônia.* Vaticano, 12 fev. 2020b. disponível em: http://www.vatican.va/content/francesco/pt/apost_exhortations/documents/papa-francesco_esortazione-ap_20200202_querida-amazonia.html. Acesso em: 12 fev. 2020.

GAMA, Carlos Frederico; LOPES, Dawisson Belém. Bem me queres, mal me queres: ambivalência discursiva na avaliação canônica do desempenho da ONU. *Revista de Sociologia e Política*, Curitiba, v. 17, n. 33, p. 151-167, jun. 2009.

GARMUS, Ludovico. Ecologia nos Documentos da Igreja Católica. *Revista Eclesiástica Brasileira – REB*, Petrópolis, v. 69, n. 276, p. 861-884, out. 2009.

GIRAUD, Gaël. Da dívida ecológica ao débito do sistema financeiro com os pobres. Tradução de Vanise Dresch. Entrevista concedida a Ricardo Machado. *Revista IHU*, São Leopoldo, ano 15, n. 469, p. 40-44, 2015.

GIRAUD, Gaël. *Os Governos devem adotar a transição ecológica antes que seja tarde.* Entrevista concedida a Andrea Tornielli. Vaticano: Vatican News, 2019. Disponível em: https://www.vaticannews.va/pt/vaticano/news/2019-06/giraud-transicao--ecologica-verde-tornielli.html. Acesso em: 21 jan. 2020.

GNACCARINI, Isabel. Até onde poderá ir a Igreja de Francisco? *Folha de São Paulo*, São Paulo, 07 out. 2019. Caderno Opinião.

GONZÁLEZ-QUEVEDO, Luís. Princípio e fundamento: comentário ao texto inaciano e proposta bíblica. *In:* GONZÁLEZ-QUEVEDO, Luís (org.). *Um sentido para a vida*: princípio e fundamento. São Paulo: Loyola, 2007. p. 21-68.

GREGG, Samuel. *A encíclica "Laudato Si '"*: bem intencionada, mas economicamente insensata. 26 jun. 2015. Disponível em: https://www.mises.org.br/Article.aspx?id=2125. Acesso em: 29 dez. 2018.

GUROVITZ, Helio. *O Papa Francisco diante do capitalismo*. São Paulo, 21 set. 2015. Disponível em: http://g1.globo.com/mundo/blog/helio-gurovitz/post/o-papa--francisco-diante-do-capitalismo.html. Acesso em: 25 fev. 2020.

HART, John. Laudato Sí in the Earth Commons: integral ecology and socioecological ethics. *In:* HART, John. *The Wiley Blackwell Companion to religion and ecology*. Oxford: John Wiley & Sons Ltd, 2017. p. 37-53.

HOBSBAWM, Eric J. *A era das revoluções*: 1789-1848. 4. ed. Tradução de Maria Tereza Lopes Teixeira e Marcos Penchel. Rio de Janeiro: Paz e Terra, 1982, 343 p.

IAREAD, Valéria Ghisloti *et al.* Coexistência de diferentes tendências em análises de concepções de educação ambiental. *Revista Eletrônica do Mestrado em Educação Ambiental – REMEA*, Rio Grande, v. 27, p. 14-29, jul./dez. 2011. Disponível em: https://periodicos.furg.br/remea/article/view/3243/1930. Acesso em: 2 ago. 2020.

JAMIESON, Dale. Theology and politics in Laudato Si'. *In:* The pope's encyclical and climate change policy. Symposium. New York, 2015. Jamieson, D. (2015). Theology and Politics in Laudato Si'. *AJIL Unbound, 109*, 122-126. doi:10.1017/S239877230000129X. Disponível em: https://www.cambridge.org/core/services/aop-cambridge-core/content/view/6145FD949C3E3073C4833D2BEA5DAC26/

S239877230000129Xa.pdf/theology_and_politics_in_laudato_si.pdf. Acesso em: 16 fev. 2018.

JOÃO XXIII, Papa. *Carta Encíclica Mater et Magistra*: sobre a recente evolução da questão social à luz da doutrina cristã. Vaticano, 15 maio 1961. Disponível em: http://w2.vatican.va/content/john-xxiii/pt/encyclicals/documents/hf_j--xxiii_enc_15051961_mater.html. Acesso em: 19 jan. 2020.

JOÃO XXIII, Papa. *Carta Encíclica Pacem in Terris*: a paz de todos os povos na base da verdade, justiça, caridade e liberdade. Vaticano, 11 abr. 1963. Disponível em: http://www.vatican.va/content/john-xxiii/pt/encyclicals/documents/hf_j--xxiii_enc_11041963_pacem.html. Acesso em: 19 jan. 2020.

JOÃO PAULO II, Papa. *Carta Encíclica Redemptor Hominis*. Vaticano, 04 mar. 1979a. Disponível em: http://www.vatican.va/content/john-paul-ii/pt/encyclicals/documents/hf_jp-ii_enc_04031979_redemptor-hominis.html. Acesso em: 26 jan. 2020.

JOÃO PAULO II, Papa. *Discurso do Papa João Paulo II na Assembleia Geral das Nações Unidas*. Nova Iorque, 2 out. 1979b. Disponível em: http://www.vatican.va/content/john-paul-ii/pt/speeches/1979/october/documents/hf_jp-ii_spe_19791002_general-assembly-onu.html. Acesso em: 9 fev. 2020.

JOÃO PAULO II, Papa. *Discurso às participantes no XIX Congresso Nacional do Centro Italiano Feminino*. Vaticano, 7 dez. 1979c. Disponível em: https://w2.vatican.va/content/john-paul-ii/pt/speeches/1979/december/documents/hf_jp-ii_spe_19791207_cif.html. Acesso em: 26 jan. 2020.

JOÃO PAULO II, Papa. *Homilia durante a Missa campal na Praça em frente à Catedral de Uagadugu*. Uagadugu, Vaticano, 10 maio 1980. Disponível em: http://www.vatican.va/content/john-paul-ii/pt/homilies/1980/documents/hf_jp-ii_hom_19800510_ouagadougou-africa.html. Acesso em: 26 jan. 2020.

JOÃO PAULO II, Papa. *Carta Encíclica Sollicitudo Rei Socialis*: pelo vigésimo aniversário da Encíclica Populorum Progressio. Vaticano, 30 dez. 1987. Disponível em: http://www.vatican.va/content/john-paul-ii/pt/encyclicals/documents/hf_jp-ii_enc_30121987_sollicitudo-rei-socialis.html. Acesso em: 26 jan. 2020.

JOÃO PAULO II, Papa. *Exortação Apostólica Pós-Sinodal Chritifidelis Laici*: sobre a vocação e missão dos leigos na Igreja e no mundo. Vaticano, 30 dez. 1988. Disponível em: http://www.vatican.va/content/john-paul-ii/pt/apost_exhortations/documents/hf_jp-ii_exh_30121988_christifideles-laici.html. Acesso em: 26 jan. 2020.

JOÃO PAULO II, Papa. *Mensagem para a celebração do XXIII Dia Mundial da Paz*: paz com Deus criador, paz com toda a criação. Vaticano, 8 dez. 1989. Disponível em: https://w2.vatican.va/content/john-paul-ii/pt/messages/peace/documents/hf_jp-ii_mes_19891208_xxiii-world-day-for-peace.html. Acesso em: 19 jan. 2020.

JOÃO PAULO II, Papa. *Carta Encíclica Centesimus Annus*: no centenário da Rerum Novarum. Vaticano, 1 maio 1991. Disponível em: http://www.vatican.va/content/john-paul-ii/pt/encyclicals/documents/hf_jp-ii_enc_01051991_centesimus-annus.html. Acesso em: 27 jan. 2020.

JOÃO PAULO II, Papa. *Carta de Su Santidad Juan Pablo II a la Secretaria General de la Conferencia Internacional de la ONU sobre la Población y el Desarrollo*. Vaticano, 18 mar. 1994. Disponível em: https://w2.vatican.va/content/john-paul-ii/es/letters/1994/documents/hf_jp-ii_let_19940318_cairo-population-sadik.html. Acesso em: 29 jan. 2020.

JOÃO PAULO II, Papa. *Carta Encíclica Evangelium Vitae:* sobre o valor e inviolabilidade da vida humana. Vaticano, 25 mar. 1995a. Disponível em: http://www.vatican.va/content/john-paul-ii/pt/encyclicals/documents/hf_jp-ii_enc_25031995_evangelium-vitae.html. Acesso em: 29 jan. 2020.

JOÃO PAULO II, Papa. *Address of his holiness John Paul II* - the fiftieth General Assembly of the United Nations Organization. New York, 5 oct. 1995b. Disponível em: https://w2.vatican.va/content/john-paul-ii/en/speeches/1995/october/documents/hf_jp-ii_spe_05101995_address-to-uno.html. Acesso em: 9 fev. 2020.

JOÃO PAULO II, Papa. *Mensagem do Papa João Paulo II ao diretor-geral da FAO por ocasião do Dia Mundial da Alimentação*. Vaticano, 13 out. 2002. Disponível em: http://www.vatican.va/content/john-paul-ii/pt/messages/food/documents/hf_jp-ii_mes_20021017_xxii-world-food-day.html. Acesso em: 31 jan. 2020.

JOÃO PAULO II, Papa. *Exortação Apostólica Pós-Sinodal Ecclesia in Europa:* fonte de esperança para a Europa. Vaticano, 28 jun. 2003. Disponível em: http://www.vatican.va/content/john-paul-ii/pt/apost_exhortations/documents/hf_jp-ii_exh_20030628_ecclesia-in-europa.html. Acesso em: 31 jan. 2020.

KAWANO, Carmen. Laudato Si': uma mensagem para todas as pessoas da Casa Comum. *In:* RIBEIRO, Claudio de Oliveira. *Evangélicos e o Papa*: olhares de liderança evangélicas sobre a Encíclica Laudato Si', do Papa Francisco. São Paulo: Reflexão, 2016. p. 51-54.

KLEIN, Carlos Jeremias. A Carta Encíclica Laudato Si', do Papa Francisco: o olhar de um presbiteriano. *In:* RIBEIRO, Claudio de Oliveira. *Evangélicos e o Papa:* olhares de liderança evangélicas sobre a Encíclica Laudato Si', do Papa Francisco. São Paulo: Reflexão, 2016. p. 87-89.

LEÃO XIII, Papa. *Carta Encíclica Humanum Genus:* sobre a maçonaria. Vaticano, 20 abr. 1884. Disponível em: http://www.vatican.va/content/leo-xiii/pt/ency-clicals/documents/hf_l-xiii_enc_18840420_humanum-genus.html. Acesso em: 26 jul. 2020.

LEÃO XIII, Papa. *Carta Encíclica Immortale Dei:* sobre a Constituição Cristã dos Estados. Vaticano, 01 nov. 1885. Disponível em: http://www.vatican.va/content/leo-xiii/pt/encyclicals/documents/hf_l-xiii_enc_01111885_immortale-dei.html. Acesso em: 26 jul. 2020.

LEÃO XIII, Papa. *Carta Encíclica Rerum Novarum:* sobre a condição dos operários. Vaticano, 15 maio 1891. Disponível em: http://www.vatican.va/content/leo-xiii/pt/encyclicals/documents/hf_l-xiii_enc_15051891_rerum-novarum.html. Acesso em: 13 fev. 2020.

LEFF, Enrique. *Racionalidade ambiental:* a reapropriação social da natureza. Tradução de Luís Carlos Cabral. Rio de Janeiro: Civilização Brasileira, 2006. 555 p.

LEITE, Eugênio Batista. Carta Encíclica Laudato Si' – sobre o cuidado da Casa Comum – Papa Francisco. Resenha. *Sinapse Múltipla*, Belo Horizonte, v. 4, n. 2, dez., s.n., 2015.

LESTIENNE, Bernand. A comunidade internacional. *In:* CNBB. *Temas da Doutrina Social da Igreja.* Caderno 1. São Paulo: Paulinas e Paulus, 2004. p. 121-135.

LÓPEZ, Alfonso Martínez-Carbonell. El pensamiento educativo de Jorge Bergoglio a partir de sus mensajes sobre educación desde 1999 hasta 2013. *Escuela Abierta*, Madrid, n. 18, p. 75-94, 2015.

LOYOLA, Santo Inácio de. *Exercícios espirituais.* 13. ed. Tradução de J. Pereira. São Paulo: Edições Loyola, 2013. 215 p.

LOYOLA, Santo Inácio de. *Autobiografia.* 2. ed. Tradução de António José Coelho. Braga: Editorial A. O., 2015. 215 p.

LUIZ, Ricardo Gomes. O agendamento de Laudato Si', a Encíclica ambiental do Papa Francisco. *In: XVII Congresso de Ciências da Comunicação na Região Sul*, Curitiba, maio 2016.

MAÇANEIRO, Marcial. Ecologia, fé e justiça social: para uma recepção da encíclica Laudato Si' de Papa Francisco. *Revista Medellín*, Bogotá, v. XLI, n. 163, set./dez., p. 435-460, 2015.

MANCUSO, Vito. Da San Francesco a Francesco. *La Repubblica*, Roma, p. 29, 16 jun. 2015.

MARIOSA, Duarcides Ferreira; PARETO JR, Lindener; ELIAS, Samuel Augusto. Ciências Sociais e Laudato Si': perspectivas convergentes da temática ambiental. *Revista Caderno Fé e Cultura*, Campinas, v. 2, n. 1, p. 67-75, jan./jun. 2017.

MARTÍN. José Vico. La justificación científica y filosófica del respeto hacia la naturaleza: Teilhard de Chardin, Arne Naess y el Papa Francisco. *Contraste – Revista Internacional de Filosofía*, Málaga, v. 23, n. 1, p. 93-110, 2018.

MARTÍNEZ, Julio L. Una visión social de la bioética para el siglo XXI: el impulso de la Encíclica "Laudato Si'". *Revista Pensamiento*, Madri, v. 71, n. 269, p. 1479-1497, 2015.

MATTOS, Paulo Ayres. A Encíclica Laudato Si' e a Nossa Casas Comum. *In:* RIBEIRO, Claudio de Oliveira. *Evangélicos e o Papa*: olhares de liderança evangélicas sobre a Encíclica Laudato Si', do Papa Francisco. São Paulo: Reflexão, 2016. p. 55-59.

MCDONAGH, Sean. *Fr. Sean McDonagh* – Irish Missionary – 40 years ahead of us all. Roma, 6 ago. 2019. Disponível em: https://sma.ie/fr-sean-mcdonagh-irish-missionary-40-years-ahead-of-us-all/. Acesso em: 27 fev. 2020.

MCGRATH, Matt. *Cop-25*: Brasil tenta bloquear acordo, mas discussões terminam em compromisso por metas mais rigorosas. Londres, 15 dez. 2019. Disponível em: https://www.bbc.com/portuguese/internacional-50800984. Acesso em: 20 abr. 2020.

MCKIBBEN, Bill. *The Pope and the planet*. New York, 13 ago. 2015. Disponível em: https://www.nybooks.com/articles/2015/08/13/pope-and-planet/. Acesso em: 25 fev. 2020.

MCKIBBEN, Bill. Global heating, Pope Francis, and the promise of Laudato Sí. *In:* HART, John. *The Wiley Blackwell Companion to religion and ecology*. Oxford: John Wiley & Sons Ltd, 2017. p. 457-459.

MELÉ, Domènec. *Cristão na sociedade*: introdução à Doutrina Social da Igreja. Lisboa: DIEL, 2003. 325 p.

MIRANDA, Mario de França. Laudato Si': uma abordagem teológica. *Revista Teología*, Buenos Aires, v. 52, n. 119, p. 9-21, mar. 2016.

MIRANDA, Mario de França. *A reforma de Francisco*: fundamentos teológicos. São Paulo: Paulinas, 2017. 199 p.

MIRANDA, Moema. Laudato Si': a perspectiva sistêmica que atualiza o debate ambiental. Entrevista concedida a Márcia Junges e João Vitor Santos. *Revista IHU*, São Leopoldo, ano 15, n. 469, p. 62-67, 2015.

MORANDIN, Gilson Mateus. A relação de Francisco com a natureza a partir do Cântico das Criaturas. *Cyber Franciscanos*, Porto Alegre, ano 1, n. 4, p. 17-37, mar./abr. 2015.

MORGAN, Jennifer. Laudato Si' para além da COP21. Entrevista concedida a Leslie Chaves e João Vitor Santos. Tradução de Luis Sander. *Revista IHU*, São Leopoldo, ano 15, n. 469, p. 68-70, 2015.

MOYNIHAN, Robert. *Rezem por mim*: a vida e a visão espiritual do Papa Francisco, o primeiro Papa das Américas. Tradução de Books & Ideias Serviços Editoriais. São Paulo: Companhia Editora Nacional, 2013. 319 p.

MURAD, Afonso Tadeu. Consciência planetária, sustentabilidade e religião. Consensos e tarefas. *Revista Horizonte*, Belo Horizonte, v. 11, n. 30, p. 443-475, jan./abr. 2013.

MURAD, Afonso Tadeu. Laudato Si e a Ecologia Integral: um novo capítulo da Doutrina Social da Igreja. *Revista Medellín,* Bogotá, v. XLIII, n. 168, p. 469-494, maio/ago. 2017.

NAHRA, Jorge João Aparecido *et al.* A Igreja Católica e o meio ambiente: considerações sobre os textos-base da Campanha da Fraternidade a partir do Concílio Vaticano II. *Revista UNIARA*, Araraquara, v. 17, n. 2, p. 61-79, 2014.

NASCIMENTO, Diego Tarley Ferreira; CAMPOS; Gustavo Ribeiro. Os cuidados com a natureza (nossa casa comum), segundo a carta encíclica papal "Laudato Si', mi' signore". *In: XVIII Encontro Nacional de Geógrafos.* A construção do Brasil: geografia, ação política e democracia. São Luis, jul. 2016.

NORDHAUS, William D. *The Pope & the market*. New York, 8 out. 2015. Disponível em: https://www.nybooks.com/articles/2015/10/08/pope-and-market/. Acesso em: 25 fev. 2020.

NÚÑEZ, Martín Carbajo. *Ecología franciscana*: raíces de la Laudato Si' do Papa Francisco. Arantzatu: Ed. Franciscanas, 2016. 300 p.

OBSERVATÓRIO DO CLIMA. *Entenda ponto a ponto a encíclica "Laudato Si", do Papa Francisco*. Brasília, 18 jun. 2015. Disponível em http://www.observatoriodo-clima.eco.br/a-enciclica-de-francisco-ponto-a-ponto/. Acesso em: 23 dez. 2018.

OLIVEIRA, David Mesquiati de. Os pentecostais também podem cantar juntos "louvado sejas, meu Senhor". *In:* RIBEIRO, Claudio de Oliveira. *Evangélicos e o Papa*: olhares de liderança evangélicas sobre a Encíclica Laudato Si', do Papa Francisco. São Paulo: Reflexão, 2016. p. 81-85.

OLIVEIRA, Sabrina da Silva. Análise das Cartas Africanas de Direitos Humanos e sua aplicação no Sudão. *Revista Âmbito Jurídico*, São Paulo, n. 88, 2011. Disponível em: https://ambitojuridico.com.br/edicoes/revista-88/analise-das-cartas-africanas-de-direitos-humanos-e-sua-aplicacao-no-sudao/. Acesso em: 7 maio 2020.

ORGANIZAÇÃO DAS NAÇÕES UNIDAS. *Conheça os novos 17 Objetivos de Desenvolvimento Sustentável da ONU*, Rio de Janeiro, 25 set. 2015. Disponível em: https://nacoesunidas.org/conheca-os-novos-17-objetivos-de-desenvolvimento-sustentavel-da-onu/. Acesso em: 2 ago. 2020.

PASSOS, João Décio. *Concílio Vaticano II*: reflexão sobre um carisma em curso. São Paulo: Paulus, 2014. 299 p.

PASSOS, João Décio. *A Igreja em saída e a casa comum*: Francisco e os desafios da renovação. São Paulo: Paulinas, 2016a. 299 p.

PASSOS, João Décio (org.). *Diálogos no interior da casa comum:* recepções interdisciplinares sobre a encíclica *Laudato Si'*. São Paulo: Educ/Paulus, 2016b. 288 p.

PAULA, Deborah Terezinha de. *O episcopado latino-americano e o diálogo inter-religioso*: análise das Conferências Gerais do Rio de Janeiro a Aparecida. Dissertação (Mestrado em Ciência da Religião) – Universidade Federal de Juiz de Fora, Juiz de Fora, 2010.

PAULO VI, Papa. *Discurso do Papa Paulo VI na sede da O.N.U.* Nova Iorque, 04 out. 1965. Disponível em: https://w2.vatican.va/content/paul-vi/pt/speeches/1965/documents/hf_p-vi_spe_19651004_united-nations.html. Acesso em: 11 mar. 2018.

PAULO VI, Papa. *Carta Encíclica Populorum Progressio*: sobre o desenvolvimento dos povos. Vaticano, 26 mar. 1967. Disponível em: http://www.vatican.va/content/paul-vi/pt/encyclicals/documents/hf_p-vi_enc_26031967_populorum.html. Acesso em: 19 jan. 2020.

PAULO VI, Papa. *Discurso do Papa Paulo VI à assembleia geral por ocasião do XXV aniversário da FAO*. Roma, 16 nov. 1970. Disponível em: https://w2.vatican.va/content/paul-vi/pt/speeches/1970/documents/hf_p-vi_spe_19701116_xxv-istituzione-fao.html. Acesso em: 2 fev. 2020.

PAULO VI, Papa. *Audiência geral*: reflexões sobre a pureza cristã. Vaticano, 31 mar. 1971a. Disponível em: http://w2.vatican.va/content/paul-vi/pt/audiences/1971/documents/hf_p-vi_aud_19710331.html. Acesso em: 23 jan. 2020.

PAULO VI, Papa. *Carta Apostólica Octogesima Adveniens*: por ocasião do 80º aniversário da Encíclica Rerum Novarum. Vaticano, 14 maio 1971b. Disponível em: http://www.vatican.va/content/paul-vi/pt/apost_letters/documents/hf_p--vi_apl_19710514_octogesima-adveniens.html. Acesso em: 23 jan. 2020.

PAULO VI, Papa. *Mensaje de Su Santidad Pablo VI a la Conferencia de las Naciones Unidas sobre el medio ambiente*. Vaticano, 1 jun. 1972. Disponível em http://www.vatican.va/content/paul-vi/es/messages/pont-messages/documents/hf_p-vi_mess_19720605_conferenza-ambiente.html. Acesso em: 23 jan. 2020.

PEDRO, Antonio Fernando Pinheiro; FRANGETTO, Flávia Witkowski. Direito ambiental aplicado. *In:* PHILIPPI JUNIOR, Arlindo; ROMÉRIO, Marcelo de Andrade; BRUNA, Gilda Collet (ed.). *Curso de gestão ambiental*. Barueri: Manole, 2004. p. 617-656. (Coleção Ambiental, v. 1).

PELICIONI, Andréa Focesi. Trajetória do movimento ambientalista. *In:* PHILIPPI JUNIOR, Arlindo; ROMÉRO, Marcelo de Andrade; BRUNA, Gilda Collet (ed.). *Curso de gestão ambiental*. Barueri: Manole, 2004. p. 431-457. (Coleção Ambiental, v. 1).

PEPPARD, Christiana Z. O novo e o velho na Encíclica de Francisco. Entrevista concedida a João Vitor Santos. Tradução de Luis Sander. *Revista IHU*, São Leopoldo, ano 15, n. 469, p. 116-119, 2015a.

PEPPARD, Christiana Z. Pope Francis and the fourth era of the Catholic Church's engagement with Science. *Bulletin of the Atomic Scientists*, Chicago, v. 7, n. 5, p. 31-39, 2015b.

PESTANA, Liliane Moraes. O meio ambiente sadio e ecologicamente equilibrado como direito humano e a ética ambiental. *Revista Lex Humana*, Petrópolis, n. 1, p. 45-76, 2009.

PHAN-VAN-THUON, Pierre. *Intervenção do representante da Santa Sé na sede do Programa das Nações Unidas para o Ambiente (UNEP) por ocasião do "Dia Mundial do Ambiente"*. Nairóbi, 10 maio 1982. Disponível em: http://www.vatican.va/roman_curia/secretariat_state/archivio/documents/rc_seg-st_19820510_conf--ambiente_po.html. Acesso em: 26 jan. 2020.

PHILIPPI JUNIOR, Arlindo; ROMÉRO, Marcelo de Andrade; BRUNA, Gilda Collet. Uma introdução à questão ambiental. *In*: PHILIPPI JUNIOR, Arlindo; ROMÉRO, Marcelo de Andrade; BRUNA, Gilda Collet (ed.). *Curso de gestão ambiental*. Barueri: Manole, 2004. p. 3-16. (Coleção Ambiental, v. 1).

PIERRE, Luiz A. A. *Laudato Si'*: texto de apoio para leitura do documento. 3 jul. 2015. Disponível em: http://www.academus.pro.br/professor/luizpierre/laudato_si_apoio de leitura_pierre_2.pdf. Acesso em: 10 mar. 2018.

PIO X, Papa. *Carta Encíclica Pascendi Dominici Gregis*: sobre as doutrinas modernistas. Vaticano, 8 set. 1907. Disponível em: http://www.vatican.va/content/pius-x/pt/encyclicals/documents/hf_p-x_enc_19070908_pascendi-dominici-gregis.html. Acesso em: 26 jul. 2020.

PIO XI, Papa. *Carta Encíclica Mortalium Animus*: sobre a promoção da verdadeira unidade de religião. Vaticano, 06 jan. 1928. Disponível em: http://www.vatican.va/content/pius-xi/pt/encyclicals/documents/hf_p-xi_enc_19280106_mortalium-animos.html. Acesso em: 26 jul. 2020.

PIO XI, Papa. *Carta Encíclica Quadragesimo Anno*: sobre a restauração e aperfeiçoamento da ordem social em conformidade com a lei evangélica no XL aniversário da Encíclica de Leão XIII Rerum Novarum. Vaticano, 15 maio 1931. Disponível em: http://www.vatican.va/content/pius-xi/pt/encyclicals/documents/hf_p--xi_enc_19310515_quadragesimo-anno.html. Acesso em: 26 jul. 2020.

PIO XI, Papa. *Carta Encíclica Divinis Redemptoris*: sobre o comunismo ateu. Vaticano, 19 mar. 1937. Disponível em: http://www.vatican.va/content/pius-xi/pt/encyclicals/documents/hf_p-xi_enc_19370319_divini-redemptoris.html. Acesso em: 21 jan. 2020.

PIO XII, Papa. *Carta Encíclica Serum Laetitiae*: 150º aniversário da Constituição da Hierarquia Eclesial nos Estados Unidos da América. Vaticano, 01 nov. 1939.

Disponível em: https://w2.vatican.va/content/pius-xii/pt/encyclicals/documents/ hf_p-xii_enc_01111939_sertum-laetitiae.html. Acesso em: 19 jan. 2020.

PIO XII, Papa. *Radiomensagem na solenidade de Pentecostes*. 50º aniversário da Carta encíclica Rerum Novarum de Leão XIII. Vaticano, 1 jun. 1941. Disponível em: http://www.vatican.va/content/pius-xii/pt/speeches/1941/documents/ hf_p-xii_spe_19410601_radiomessage-pentecost.html. Acesso em: 19 jan. 2020.

PONTIFÍCIO CONSELHO JUSTIÇA E PAZ (Santa Sé). *Compêndio da Doutrina Social da Igreja*. 7. ed. 6. reimp. São Paulo: Paulinas, 2017. 528 p.

PRANDI, Reinaldo; SANTOS, Renan William dos. Mudança religiosa na sociedade secularizada: o Brasil 50 anos após o Concílio Vaticano II. *Contemporânea*, São Carlos, v. 5, n. 2, jul./dez., p. 351-379, 2015.

RÁDIO VATICANO. *Laudato Si'*: chaves de leitura para a nova Encíclica do Papa. Vaticano, 17 jun. 2015a. Disponível em: http://pt.radiovaticana.va/news/2015/06/17/ laudato_si_chaves_de_leitura_para_a_nova_enc%C3%ADclica_do_papa/1152074. Acesso em: 26 nov. 2017.

RÁDIO VATICANO. *Laudato Si'*: um "guia" para a leitura da Encíclica. Vaticano, 18 jun. 2015b. Disponível em: http://pt.radiovaticana.va/news/2015/06/18/lau-dato_si_um_guia_para_os_jornalistas/1152322. Acesso em: 26 nov. 2017.

RÁDIO VATICANO. *Papa aos prefeitos:* Laudato Si' não é uma encíclica verde, mas social. Vaticano, 22 jul. 2015c. Disponível em: http://arqrio.org/noticias/ detalhes/3392/papa-aos-prefeitos-laudato-si-nao-e-uma-enciclica-verde-mas--social. Acesso em: 16 nov. 2017.

RAMALHETE, Carlos. *Doutrina Social da Igreja*: uma introdução. São Paulo: Quadrante, 2017. 221 p.

RAMANATHAN, Veerabhadran. Ecologia integral, um olhar científico. Entrevista concedida a João Vitor Sales e Leslie Chaves. Tradução de Gabriel Ferreira. *Revista IHU*, São Leopoldo, ano 15, n. 469, p. 29-31, 2015.

RATZINGER, Joseph. *No princípio Deus criou o céu e a terra*. 2. ed. Tradução de Alfredo Dinis e Miguel Panão. Parede (Portugal): Principia, 2013. 86 p.

RAVEN, Peter H. Four commentaries on the Pope's message on climate change and income inequality: I. Our world and Pope Francis' Encyclical, Laudato Si'. *The Quarterly Review of Biology*, Chicago, v. 91, n. 3, p. 247-260, set. 2016.

REIS, Émilien Vilas Boas; BIZAWU, Kiwonghi. A Encíclica Laudato Si' à luz do direito internacional do meio ambiente. *Veredas do Direito,* Belo Horizonte, v. 12, n. 23, p. 29-65, jan./jun. 2015.

REIS, Tiago *et al. De Lima a Paris*: resultados da COP20 e perspectivas para a COP21. Instituto de Pesquisa Ambiental da Amazônia – Ipam. Relatório técnico. Brasília, 2015. 22 p.

RENDERS, Helmut. Por que os metodistas brasileiros/as deveriam ler a encíclica papal Laudato Si'. *In:* RIBEIRO, Claudio de Oliveira. *Evangélicos e o Papa*: olhares de liderança evangélicas sobre a Encíclica Laudato Si', do Papa Francisco. São Paulo: Reflexão, 2016. p. 75-79.

RESENDE, Ricardo Miguel de Campos. *A Agenda 2030 e os Objetivos de Desenvolvimento Sustentável nas grandes opções do Plano 2017*: uma avaliação no contexto de políticas públicas. Dissertação (Mestrado em Engenharia do Ambiente) – Faculdade de Ciências e Tecnologia, Universidade Nova de Lisboa, Lisboa, 2018.

RIBEIRO, Claudio de Oliveira. *Evangélicos e o Papa*: olhares de liderança evangélicas sobre a Encíclica Laudato Si', do Papa Francisco. São Paulo: Reflexão, 2016. 166 p.

RIBEIRO NETO, Francisco Borba. O diálogo entre catolicismo e ambientalismo a partir da *Laudato Si'. REB,* Petrópolis, v. 76, n. 301, p. 8-23, jan./mar. 2016.

RICHIE, Cristina. Laudato Si', catholic health care, and climate change. *From the Field,* Saint Louis, p. 30-32, 2015.

RIOS, Óscar Lozano. Educar: entre exigencia y pasión. Pistas de lectura sobre reflexiones educativas del cardenal Jorge Mario Bergoglio, S.J. *Educación Hoy,* Bogotá, ano 41, n. 195, p. 30-47, 2013.

RIVERA, Juan F. Ojeda. Naturaleza y desarrollo: cambios em la consideración política de lo ambiental durante la segunda mitad del siglo XX. *Papeles de Geografía,* Sevilla, n. 30, p. 103-117, 1999. Disponível em: https://revistas.um.es/geografia/article/view/47551. Acesso em: 2 ago. 2020.

ROCHA, Ronaldo Henrique Giovanini. O papel da Igreja no processo de formação de uma consciência sustentável. *In: 21ª SOTER:* Congresso Anual as Sociedade de Teologia e Ciências da Religião. São Paulo: Paulinas, 2008. p. 257-260.

ROCHA, Alessandro. Céus e terra testemunham a dignidade de toda a vida: uma reflexão sobre a Laudato Si' a partir de "dois livros de Deus". *In:* RIBEIRO,

Claudio de Oliveira. *Evangélicos e o Papa*: olhares de liderança evangélicas sobre a Encíclica Laudato Si', do Papa Francisco. São Paulo: Reflexão, 2016. p. 115-124.

ROLSTON III, Holmes. For our common home: process-relational responses to Laudato Si'. *Process Century Press*, Anoka, p. 52-57, 2015.

ROSENAU, Josh. Por uma ética da terra: caminhos para o desenvolvimento científico. Entrevista concedida a João Vitor Sales. Tradução de Luis Sander. *Revista IHU*, São Leopoldo, ano 15, n. 469, p. 24-28, 2015.

RUBIN, Sergio; AMBROGETTI, Francesca. *O papa Francisco*: conversas com Jorge Bergoglio. Tradução de Sandra Martha Dolinsky. Campinas: Verus, 2013. 165 p.

SANTOS, Filipe Duarte. Assumir problema climático como antropogênico: primeiro passo para mudança. Entrevista concedida a Márcia Junges e João Vitor Santos. *Revista IHU*, São Leopoldo, ano 15, n. 469, p. 34-36, 2015.

SANTOS, Renan William dos. *A salvação agora é verde*: ambientalismo e a sua apropriação religiosa pela Igreja Católica. Dissertação (Mestrado em Sociologia) – Universidade de São Paulo, São Paulo, 2017.

SAYAGO, Óscar Armando Pérez. Hacia una teología de la educación em Jorge Mario Bergoglio. *Educación Hoy*, Bogotá, ano 41, n. 195, p. 60-79, 2013.

SCHELLNHUBER, Hans Joachim. Uma base comum: a encíclica papa, a ciência e a preservação do planeta Terra. Tradução de Luis Sander. *Revista IHU*, São Leopoldo, ano 15, n. 469, p. 10-15, 2015.

SCHINDLER, David L. Habits of presence and the generosity of creation: ecology in light of integral human development. *Communio*, Washington, v. 42, p. 574-593, 2015.

SCHUMACHER, Ernst Friedrich. *In: Wikipedia*: a enciclopédia livre. Flórida: Wikimedia Foundation, 2020. Disponível em: https://pt.wikipedia.org/wiki/Ernst_Friedrich_Schumacher. Acesso em: 16 mar. 2020.

SCHWEITZER, Paul A. Princípio e fundamento: a Criação a as ciências. *In:* GONZÁLEZ-QUEVEDO, Luís (org.). *Um sentido para a vida*: princípio e fundamento. São Paulo: Loyola, 2007. p. 69-82.

SEN, Amartya. *Desenvolvimento como liberdade*. Tradução de Laura Teixeira Motta. São Paulo: Companhia das Letras, 2010. 461 p.

SENGUPTA, Somini. Sem mudança climática, desigualdade entre países seria menor, diz estudo. Tradução de Clara Allain. *Folha de São Paulo*, São Paulo, p. B8, 26 abr. 2019.

SIMKINS, Ronald A. Religion and globalization. *Journal of Religion & Society*, Omaha, n. 16, 165-178, 2018.

SILVA, Cassiano Augusto Oliveira da; GAMA, Cyro Leandro Morais; NASCIMENTO, Kelly Thaysy Lopes. Meio ambiente e fé católica: um discurso em busca de uma práxis pastoral. *Revista Último Andar*, São Paulo, n. 26, p. 48-58, 2015.

SILVA, Cássio Murilo Dias da. *Laudato Si'* e a dignidade da vida. *Revista Teocomunicação*, Porto Alegre, v. 46, n. 1, p. 1-3, jan./jun. 2016.

SILVA, José Graziano da. Retórica antiglobalização dificulta esforço mundial de combate à fome. Entrevista concedida a Fábio Zanini. *Folha de São Paulo*, São Paulo, Caderno Mundo, p. A8, 27 jul. 2019.

SILVA, Paulo Cesar da. *O que é a Doutrina Social da Igreja?*: síntese do Compêndio da Doutrina Social da Igreja. 2. ed. Lorena: Cléofas, 2016. 112 p.

SILVA, Rosana Louro Ferreira da; CAMPINA, Nilva Nunes. Concepções de educação na mídia e em práticas escolares: contribuições de uma tipologia. *Revista Pesquisa em Educação Ambiental*, São Carlos, v. 6, n. 1, p. 29-46, 2011. Disponível em: http://www.periodicos.rc.biblioteca.unesp.br/index.php/pesquisa/article/view/6226. Acesso em: 2 ago. 2020.

SILVA, Severino Arruda da. *Ecologia, religião e ensino ecológico do Magistério da Igreja Católica e da Igreja Evangélica Assembleia de Deus no Brasil (de 1990 a 2015)*. Dissertação (Mestrado em Ciências da Religião) – Universidade Católica de Pernambuco, Recife, 2018.

SIQUEIRA, Antonio de Oliveira. *Resíduos sólidos de serviços de saúde na assistência domiciliar (home-care)*: considerações para um manejo seguro. Dissertação (Mestrado em Tecnologia Ambiental) – Instituto de Pesquisas Tecnológicas do Estado de São Paulo, São Paulo, 2005.

SIQUEIRA, Antonio de Oliveira. Ciência e confessionalidade: condição possível para a construção da Ciência da Religião. *Sacrilegens*, Juiz de Fora, v. 14, n. 1, p. 51-69, jan./jun. 2017.

SOARES, Guido Fernando Silva. *A proteção internacional do meio ambiente*. Barueri: Manole, 2003. 204 p.

SOARES, Guido Fernando Silva. Direito Ambiental Internacional. *In:* PHILIPPI JUNIOR, Arlindo; ALVES, Alaôr Caffé (ed.). *Curso interdisciplinar de direito ambiental.* Barueri: Manole, 2005. p. 645-716. (Coleção Ambiental, v. 4).

SORONDO, Marcelo Sánchez. *Laudato Si', ONU e polêmicas.* Entrevista concedida à Giuseppe Rusconi. Tradução de Moisés Sbardelotto. Roma, 6 jul. 2015a. Disponível em: http://www.ihu.unisinos.br/169-noticias/noticias-2015/544742-laudato-si-onu-e-polemicas-entrevista-com-marcelo-sanchez-sorondo. Acesso em: 29 dez. 2018.

SORONDO, Marcelo Sánchez. *Laudato Si' y las crí*ticas al Papa Francisco. Roma, 5 ago. 2015b. Disponível em: https://www.catalunyareligio.cat/es/node/194702. Acesso em: 24 fev. 2020.

SORONDO, Marcelo Sánchez. 50 claves de la Laudato Si'. *In:* BELIZ, Gustavo (org.). *Eco-integración de América Latina:* ideas inspiradas por la Encíclica Laudato Si'. Buenos Aires: Planeta, 2017. p. 20-28.

SOUZA, José Neivaldo. A Laudato Si' na perspectiva do método: "ver, julgar e agir". *Perspectiva Teológica*, Belo Horizonte, v. 48, n. 1, p. 145-161, jan./abr., 2016.

SOUZA, Ney de; GOMES, Edgar da Silva. Os papas do Vaticano II e o diálogo com a sociedade contemporânea. *Revista Teocomunicação*, Porto Alegre, v. 44, n. 1, p. 5-27, jan./abr. 2014.

STRÖHER, Marga Janete; BENCKE, Romi Márcia. Casa comum – diversidade e coexistência: um exercício de diálogo ecumênico a partir da Encíclica Laudato Si' – sobre o cuidado da Casa Comum. *In:* RIBEIRO, Claudio de Oliveira. *Evangélicos e o Papa*: olhares de liderança evangélicas sobre a Encíclica Laudato Si', do Papa Francisco. São Paulo: Reflexão, 2016. p. 107-113.

TATAY, Jaime. *Ecología integral.* La recepción católica del reto de la sostenibilidad: 1891 (RN) – 2015 (LS). Madrid: Biblioteca de Autores Cristianos, 2018. 566 p.

TAVARES, Sinivaldo Silva. Por uma recepção criativa da Laudato Si'. *In:* MURAD, Afonso Tadeu; TAVARES, Sinivaldo Silva (org.). *Cuidar da casa comum*: chaves de leitura teológicas e pastorais da Laudato Si'. São Paulo: Paulinas, 2016a. p. 7-14.

TAVARES, Sinivaldo Silva. Evangelho da criação e ecologia integral: uma primeira recepção da Laudato Si'. *Perspectiva Teológica*, Belo Horizonte, v. 48, n. 1, p. 59-80, jan./abr. 2016b.

TEIXEIRA. Márcio Celso (org.). *Fontes franciscanas e clarianas*. Petrópolis: Vozes, 2004. 1996 p.

TILCHE, Andrea; NOCITI, Antonello. Laudato Si': the beauty of Pope Francis' vision. *Sapiens*, Paris, v. 8, n 1, p. 1-5, 2015.

TINOCO, João Eduardo Prudêncio; KRAEMER, Maria Elisabeth Pereira. *Contabilidade e gestão ambiental*. São Paulo: Atlas, 2004. 303 p.

TOWARDS the end of poverty. *The Economist*. New York, 1 jun. 2013. Disponível em: https://www.economist.com/leaders/2013/06/01/towards-the-end-of-poverty. Acesso em: 25 fev. 2020.

TUCHMAN, Nancy; SCHUCK, Michael. *Healing Earth*. 2. ed. Chicago: Loyola, 2019. Disponível em https://healingearth.ijep.net/bulletin/2nd-edition-available-earth-day. Acesso em: 26 fev. 2020.

TUCKER, Mary Evelyn; GRIM, John. Four commentaries on the Pope's message on climate change and income inequality: II. Integrating ecology and justice: the papal encyclical. *The Quarterly Review of Biology*, Chicago, v. 91, n. 3, p. 261-270, set. 2016.

VASCONCELOS, Débora S. de. *Meio ambiente e reciclagem em produções audiovisuais*: uma análise de documentários nacionais sobre o lixo e os catadores de produtos recicláveis, 2013. 80 p. Trabalho de Conclusão de Curso (Graduação em Comunicação Social) – Universidade Federal do Rio de Janeiro, Rio de Janeiro, 2013.

VIALE, Guido. *La terra di Bergoglio*: un messaggio contro la ubris del dominio sulla natura e sugli altri. Il Manifesto, Roma, 06 out. 2017. Disponível em: https://ilmanifesto.it/la-terra-di-bergoglio-un-messaggio-contro-la-ubris-del-dominio-sulla-natura-e-sugli-altri/. Acesso em: 23 dez. 2018.

VILLAS BOAS, Alex. *Meio ambiente e teologia*. São Paulo: Senac, 2012. 248 p.

VIVERET, Patrick. A desertificação humana e ecológica. Entrevista concedida a Ricardo Machado. Tradução de Sena A. Laetitia. *Revista IHU*, São Leopoldo, ano 15, n. 469, p. 120-123, 2015.

VOLSCHAN, Daniel Mendes; PAIVA, Mário Jorge de. Analisando a Carta Encíclica *Laudato Si´*: a conservação como uma agenda a unir conservadores e progressistas. *Dignidade Re-Vista*, Rio de Janeiro, v. 3, n. 5, jul. 2018.

CARTA ENCÍCLICA *LAUDATO SI'*: UM DIÁLOGO COM A CIÊNCIA SOCIOAMBIENTAL

WALDMAN, Maurício. Manifesto Eco Modernista e Laudato Si': duas visões da crise ecológica. Entrevista concedida a João Vitor Santos. *Revista IHU*, São Leopoldo, ano 15, n. 469, p. 45-51, 2015.

WIGBOLDUS, Wietse. *Climate change and the Holy See*: the development of climate policy within the Holy See between 1992 and 2015. Master thesis MSc International Public Management and Policy. Erasmus University Rotterdam, Rotterdam, 2016.

XAVIER, Ana Isabel. ONU: A Organização das Nações Unidas. *In:* XAVIER, Ana Isabel *et al. A Organização das Nações Unidas*. Coimbra: Publicações Humanas, 2007. p. 9-174.

ZAMAGNI, Stefano. Uma crise de sentido, ou seja, de direção. Tradução de Sandra Dall'Onder. *Cadernos IHUideias*, São Leopoldo, ano 14, n. 242, v. 14, 2016.

ZAMPIERI, Gilmar. *Laudato Si'*: sobre o cuidado da casa comum – um guia de leitura. *Teocomunicação,* Porto Alegre, v. 16, n. 1, p. 4-23, jan.-jun. 2016.

ZANIRATO, Sílvia Helena; ROTONDARO, Tatiana. Consumo, um dos dilemas da sustentabilidade. *Estudos Avançados*, São Paulo, v. 30, n. 88, p. 77-92, 2016.

APÊNDICE A

LINHA DO TEMPO DOS DOCUMENTOS DA IGREJA E DA ONU

Data	Igreja	ONU	Observações
20/04/1884	Papa Leão XIII – Carta Encíclica *Humanum Genum*		Primeiro documento contendo o termo *bem comum*.
01/11/1885	Papa Leão XIII – Carta Encíclica *Immortale Dei*		Segundo documento contendo o termo *bem comum*.
15/05/1891	Papa Leão XIII – Carta Encíclica *Rerum Novarum*		Terceiro documento com o conceito de *bem comum* e trata-se da Encíclica que inaugura a DSI.
08/09/1907	Papa Pio X – Carta Encíclica *Pascendi Dominici Gragis*		Contém o termo *bem comum* e incentiva a necessidade de parceria entre a ciência e a religião.
[1923]		I Congresso Internacional para a Proteção da Natureza, no ano de 1923, em Paris (Organização não informada)	Encontro com abordagem bem completa dos problemas ambientais, incluindo a luta por criar uma instituição internacional permanente para a proteção da natureza.
06/01/1928	Papa Pio XI – Carta Encíclica *Mortalium Animus*		Contém o termo *bem comum*.

Data	Igreja	ONU	Observações
15/05/1931	Papa Pio XI – Carta Encíclica *Quadragesimo Anno*		Cita 21 vezes o termo *bem comum*.
19/03/1937	Papa Pio XI - Carta Encíclica *Divinis Redemptoris*		Referências primitivas ambientais utilizadas nos nossos dias, especialmente o conceito de prover o ser humano daquilo que é necessário, inclusive os recursos da natureza, para o curso da vida com o mínimo de qualidade e dignidade.
01/11/1939	Papa Pio XII - Carta Encíclica *Sertum Laetitiae*		"Ponto fundamental da questão é que os bens por Deus criados para todos os homens devem igualmente favorecer a todos, segundo os princípios da justiça e da caridade."
01/07/1941	Papa Pio XII - Radiomensagem por ocasião do 50º aniversário da *Rerum Novarum*		"todo homem, como vivente dotado de razão, recebeu da natureza o direito fundamental de usar dos bens materiais da terra, embora se deixe à vontade humana, às formas jurídicas dos povos o regular mais praticamente a sua prática atuação."
24/10/1945		Fundação da ONU	Organização intergovernamental criada para promover a cooperação internacional.
10/02/1948		Declaração Universal dos Direitos Humanos	O documento de maior envergadura já produzido com vistas ao bem das pessoas.
15/05/1961	Papa João XXIII - Carta Encíclica *Mater et Magistra*		Esse documento foi inovador na medida que saiu do âmbito local e foi para o planeta e suas disponibilidades, pede pelo fim do desperdício e destruição dos bens comuns e antecipa-se na definição do conceito de sustentabilidade.

Data	Igreja	ONU	Observações
27/09/1962		Lançamento do livro *Primavera Silenciosa*	Grande arauto dos problemas ambientais e que incentivou a Conferência de Estocolmo-1972.
11/04/1963	Papa João XXIII - Carta Encíclica *Pacem in Terris*		Documento de ratificação da Declaração dos Direitos Humanos. Complementarmente e de forma mais inédita, João XXIII reconhece que uma das formas de gerar ou dar manutenção no clima de paz dos povos será o desenvolvimento econômico com a finalidade de progresso social, gerando dignidade para as pessoas por meios do que pode ser considerado como essencial, dentre eles a água e saneamento básico.
04/10/1965	Discurso de Paulo VI na sede da ONU		O Papa diz que a ONU: "reflete de certa maneira na ordem temporal o que a nossa Igreja Católica quer ser na ordem espiritual: única e universal."
04/12/1965	Constituição Pastoral *Gaudium et Spes* Durante o Concílio Vaticano II		O ser humano foi constituído "senhor de todas as coisas terrenas, para que as dominasse e usasse, glorificando a Deus" e que Deus fez boas todas as coisas, porém a atividade humana acabou corrompida pelo pecado. Há que se destacar o princípio do destino universal dos bens, de modo que as ações e decisões sejam sempre balizadas pelas necessidades individuais e coletivas da geração presente, mas, também, precisa "prever o futuro, estabelecendo justo equilíbrio entre as necessidades atuais de consumo, individual e coletivo, e as exigências de inversão de bens para as gerações futuras". Conceito que vai de encontro com o que foi definido anos depois pela ONU como desenvolvimento sustentável.

Data	Igreja	ONU	Observações
26/03/1967	Papa Paulo VI - Carta Encíclica *Populorum Progressio*		Mesmo antes do surgimento da definição de sustentabilidade, essa Encíclica, além de conduzir o ser humano como o grande receptor dos benefícios da natureza e do progresso alcançado pela humanidade, consegue estabelecer claramente a ideia do que é o desenvolvimento sustentável, por meio do equilíbrio de forças e preservação dos recursos naturais, do progresso econômico, sempre tendo grande preocupação com o social.
01/04/1968		Fundação do Clube de Roma	Grupo de pessoas ilustres que se reúnem para debater um vasto conjunto de assuntos relacionados a política, economia internacional e, sobretudo, ao meio ambiente e o desenvolvimento sustentável.
03/09/1968		Assembleia Geral da ONU aprova a convocação da Conferência Internacional sobre o Meio Ambiente Humano.	Ação provocada pelo avanço dos problemas ambientais.
04/09/1968	II CELAM - Medelín		1 citação socioambiental.
16/11/1970	Papa Paulo VI - Discurso à Assembleia Geral da FAO		O Papa fez elogios aos esforços para o melhor aproveitamento das terras, águas, florestas e oceanos e advertiu, porém que a aplicação dos novos modelos produtivos não acontece sem causar impactos no equilíbrio do ambiente natural.

Data	Igreja	ONU	Observações
31/03/1971	Papa Paulo VI - Audiência Geral		Nos preocupamos com a ecologia, e por que não nos havemos de preocupar também com uma ecologia moral, onde o homem vive como homem e como filho de Deus?
14/05/1971	Papa Paulo VI - Carta Apostólica *Octogesima Adveniens*		Um dos fins da justa preocupação ambiental é o próprio homem, o que está alinhado com os discursos anteriores. Os problemas ambientais, por sua vez, produzem problemas para toda a humanidade, mas em especial para os mais pobres, que são mais vulneráveis.
01/06/1972	Papa Paulo VI - Mensagem para a I Conferência das Nações Unidas sobre o Meio Ambiente		Paulo VI tem plena consciência de que as soluções para as questões apresentadas não serão tranquilas, inclusive para algo fundamental que é questão demográfica e para a preservação dos recursos para as futuras gerações, antecipando-se ao que será ratificado vinte anos depois, no segundo grande evento da ONU para o meio ambiente.
05/06/1972		I Conferência das Nações Unidas para o Meio Ambiente	Antagonismo entre conservação e desenvolvimento.
16/06/1972		Declaração sobre o Meio Ambiente	Preâmbulo de 7 pontos e 26 princípios.
16/06/1972		Plano de Ação para o Meio Ambiente	Criação de 109 recomendações.
16/06/1972		Instituição do PNUMA	É principal autoridade global em meio ambiente, responsável por promover a conservação do meio ambiente e o uso eficiente de recursos.

Data	Igreja	ONU	Observações
13/02/1979	III CELAM - Puebla		7 citações socioambientais.
28/02/1979	16ª CF – Por um mundo mais humano		Evento cujo tema explicitamente trata das questões socioambientais.
04/03/1979	Papa João Paulo II - Carta Encíclica *Redemptor Hominis*		Os processos políticos que conduzem a economia mundial produzem problemas aos seres humanos, que acaba por ver no ambiente apenas o significado mais imediatista.
02/10/1979	Papa João Paulo II - Discurso na Assembleia Geral da ONU		O Papa também mencionou sua preocupação com as questões da natureza quando admite que o progresso da humanidade não pode ser medido pelos avanços conquistados pela ciência e pela técnica, mas sim pelos "valores espirituais e pelo progresso da vida moral", cuja manifestação acontece no "domínio da razão, através da verdade nos comportamentos da pessoa e da sociedade, e também o domínio sobre a natureza."
07/12/1979	Papa João Paulo II - Discurso às participantes no XIX Congresso Nacional Feminino do Centro Italiano Feminino		Encontramo-nos diante da generosidade impugnada pelo orgulho, de formas de verdadeiro altruísmo coexistentes com individualismo desenfreado, de conclamados propósitos de defesa da vida e até da ecologia, postos em estridente associação com reais tentativas de a humilhar e sufocar.
10/05/1980	Papa João Paulo II - Homilia em Missa em Uagadugu		A Criação está voltada para "uma promoção humana, integral e solidária", fazendo com que as pessoas atinjam a plenitude espiritual, reverenciando o Criador. Há a premente necessidade do respeito ambiental pela educação ambiental, a preservação e/ou melhoria de suas condições e a redução ou prevenção dos resultados das "chamadas calamidades 'naturais'."

CARTA ENCÍCLICA *LAUDATO SI'*: UM DIÁLOGO COM A CIÊNCIA SOCIOAMBIENTAL

Data	Igreja	ONU	Observações
27/07/1981		Carta Africana dos Direitos dos Povos	Primeira Convenção a afirmar o direito dos povos à preservação do equilíbrio ecológico.
10/05/1982	Monsenhor Pierre Phan-Van-Thuon - Discurso na sede do PNUMA		O uso inadequado dos recursos naturais produz efeitos desastrosos: desertificação, erosão e o desaparecimento de terras cultiváveis e para a zootécnica; produz também a contaminação da atmosfera, da água e do solo, atingindo todos os seres vivos. O uso desordenado das matérias-primas acarreta destruição e perda de recursos naturais não renováveis, de modo que, em breve, "porá graves hipotecas quanto ao futuro."
28/10/1982		Resolução 37/7	Proclamação da Carta Mundial da Natureza, no décimo aniversário do encontro de Estocolmo.
12/02/1986	23ª CF – Fraternidade e terra		Evento cujo tema explicitamente trata das questões socioambientais.
04/08/1987		Apresentação do Relatório Brundtland, também nomeado de Nosso Futuro Comum.	Propõe o desenvolvimento sustentável, que é "aquele que atende às necessidades do presente sem comprometer a possibilidade de as gerações futuras atenderem às suas necessidades". Apresentou três grupos de problemas: os ligados à poluição, os ligados à diminuição dos recursos naturais e os problemas sociais relacionados à questão ambiental.

Data	Igreja	ONU	Observações
30/12/1987	Papa João Paulo II - Carta Encíclica *Sollicitudo Rei Socialis*		Fez o registro da necessidade de respeitar a integridade e os ritmos da natureza, o que podemos considerar como uma antecipação do que foi tratado na *Laudato Si'*, cujo termo usado foi "*rapidacion*". Insiste no limite do domínio humano sobre a Criação. O desenvolvimento precisa levar em conta as disponibilidades dos recursos naturais e programar seu uso de forma racional, poupando para as futuras gerações, pensamento estreitamente atrelado ao conceito de sustentabilidade, que foi definido cinco anos depois, na ECO-92, mas que teve sua protodefinição na *Gaudium et Spes*.
30/12/1988	Papa João Paulo II - Exortação Apostólica Pós-Sinodal *Christifidelis Laici*		O Papa lembrou que os bens da natureza, recebidos pelo ser humano de Deus, carecem de cuidados e devem ser usados com amor e respeito, além de serem preservados e qualidade e quantidade adequadas para as gerações futuras.
[1988]	Conselho Pontifício *Cor Unum*		Citou alguns fatores ecológicos que podem ser encarados como causadores da fome: a destruição dos recursos naturais, as catástrofes naturais, o rejeito radioativo, o uso inadequado de fertilizantes químicos e defensivos agrícolas.
08/12/1989	Papa João Paulo II - Mensagem para celebração do XXIII Dia Mundial da Paz		A paz mundial está ameaçada por uma série de fatores, inclusive pela falta do respeito à natureza, pela desordenada exploração dos seus recursos e pela progressiva deterioração da qualidade de vida.

CARTA ENCÍCLICA *LAUDATO SI'*: UM DIÁLOGO COM A CIÊNCIA SOCIOAMBIENTAL

Data	Igreja	ONU	Observações
01/05/1991	Papa João Paulo II - Carta Encíclica *Centesimus Annus*		Tão preocupante quanto o consumismo é a questão ecológica. Essa destruição da natureza é resultado da incapacidade de compreensão do ser humano da procedência e gratuidade dos recursos naturais, de modo que pensa poder usufruir dos bens da natureza da forma que bem entender, sem critérios que levem a pensar nos demais.
01/06/1992	Uma resposta ecumênica à Cúpula da Terra: Buscando Novo Céu e Nova Terra		Encontro internacional ocorrido em Nova Iguaçu (RJ) entre os dias 01 e 07 de junho de 1992, como um evento paralelo à Cúpula da Terra, a Eco-92.
03/06/1992		ECO-92 ou II Conferência das Nações Unidas para o Meio Ambiente e Desenvolvimento	Definição do conceito de desenvolvimento sustentável: "a capacidade de o ser humano interagir com o mundo, preservando o meio ambiente para não comprometer os recursos naturais das gerações futuras."
14/06/1992		Declaração do Rio de Janeiro sobre o Meio Ambiente e o Desenvolvimento	Documento com instruções para a modificação do comportamento, adotando hábitos que produzam a harmonia com o meio ambiente. Essa Declaração apoia a proteção ambiental de maneira combinada com o desenvolvimento sustentável.
14/06/1992		Declaração sobre os Princípios Florestais	Princípios orientadores de projetos de manejo florestal e para evitar o esgotamento de recursos naturais.
14/06/1992		Convenção sobre as Mudanças Climática	Estabelece as obrigações básicas das 196 Partes e da União Europeia para combater as mudanças climáticas.

Data	Igreja	ONU	Observações
14/06/1992		Convenção sobre a Bio-diversidade	Harmonizar as divergências entre o acesso à pesquisa por parte dos países desenvolvidos nas áreas dos países não desenvolvidos.
14/06/1992		Agenda 21	Forma de sistematização das obrigações ambientais para os países signatários, produzindo parâmetros para a atuação dos governos e da sociedade civil, sugerindo soluções para os problemas ecológicos.
11/10/1992	Catecismo da Igreja Católica		Trata as questões ambientais de modo genérico.
28/10/1992	IV CELAM - Santo Domingo		15 citações socioambientais.
[1992]	Papa João Paulo II - Discurso na Semana de Estudos da Pontifícia Academia de Ciências		Trataram do relacionamento entre crescimento demográfico, o impacto ambiental e a disponibilidade de recursos naturais. Nessa ocasião, o Papa João Paulo II destacou que a preservação da natureza não se consegue simplesmente diminuindo a população, mas sim corrigindo os erros cometidos, sendo necessário o uso da educação para isso e o abandono do estilo de vida consumista.
18/03/1994	Papa João Paulo II - Carta à Secretária Geral da Conferência Internacional da ONU sobre a População e o Desenvolvimento		João Paulo II retoma a relação entre meio ambiente e crescimento demográfico, dizendo que se trata de uma questão complexa e não se pode fazer uma relação direta. O que coloca o meio ambiente em perigo são os padrões incoerentes de consumo e o desperdício, incluindo a ausência de restrições ou de preservação em processos produtivos.

CARTA ENCÍCLICA *LAUDATO SI'*: UM DIÁLOGO COM A CIÊNCIA SOCIOAMBIENTAL

Data	Igreja	ONU	Observações
25/03/1995	Papa João Paulo II - Carta Encíclica *Evangelium Vitae*		João Paulo II faz um apelo pela conversão do ser humano, no sentido de que passe a perceber o que está ao seu redor, para que seja possível sua preservação e libertação do consumismo. Além disso, faz uma séria crítica aos divinizadores da natureza.
28/03/1995		COP1 - Berlim	Início do processo de negociação de metas e prazos específicos para a redução de emissões de gases de efeito estufa pelos países desenvolvidos.
09/07/1996		COP2 - Genebra	As partes decidiram pela criação de obrigações legais de metas de redução.
04/10/1996	Conselho Pontifício *Cor Unum*		Abordou o problema da fome dentro dos ecossistemas, que interagem positiva e negativamente uns sobre os outros, ou seja, há uma relação sistêmica que precisa ser observada, de forma que todas as ações produzem consequências diretas e indiretas, merecendo uma avaliação apropriada, sempre pelo viés da sustentabilidade.
01/12/1997		COP3 - Quioto	Nesse encontro foi adotado o Protocolo de Quioto, com metas de redução para gases de efeito estufa para os países desenvolvidos.
02/11/1998		COP4 - Buenos Aires	A reunião centrou esforços na implementação e ratificação do Protocolo de Quioto.
25/10/1999		COP5 - Bonn	O encontro teve como destaque a execução do Plano de Ações de Buenos Aires e as discussões sobre LULUCF.

Data	Igreja	ONU	Observações
14/03/2000		Ratificação da Carta da Terra	Declaração de princípios fundamentais para a construção de uma sociedade global, que seja justa, sustentável e pacífica.
08/09/2000		ODM - Objetivos do Milênio	Foram elaborados oito objetivos, como acabar com a fome, reduzir a mortalidade infantil e respeito ao meio ambiente.
13/11/2000		COP6-I - Haia	O encontro foi uma amostra da dificuldade de consenso em torno das questões de mitigação.
16/07/2001		COP6-II - Bonn	Foi aprovado o uso de sumidouros para cumprimento de metas de emissão, foram discutidos limites de emissão para países em desenvolvimento e a assistência financeira dos países desenvolvidos.
29/10/2001		COP7 - Marraquexe	Destaque para a definição dos mecanismos de flexibilização, a decisão de limitar o uso de créditos de carbono gerados de projetos florestais do Mecanismo de Desenvolvimento Limpo e o estabelecimento de fundos de ajuda a países em desenvolvimento voltados a iniciativas de adaptação às mudanças climáticas.
26/08/2002		Rio+10 ou Cúpula Mundial sobre Desenvolvimento Sustentável	Teve como objetivo principal discutir soluções já propostas na Agenda 21 primordial (Rio-92), para que pudesse ser aplicada de forma coerente não só pelo governo, mas também pelos cidadãos, realizando uma agenda 21 local, e implementando o que fora discutido em 1992.

CARTA ENCÍCLICA *LAUDATO SI'*: UM DIÁLOGO COM A CIÊNCIA SOCIOAMBIENTAL

Data	Igreja	ONU	Observações
13/10/2002	Papa João Paulo II - Carta pelo Dia Mundial da Alimentação		João Paulo II comentou o valor da água para a humanidade, inclusive pelo simbolismo para tantas religiões. Exalta a necessidade de uma consciência para a importância desse recurso, desenvolvendo uma melhoria do comportamento humano com vistas para o consumo atual e a proteção de recurso para as populações vindouras.
01/11/2002		COP8 - Nova Déli	No mesmo ano da Cúpula Mundial sobre Desenvolvimento Sustentável (Rio+10), inicia-se a discussão sobre uso de fontes renováveis na matriz energética das Partes. O encontro também marcou a adesão da iniciativa privada e de organizações não-governamentais ao Protocolo de Quioto e apresenta projetos para a criação de mercados de créditos de carbono.
28/06/2003	Papa João Paulo II - Exortação Apostólica Pós-Sinodal *Ecclesia in Europa*		No capítulo em que fala de "Devolver a esperança aos pobres", especialmente no parágrafo 89, profere um alerta de sempre devemos nos lembrar de fazer um bom uso dos recursos naturais, pois, do contrário, serão produzidos mais problemas para o planeta, além dos já existentes. Servir a Deus, significa cuidar da Criação da melhor forma, preservando também para as futuras gerações.
01/12/2003		COP9 - Milão	O encontro discutiu a regulamentação de sumidouros de carbono no âmbito do Mecanismo de Desenvolvimento Limpo.
25/02/2004	41ª CF – A fraternidade e a água		Evento cujo tema explicitamente trata das questões socioambientais.

Data	Igreja	ONU	Observações
06/12/2004		COP10 - Buenos Aires	Aprovação de regras para a implementação do Protocolo de Quioto, que entrou em vigor no início do ano seguinte, após a ratificação pela Rússia.
28/11/2005		COP11 - Montreal	Discussão do segundo período do Protocolo, após 2012, para o qual instituições europeias defendem reduções de emissão. Pela primeira vez, a questão das emissões oriundas do desmatamento tropical e a das mudanças no uso da terra são aceitas oficialmente nas discussões no âmbito da Convenção.
16/10/2006	Papa Bento XVI - Carta pelo Dia Mundial da Alimentação		Enfatizou a importância da balança de consumo e sustentabilidade, de forma que a ordem da Criação exige que seja estabelecida prioridade para as atividades humanas que não causam danos irreversíveis à natureza, produzindo o "equilíbrio sóbrio entre o consumo e a sustentabilidade dos recursos". Enfatizou ainda a necessidade de um nível de consumo que não cause sofrimento aos menos afortunados, pois quando consumimos mais do que nossa necessidade, alguém sofre por isso de maneira direta ou indireta, com ou sem publicidade.
06/11/2006		COP12 - Nairóbi	O principal compromisso foi a revisão dos prós e contras do Protocolo de Quioto.
08/12/2006	Papa Bento XVI - Dia Mundial da Paz		Estabelece a condição da vocação originária do ser humano de cuidar da natureza, dos demais seres humanos e de si. Para o Papa existem três tipos de ecologia interdependentes: a ecologia da natureza, uma ecologia humana e ecologia social. A destruição ambiental pelo uso inadequado ou egoísta são reais produtores de conflitos e guerras.

Data	Igreja	ONU	Observações
21/02/2007	44ª CF – Fraternidade e Amazônia		Evento cujo tema explicitamente trata das questões socioambientais.
31/05/2007	V CELAM - Aparecida		24 citações socioambientais.
04/10/2007	Papa Bento XVI - Carta pelo Dia Mundial da Alimentação		No parágrafo 3 de sua mensagem de 2007, esclarece que se trata de prioridade a exploração sustentável dos recursos naturais como forma de combater a fome mundial, o que exige também a "consideração os ciclos e o ritmo da natureza" e o abandono dos "motivos egoístas e exclusivamente econômicos."
03/12/2007		COP13 - Bali	Estabeleceu compromissos transparentes e verificáveis para a redução de emissões causadas por desmatamento das florestas tropicais para o acordo que substituirá o Protocolo de Quioto. Pela primeira vez a questão de florestas é incluída no texto da decisão final da Conferência para ser considerada no próximo tratado climático.
18/04/2008	Papa Bento XVI - Discurso na Assembleia Geral da ONU		Bento XVI evocou o conceito de "responsabilidade de proteger" conferido às Nações para questões de segurança, desenvolvimento, redução das desigualdades, proteção ambiental, gestão dos recursos naturais e manutenção do clima.
13/10/2008	Papa Bento XVI - Carta pelo Dia Mundial da Alimentação		O tema dessa ocasião foi "A segurança alimentar mundial: os desafios da mudança climática e das bioenergias", que inclui ainda o conceito dos refugiados ambientais, abordado na *Laudato Si'*.

Data	Igreja	ONU	Observações
01/12/2008		COP14 - Pozman	Na COP14, os representantes dos governos mundiais reuniram-se para discussão de um possível acordo climático global, uma vez que na COP13 chegaram ao consenso de que era necessário um novo acordo. O encontro de Pozman figurou apenas como um antecessor da esperada COP15.
29/06/2009	Papa Bento XVI - Carta Encíclica *Caritas in Veritate*		Imperativo fazer uma revisão do estilo de vida moderno, pendente ao hedonismo e ao consumismo, indiferente aos prejuízos causados por essas atitudes. Um novo estilo de vida supõe que as escolhas de consumo, poupança e investimentos se orientem pela busca do que é verdadeiro, belo e bom, em comunhão com os outros seres humanos.
01/07/2009	Papa Bento XVI - Carta ao Presidente do Conselho Italiano por ocasião do G8		Nessa ocasião, faz um alerta para o multilateralismo além das questões econômicas, alcançando também as "temáticas relativas à paz, à segurança mundial, ao desarmamento, à saúde, à salvaguarda do ambiente e dos recursos naturais para as gerações presentes e futuras", tornando as decisões "realmente aplicáveis e sustentáveis no tempo."
16/10/2009	Papa Bento XVI - Carta pelo Dia Mundial da Alimentação		O tema escolhido pela FAO foi "alcançar a segurança alimentar em tempos de crise", dentre as quais a crise ambiental. Um tema que "interpela e faz compreender que os bens da Criação são limitados por sua natureza", sendo indispensáveis "atitudes responsáveis e capazes de favorecer a segurança procurada, pensando igualmente na das gerações vindouras", evitando o uso inadequado dos recursos naturais.

Data	Igreja	ONU	Observações
06/12/2009	Papa Bento XVI - *Angelus*		Bento XVI declara que está acompanhando a Conferência da ONU de Copenhague sobre as mudanças climáticas.
07/12/2009		COP15 - Copenhague	O encontro era considerado o mais importante da história recente dos acordos multilaterais ambientais, pois tinha por objetivo estabelecer o tratado que substituiria o Protocolo de Quioto, mas os resultados foram frustrantes.
08/12/2009	Papa Bento XVI - Dia Mundial da Paz		O tema foi "Se quiseres cultivar a paz, preserva a Criação", colocando mais uma a vez a preocupação da Igreja para a questão socioambiental e estabelecendo uma relação importante entre os impactos ambientais e os conflitos entre os povos.
15/10/2010	Papa Bento XVI - Carta pelo Dia Mundial da Alimentação		Um dos aspectos tratados foi o direito à água, que a FAO sempre entendeu como essencial para a nutrição humana, para os trabalhos rurais e para a conservação da natureza, tema que já havia sido tratado por João Paulo II em mensagem pelo Dia Mundial da Alimentação de 2002. Esse tema também foi alvo do Papa Francisco na *Laudato Si'*, dedicando muita atenção, pois citou 29 vezes, em 15 parágrafos diferentes.
29/11/2010		COP16 - Cancún	Criação do Fundo Verde do Clima. US$ 30 bilhões para 2010-2012 e US$ 100 bilhões anuais a partir de 2020. Outro acordo: manutenção da meta fixada na COP15 de limitar a um máximo de 2°C a elevação da temperatura média em relação aos níveis pré-industriais.

Data	Igreja	ONU	Observações
09/03/2011	48ª CF – Fraternidade e a vida no planeta		Evento cujo tema explicitamente trata das questões socioambientais.
22/09/2011	Papa Bento XVI - Discurso em visita ao Parlamento Federal da Alemanha		Uma ética e justiça que pressupõe o uso dos recursos da Criação de modo mais adequado e sensato. Nesse discurso, indica que a ecologia é um tema indiscutivelmente importante, mas há a necessidade de entender que há uma ecologia humana a considerar e respeitar. O ser humano "não é uma liberdade que se cria a si própria" e o indivíduo "não se cria a si mesmo", é "espírito e vontade, mas é também natureza, e a sua vontade é justa quando respeita a natureza e a escuta".
17/10/2011	Papa Bento XVI - Carta pelo Dia Mundial da Alimentação		Pede mudança de atitude para a "sobriedade necessária no comportamento e nos consumos" para "favorecer deste modo o bem da sociedade" e "das gerações futuras em termos de sustentabilidade, de tutela dos bens da Criação, de distribuição dos recursos".
27/11/2011	Papa Bento XVI - *Angelus*		Igualmente ao que havia feito em dezembro de 2009, o Papa argumenta "Depois do *Angelus*", difundindo os trabalhos da COP17, em Durban, demonstrando sua atenção e acompanhamento dos trabalhos em favor da mitigação dos impactos ambientais.

Data	Igreja	ONU	Observações
11/12/2011		COP17 - Durban	Ao reconhecerem a necessidade de variações para minimizar problemas decorrentes das mudanças climáticas, as economias concordaram em definir metas até 2015, que deverão ser colocadas em prática a partir de 2020. Desta forma, surgiu a Plataforma de Durban, que deve substituir o Protocolo de Quioto em oito anos.
09/01/2012	Papa Bento XVI - Discurso para o Corpo Diplomático		O Papa diz esperar que a comunidade internacional se prepare para a RIO+20.
13/06/2012		Rio+20 ou Conferência das Nações Unidas sobre Desenvolvimento Sustentável	Conferência com objetivo era discutir sobre a renovação do compromisso político com o desenvolvimento sustentável.
22/06/2012		Cúpula dos Povos	Evento paralelo à Rio+20, organizado por entidades da sociedade civil e movimentos sociais de vários países com o objetivo de discutir as causas da crise socioambiental.
07/09/2012	Monsenhor Giampietro Dal Toso - Discurso na Segunda Conferência Global sobre Agricultura, Segurança Alimentar e Mudanças Climáticas		Em seu discurso, o Secretário do Conselho Pontifício *Cor Unum*, Monsenhor Giampietro Dal Toso, afirma que a Igreja tem o dever de produzir os efeitos da Doutrina Social da Igreja, considerando que todos os esforços devem ter como o objetivo o ser humano, garantindo a sua dignidade, especialmente dos mais vulneráveis; e via de regra, as emergências humanitárias, incluindo a escassez de alimento, estão associadas à degradação ambiental.

Data	Igreja	ONU	Observações
26/11/2012		COP18 - Doha	O Protocolo de Quioto estende-se e se mantém como único plano que gera obrigações legais com o objetivo de enfrentar o aquecimento global. No final da cúpula, muitas questões importantes ficaram longe de serem resolvidas.
[2012]	Papa Bento XVI - Audiência		Em uma audiência papal, o Papa relacionou a mudança climática a natureza humana, dizendo que o declínio das condições da natureza tem uma relação importante com a cultura dos povos, de forma que quando o ser humano é respeitado na sociedade, a natureza é beneficiada. O planeta Terra é um presente do Criador, que nos deu orientações que nos guiam como mordomos de sua Criação. É precisamente de dentro dessa estrutura que a Igreja considera questões relativas ao meio ambiente e sua proteção intimamente ligada ao tema do desenvolvimento humano integral.
19/03/2013	Papa Francisco - Missa de inauguração do pontificado		Foi ressaltado o papel de guardião da Criação, do outro e do ambiente, especialmente os mais frágeis.
05/06/2013	Papa Francisco - Audiência Geral		Em uma reflexão sobre o Dia Mundial do Meio Ambiente, o Papa volta à questão do que é cuidar da Criação, além de combater a cultura do descarte, inclusive das pessoas.
11/11/2013		COP19 - Varsóvia	Preparar o terreno para que a conferência de 2015, não repita o fiasco da COP15 em gerar um documento legal de redução de emissões mais eficiente do que o Protocolo de Quioto.

Data	Igreja	ONU	Observações
27/10/2014	Papa Francisco - Discurso em Sessão Plenária da Pontifícia Academia das Ciências e Inauguração de busto do Papa Bento XVI		Discurso que reafirma o valor da ciência, inclusive como forma de preservação do ambiente natural e humano.
25/11/2014	Papa Francisco - Discurso ao Parlamento Europeu		A Europa precisa promover a dignidade transcendente do ser humano para gerar o bem comum, evitando-se a cultura do descarte e do consumismo. Pede ainda atenção à formação dos jovens como forma de proteção ao meio ambiente, reforçando a ideia de guardiões da Criação.
27/11/2014	Papa Francisco - Mensagem por ocasião da COP20.		O Papa relembra que o que se discutirá na COP tem reflexos sobre toda a humanidade, em especial aos mais pobres e às gerações futuras. Indica a urgência por soluções e a necessidade de um diálogo permeado de justiça, respeito e equidade.
01/12/2014		COP20 - Lima	O objetivo da conferência foi de análise e proposição de diversas ações para conter o aumento da temperatura global e mitigar os impactos da mudança do clima.
18/01/2015	Papa Francisco - Discurso no encontro com os jovens em viagem apostólica ao Sri Lanka e às Filipinas		O Papa pede a contribuição dos jovens para cuidar da Criação, onde, mais do que a reciclagem ou algo parecido, há a necessidade da observância da relação entre o meio ambiente e a dignidade das pessoas. "Somos chamados a fazer da Terra um belíssimo jardim para a família humana".

Data	Igreja	ONU	Observações
24/05/2015	Papa Francisco - Carta Encíclica *Laudato Si'*		Nosso objeto de estudo.
25/07/2015	Monsenhor Giampietro Dal Toso - Texto: A Encíclica *Laudato Sí'*: para uma leitura cristoló- gica da questão ambiental		Da mesma forma que o ambiente de maneira geral está configurado pela necessidade da troca entre seus elementos, como se nos apresentam a condições da ecologia com suas cadeias e ciclos, todo ser humano não pode estar fechado em si, sendo necessárias as devidas aberturas para Deus, para os demais seres humanos e, também, para o meio ambiente. O Papa, com sua Carta, nos encoraja para uma mudança pessoal, para que os grandes processos também mudem, mesmo que lentamente.
06/08/2015	Papa Francisco - Carta por ocasião da Instituição do Dia Mundial de Oração pelo Cuidado da Criação		O Papa, a exemplo do que acontece na Igreja Ortodoxa, incluiu essa comemoração no calendário da Igreja Católica, como forma de con- tribuição para a superação da crise ambiental.
01/09/2015	Papa Francisco com Homilia do Padre Raniero Cantalamessa - Liturgia da Palavra para o Dia Mundial de Oração pelo Cuidado da Criação		O pregador da Casa Pontifícia, escla- rece o sentido da Sagrada Escritura acerca do papel do ser humano com relação à Criação. Os problemas ambientais são resultado da indus- trialização e da fome pelo lucro a qualquer preço, ao invés do que muitas vezes foi apresentado, que é a difusão do conceito bíblico de dominação da Criação com forma de destruição. Um modo para a mudança, segundo indicado pelo Papa, "con- siste em substituir a posse pela contemplação".

Data	Igreja	ONU	Observações
11/09/2015	Papa Francisco - Discurso aos participantes no encontro promovido pela Fundação para o Desenvolvimento Sustentável sobre "Justiça Ambiental e Mudanças Climáticas"		O Papa, preliminarmente, esclarece que não se trata de preocupação exagerada quando o tema é a crise ambiental que vivemos e que os pobres são sempre os mais afetados.
25/09/2015	Papa Francisco - Discurso na sede na ONU		Reitera o reconhecimento da Igreja Católica pelo papel da ONU. Afirma que o mau exercício do poder está diretamente relacionado com a crise ambiental e os processos de exclusões humanas. Afirma ainda que os compromissos assumidos precisam de ações concretas.
27/09/2015		ODS - Objetivos de Desenvolvimento Sustentável	17 compromissos para redução da pobreza, promoção social e proteção ao meio ambiente etc., a serem alcançadas até 2030.
28/10/2015	Monsenhor Giampietro Dal Toso - Discurso na Câmara do Deputados: Apresentação da Encíclica *Laudato Si'*		Apresentação da Encíclica no Parlamento italiano considerando três etapas: A Doutrina Social da Igreja; o Conceito da Criação; e considerações conclusivas.

Data	Igreja	ONU	Observações
11/12/2015		COP21 - Paris	Em resumo: a colaboração entre os países para limitar as temperaturas do aquecimento global abaixo de 2°C; o financiamento de US$ 100 bilhões por ano; a ausência de determinação de uma porcentagem de corte de emissão de gases de efeito estufa necessária; a ausência da determinação de quando as emissões precisam parar de subir; e o prazo de revisão de cinco anos.
09/02/2016	53ª - CF – Casa comum, nossa responsabilidade		Evento cujo tema explicitamente trata das questões socioambientais.
01/09/2016	Papa Francisco - Mensagem para a celebração do Dia Mundial pelo Cuidado da Criação		Saúda os Patriarcas Bartolomeu e Dimitrios pelo esforço e disseminar o cuidado com a Criação, chamando a atenção para a crise moral e espiritual que está na base da degradação ambiental. Pede ainda que os governantes cumpram com os acordos.
07/11/2016		COP22 - Marraquexe	Termina cumprindo seu objetivo de entregar uma agenda de trabalho para os próximos anos, e marcando 2018 como a data de finalização do "manual de instruções" do Acordo de Paris.
10/11/2016	Papa Francisco - Mensagem ao Presidente da COP22		A degradação ambiental está ligada diretamente com a degradação humana, ética e social.
24/02/2017	Papa Francisco - Discurso aos participantes do Seminário sobre o Direito da Água, promovido pela Pontifícia Academia das Ciências		O tema é urgente e fundamental para ser tratado, pois a água é necessidade básica do ser humano e quando não cuidado, produz a exclusão do indivíduo.

Data	Igreja	ONU	Observações
01/03/2017	54ª CF – Fraternidade: biomas brasileiros e defesa da vida		Evento cujo tema explicitamente trata das questões socioambientais.
23/03/2017	Papa Francisco - Mensagem à Conferência da ONU finalizada a negociar um instrumento juridicamente vinculante sobre proibição das armas nucleares, e que leve à sua total eliminação		Principais problemas para a segurança e paz: terrorismo, conflitos assimétricos, segurança informática, problemáticas ambientais, pobreza, dúvidas que cercas as questões nucleares. Afirma ainda que a utilização equivocada dos recursos para fins militares coloca em risco a "promoção da paz e do desenvolvimento humano integral, assim como a luta contra a pobreza e a atuação da Agenda 2030 para o desenvolvimento sustentável".
12/06/2017	Papa Francisco - Mensagem por ocasião do Congresso Internacional "*Laudato Si*' e Grandes Cidades"		Estabelece a necessidade de respeito, responsabilidade e relação com a Criação, de modo a poder gerar a ecologia integral.
01/09/2017	Papa Francisco - Mensagem do Papa e do Patriarca Ecumênico Bartolomeu no Dia Mundial de Oração pela Criação		O recado é que o ser humano deixou de cuidar da natureza para subjugá--la, cujas consequências são trágicas e duradouras. Uma forma de resolver essa questão é um estilo de vida mais simples e com mais solidariedade.

Data	Igreja	ONU	Observações
25/09/2017	Arcebispo Paul Richard Gallagher - Intervenção para as relações com os Estados na 72ª Sessão da Assembleia Geral das Nações Unidas		Sob o título "Prestando atenção às pessoas: trabalhando em prol da paz e de uma vida digna para todos num planeta sustentável", o Arcebispo indica que os danos causados ao meio ambiente são sempre um prejuízo à humanidade de hoje e de amanhã. Ratifica a posição do Papa Francisco quando pede mais ação e menos discurso, evitando as consciências tranquilizadas pelos simples fatos dos acordos estabelecidos.
01/11/2017	Papa Francisco - Mensagem para a Quaresma de 2018		Entende que há o resfriamento do amor e por consequência temos a seguinte condição: "a terra está envenenada por resíduos lançados por negligência e por interesses; os mares, também eles poluídos, devem infelizmente guardar os despojos de tantos náufragos das migrações forçadas; os céus – que, nos desígnios de Deus, cantam a sua glória – são sulcados por máquinas que fazem chover instrumentos de morte".
06/11/2017		COP23 - Bonn	Foram aprovados diversos elementos para a construção do livro de regras para a implementação do Acordo de Paris sobre mudanças climáticas.
07/11/2017	Papa Francisco - Mensagem à COP23		A preocupação com os efeitos aos mais pobres pela mudança climática. E que há quatro comportamentos muito negativos: negação, indiferença, resignação e confiança em soluções inadequadas.
29/11/2017	Papa Francisco - Mensagem aos participantes no Simpósio Internacional sobre a LS		Além de ratificar alguns conceitos contidos na Encíclica, o Papa afirma que não bastam apenas as soluções técnicas, sendo necessárias a conversão de atitudes e comportamentos.

CARTA ENCÍCLICA *LAUDATO SI'*: UM DIÁLOGO COM A CIÊNCIA SOCIOAMBIENTAL

Data	Igreja	ONU	Observações
19/01/2018	Papa Francisco - Discurso no Encontro com os Povos da Amazônia		Para o Papa, defender a terra significa defender a vida, o que os povos da Amazônia podem nos brindar com o exemplo e coerência no pensar e agir.
28/05/2018	Papa Francisco - Mensagem a Sua Santidade Bartolomeu I		Na mensagem em questão o Papa indica o crescente êxodo dos "migrantes climáticos" e "refugiados ambientais".
09/06/2018	Papa Francisco - Discurso aos participantes no encontro de dirigentes de empresas ligadas ao setor de energia		Fala dos problemas ambientais mais delicados e ratifica sua posição de que há um falso discurso de certos grupos que afirma que os recursos naturais são ilimitados. Pede um grande esforço e atenção para o atual momento em que passamos por essa necessidade de uma transição de tecnologia energética, que reduza os impactos ambientais de maneira significativa.
01/09/2018	Papa Francisco - Mensagem para a celebração do Dia Mundial de Oração pelo Cuidado da Criação		Pede que reconheçamos que falhamos na proteção da Criação com a devida responsabilidade, chamando atenção para a água pela falta de condições democráticas de seu uso e distribuição; alerta para os riscos de conflito por conta desse bem tão precioso à vida de todos.
01/09/2018	Papa Francisco - Discurso aos empresários participantes do Encontro por ocasião do Dia Mundial de Oração pelo Cuidado da Criação		Relembra a convicção de São Francisco de que qualquer encontro com coisas e pessoas era um verdadeiro encontro com Deus, o que nos levaria ao encontro respeitoso com a Criação, criando as melhores condições para o desenvolvimento sustentável e integral dos povos.

Data	Igreja	ONU	Observações
03/12/2018		COP24 - Katowice	Pelas medidas aprovadas, todas as nações, incluindo os países em desenvolvimento, devem detalhar os esforços em curso para reduzir as emissões de gases de efeito estufa.
01/09/2019	Papa Francisco - Mensagem para a celebração do Dia Mundial de Oração pelo Cuidado da Criação		Pertencemos a uma sociedade produtora de rivalidades e confrontos, ao invés do encontro e da partilha, visto que deixamos de atender ao chamamento do nosso Criador. Aproveita para ratificar uma série de argumentos e pede ação efetiva, considerando a próxima COP.
27/10/2019	Sínodo da Amazônia		Evento cujo tema explicitamente trata das questões socioambientais.
02/12/2019		COP25 - Madri	Necessita-se resolver o Artigo 6 do Acordo de Paris, que está relacionado às regras para um mercado de carbono e outras formas de cooperação internacional, visto que na COP24 não se alcançou acordo sobre esse tópico.
09/01/2020	Discurso do Papa Francisco aos membros do corpo diplomático acreditado junto da Santa Sé para as felicitações de Ano Novo		Dentre tantos assuntos tratados, falou da decepção pelos resultados da COP25.
12/02/2020	Papa Francisco - Exortação Pós-Sinodal		O Papa Francisco apresenta seus quatro sonhos para a região Amazônica: sonho social, cultural, ecológico e eclesial. Quanto ao ecológico, ratifica a *Laudato Si'* nos seus principais conceitos.